国家中等职业教育改革发展

示范校核心课程系列教材

农业机具使用与维护实训指导

Nongye Jiju Shiyong yu Weihu Shixun Zhidao

刘昱红 主编

中国农业大学出版社

CHINA AGRICULTURAL UNIVERSITY PRESS

内容简介

本教材以实训为中心，图文并茂，言简意赅，通俗易懂。内容包括工具与量具的选择与使用，耕地、整地机械，种植机械，中耕机械，排灌机械，植保机械，收获机械七个项目，每个项目又分若干个任务。在每个任务中具体介绍了实训的目的、使用工具、设备结构、工作原理、拆装与调试、正确使用方法、设备的保养与维护、常见的故障诊断与排除。通过实训教学，使学生深刻了解设备的结构，理解设备的工作原理，熟悉各部件的名称、结构及其配合关系，能够正确使用维修工具，掌握正确的拆装方法，能够对常见的故障现象进行诊断与排除，懂得农机具的日常维护与保养方法，掌握农机具的安全操作规程，能够正确使用农机具。

图书在版编目(CIP)数据

农业机具使用与维护实训指导/刘昱红主编.—北京：中国农业大学出版社，2016.3

ISBN 978-7-5655-1504-0

Ⅰ.①农… Ⅱ.①刘… Ⅲ.①农业机械-使用方法-教材②农业机械-维修-教材 Ⅳ.①S220.7

中国版本图书馆 CIP 数据核字(2016)第 017169 号

书　　名 农业机具使用与维护实训指导
作　　者 刘昱红　主编

策划编辑 赵　中　　**责任编辑** 洪重光
封面设计 郑　川　　**责任校对** 王晓凤
出版发行 中国农业大学出版社
社　　址 北京市海淀区圆明园西路 2 号　　**邮政编码** 100193
电　　话 发行部 010-62818525,8625　　读者服务部 010-62732336
编辑部 010-62732617,2618　　出　版　部 010-62733440
网　　址 http://www.cau.edu.cn/caup　　**E-mail** cbsszs @ cau.edu.cn
经　　销 新华书店
印　　刷 涿州市星河印刷有限公司
版　　次 2016 年 3 月第 1 版　　2016 年 3 月第 1 次印刷
规　　格 787×980　16 开本　16.25 印张　300 千字
定　　价 31.00 元

国家中等职业教育改革发展示范校核心课程系列教材
建设委员会成员名单

编写人员

主　　编　刘昱红

参　　编　要保新　许学义

序言

职业教育是“以服务发展为宗旨，以促进就业为导向”的教育，中等职业学校开设的课程是为课程学习者构建通向就业的桥梁。无论是课程设置、专业教学计划制定、教材选择和开发，还是教学方案的设计，都要围绕课程学习者将来就业所必需的职业能力形成这一核心目标，从宏观到微观逐级强化。教材是教学活动的基础，是知识和技能的有效载体，它决定了中等职业学校的办学目标和课程特点。因此，教材选择和开发关系着中等职业学校的学生知识、技能和综合素质的形成质量，同时对中等职业学校端正办学方向、提高师资水平、确保教学质量也显得尤为重要。

2015年国务院颁布的《关于加快发展现代职业教育的决定》提出：“建立专业教学标准和职业标准联动开发机制，推进专业设置、专业课程内容与职业标准相衔接，形成对接紧密、特色鲜明、动态调整的职业教育课程体系”等要求。这对于探索职业教育的规律和特点，推进课程改革和教材建设以及提高教育教学质量，具有重要的指导作用和深远的历史意义。

目前，职业教育课程改革和教材建设从整体上看进展缓慢，特别是在“以促进就业为导向”的办学思想指导下，开发、编写符合学生认知和技能形成规律，体现以应用为主线，符合工作过程系统化逻辑，具有鲜明职教特色的教材等方面还有很大差距。主要是中等职业学校现有部分课程及教材不适应社会对专业技能的需要和学校发展的需求，迫切需要学校自主开发适合学校特点的校本课程，编写具有实用价值的校本教材。

校本教材是学校实施教学改革对教学内容进行研究后开发的教与学的素材，是为了弥补国家规划教材满足不了教学的实际需要而补充的教材。抚顺市农业特产学校经过十多年的改革探索和两年的示范校建设，在课程改革和教材建设上取得了一些成就，特别是示范校建设中的18本校本教材现均已结稿付梓，即将与同行和同学们见面。

本系列教材力求以职业能力培养为主线，以工作过程为导向，以典型工作任务和生产项目为载体，对接行业企业一线的岗位要求与职业标准，用新知识、新技术、新工艺、新方法，来增强教材的实效性。同时还考虑到学生的起点水平，从学生就业够用、创业适用的角度，使知识点及其难度既与学生当前的文化基础相适应，也更利于学生的能力培养、职业素养形成和职业生涯发展。

本套校本教材的正式出版，是学校不断深化人才培养模式和课程体系改革的结果，更是国家示范校建设的一项重要成果。本套校本教材是我们多年来按农时季节、工作程流、工作程序开展教学活动的一次理性升华，也是借鉴国内外职教经验的一次探索，这里面凝聚了各位编审人员的大量心血与智慧。希望该系列校本教材的出版能够补充国家规划教材，有利于学校课程体系建设和提高教学质量，能为全国农业中职学校的教材建设起到积极的引领和示范作用。当然，本系列校本教材涉及的专业较多，编者对现代职教理念的理解不一，难免存在各种各样的问题，希望得到专家的斧正和同行的指点，以便我们改进。

该系列校本教材的正式出版得到了蒋锦标、刘瑞军、苏允平等职教专家的悉心指导，同时，也得到了中国农业大学出版社以及相关行业企业专家和有关兄弟院校的大力支持，在此一并表示感谢！

教材编写委员会

2015 年 8 月

前言

随着我国现代农业的快速发展，国家对农业机械的投入资金逐年增大，拖拉机及农业机具的使用量也逐年增高。因此，对拖拉机和农业机具使用和维修技术人员的需求量不断增加，维修难度也越来越高。结合东北地区农业机具使用和维修行业的现状，考虑企业对人才的需求及现代职业中等学校的学生特点，本书在内容安排上突出实践性，理论知识坚持够用原则，以适应岗位能力需求为目标，重点培养学生的动手能力。

根据该专业岗位能力与需求，将该课程分为工具与量具的选择与使用，耕地、整地机械，种植机械，中耕机械，排灌机械，植保机械，收获机械七个项目，每个项目又分若干个任务。在每个任务中具体介绍了实训的目的、使用工具、设备结构、工作原理、拆装与调试、正确使用方法、设备的保养与维护、常见的故障诊断与排除。本教材以实训为中心，图文并茂，言简意赅，通俗易懂。通过实训教学，使学生深刻了解设备的结构，理解设备的工作原理，熟悉各部件的名称、结构及其配合关系，能够正确使用维修工具，掌握正确的拆装方法，能够对常见的故障现象进行诊断与排除，懂得农机具的日常维护与保养方法，掌握农机具的安全操作规程，能够正确使用农机具。

本书由辽宁省抚顺市农业特产学校刘昱红主编，负责本书的统稿、审稿和定稿工作。要保新和许学义参与部分任务和编写工作。

本书在编写过程中，参阅了大量的书籍和资料，在此对书籍和资料的作者致以谢意！在编写过程中难免有不足之处，敬请各位专家、老师和广大读者批评指正。

编　者

2015 年 12 月

目录

项目一　工具与量具的选择与使用

任务1　工具的选择与使用

一、目的要求

1. 了解常见的装拆工具。

2. 掌握常见装拆工具的使用方法。

二、材料及用具

常见的装拆工具。

三、实训时间

6课时。

四、机器拆装原则

机器拆装的质量直接影响机器的技术性能。拆卸不当，将造成零件不应有的缺陷，甚至损坏；装配不良，往往使零件与零件之间不能保持正确的相对位置及配合关系，影响机器的技术性能指标及正常运转，影响作业质量和机器使用寿命。

拆卸目的是为了检查和修理机器的零部件，以便对需要维修、保养的总成和零件进行保养，或对有缺陷的零件进行修复及更换，使配合关系失常的零件通过维修调整，达到规定的技术标准。

1. 掌握机器的构造及工作原理

如果不了解机器的结构和特点，任意拆卸和敲打，会使零件变形或损坏。因此，拆卸前必须了解机器的构造和工作原理，这是确保正确拆卸和正确安装的前提条件。

2. 掌握合适的拆卸程度

零部件经过拆卸，容易引起配合关系的变化，甚至产生变形的损坏，过盈配合件更是如此。不必要的拆卸，不仅会降低机器的使用寿命，还会增加修理成本，延长修理工期。因此，应防止盲目的大拆大卸。不拆卸检查就可以判定零件的技术状况时，应尽量不予以拆卸，以免损坏零件。

3. 选择合理的拆卸顺序

由表及里按顺序逐级拆卸。拆卸前应清除机器外部的灰尘、油污和其他杂物，避免沾污零件及杂物落入机体内部。一般先拆外围及附件，然后按机器—总成—部件—组合体—零件的顺序进行拆卸。拆卸后，要将零部件进行编号，放在安全区域，防止丢失或损伤。

4. 选用合适的拆卸工具

为提高拆卸工作效率，减少零部件的损伤和变形，应使用相应的专用工具和设备，严禁任意敲击和撬打。如在拆卸过盈配合件时，尽量使用压力机和拉出器；拆卸螺栓连接件时，要选用适当的工具，根据螺栓紧固的力矩大小优先选用套筒扳手、梅花扳手和固定扳手，尽量避免使用活扳手和手钳，防止损坏螺母和螺栓的六角边棱，给下次拆卸带来不必要的麻烦。另外，应充分利用机器配备的拆卸专用工具。

5. 拆卸时应考虑装配的需要，为顺利正确装配创造条件

(1)拆卸时，要注意检查、校对装配标记　为了保证一些组合件的装配关系，在拆卸时应对原有的记号加以校对和辨认，没有记号或标记不清的应重新检查做好标记。有的组合件是分组选配的配合副，或是在装配后加工的不可互换的组合件，必须做好装配标记，否则将会破坏它们的装配关系甚至动平衡。

(2)按分类、顺序摆放零件　为了便于清洗、检查、装配，零件应按不同的要求分类、顺序摆放，否则零件胡乱堆放在一起，不仅容易相互碰撞，而且会在装配时错装或找不到零件。为此，应按零件的所属装配关系分类存放，同一总成、部件的零件应集中在一处放置，不可互换的零件应成对放置，易变形、丢失的零件应专门放置。

五、拆卸和装配作业注意事项

(1)当需要起升或顶起机器时，应在适当位置及时地安放垫块、楔块。

(2)在进行以蓄电池为电源的电气系统拆装作业之前，要先拆下蓄电池负极接

线，再拆卸其他电器件、线缆等。

(3)每次拆卸零件时，应观察零件的装配状况，看是否有变形、损坏、磨损或划痕等现象，为零件鉴定和修理做好准备。

(4)对于结构复杂、有较高配合要求的组件和总成，如主轴承盖、连杆轴承盖、高压油泵柱塞等，必须做好记号，组装时按记号装回原位，不能互换。

(5)零件装配时，必须符合技术要求，包括规定的间隙、紧固力矩等。

(6)组装时，必须做好清洁工作，尤其是重要的配合表面、油道等，要用压缩空气吹净。

(7)为了提高工作效率和保证装配精度质量，要尽可能使用专用维修工具。

(8)注意环境保护和人身财产安全，不在拆装现场吸烟，不随意倾倒污染物。

六、常见的装拆工具及使用方法

(一)扳手的种类及使用方法

1. 套筒扳手

套筒扳手简称套筒，是用来拧紧或卸松螺丝的一种专用工具。它是由多个带六角孔或十二角孔的套筒并配有手柄、接杆等多种附件组成的，特别适用于拧转位置十分狭小或凹陷很深处的螺栓或螺母，可以根据需要选用。

(1)套筒扳手的种类　它主要由套筒头、滑头手柄、棘轮手柄、快速摇柄、接头和接杆等到组成，各种手柄适用于不同的场合，如图 1-1-1 所示，以操作方便或是提高效率为原则，常用套筒扳手的规格是 10～32 mm。

(2)套筒扳手的使用

①套筒　根据工作情况不同，套筒装上不同手柄和套头后可以很轻松地拆下或更换螺栓、螺母。如图 1-1-2 所示，套筒有大、小两种尺寸，套筒深度有标准和加深两种，加深套筒深度是标准套筒深度的 2～3 倍。套筒钳口有两种类型，一种是双六角形，一种是六角形。六角部分与螺栓、螺母的表面接触面积大，不容易损坏螺栓、螺母的表面。

②套筒接合器　如图 1-1-3 所示，套筒接合器用于改变一个套筒方形套头的尺寸。使用时要注意，超大力矩会将力施在套筒本身或小螺栓上，所施加力矩的大小要根据规定的拧紧极限而定。

③万向节　如图 1-1-4 所示，套筒的方形套头部分可以前后或左右移动，手柄和套筒扳手之间的角度可以自由变化，可以在有限空间内工作。使用时，不要使手柄倾斜较大角度；不要将万向节与风动工具配合使用，容易脱开，造成工具或零件损坏。

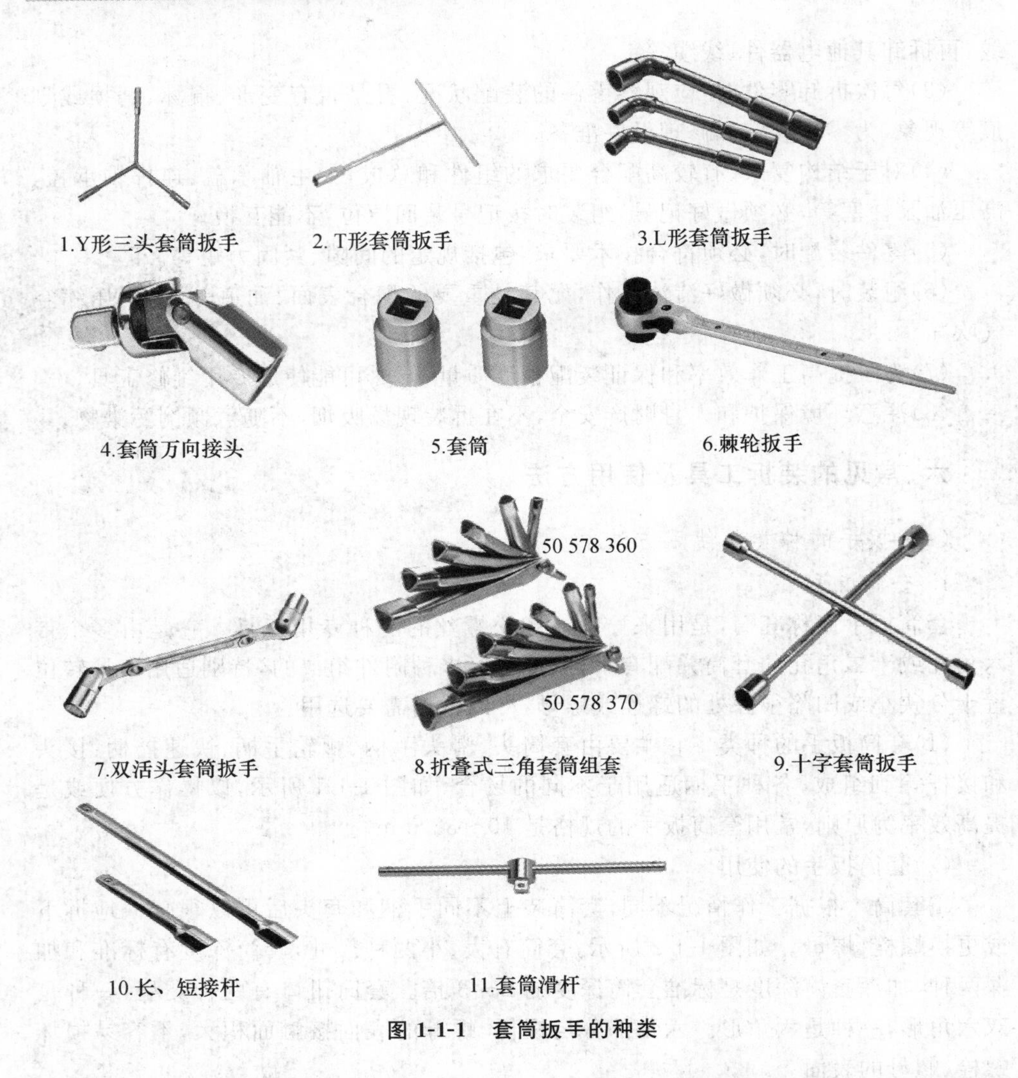

图 1-1-1　套筒扳手的种类

④加长杆　如图 1-1-5 所示,加长杆用于拆下或更换装得太深不易接触的螺栓、螺母,也用于将工具抬离平面一定高度,便于操作。

2. 扭力扳手

扭力扳手是一种可以读出所施扭矩大小的专用工具。扭力扳手除了用来控制螺纹件旋紧力矩外,还可以用来测量旋转件的启动转矩,以检查配合、装配情况。在紧固螺丝、螺栓、螺母等螺纹紧固件时需要控制施加的力矩大小,以保证螺纹紧固且不至于因力矩过大而破坏螺纹,所以用扭力扳手来操作,如图 1-1-6 所示。

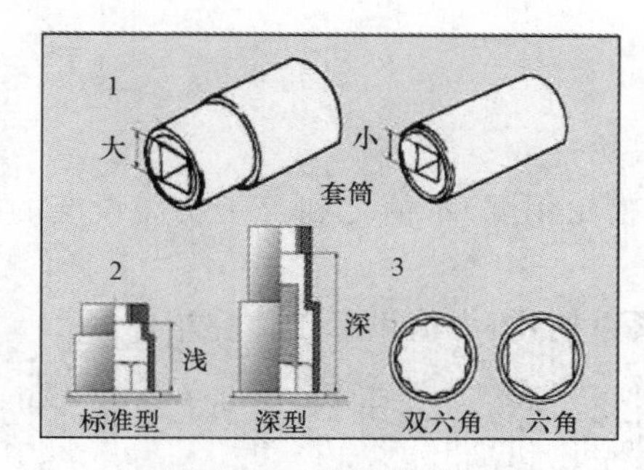

图 1-1-2　套筒的使用

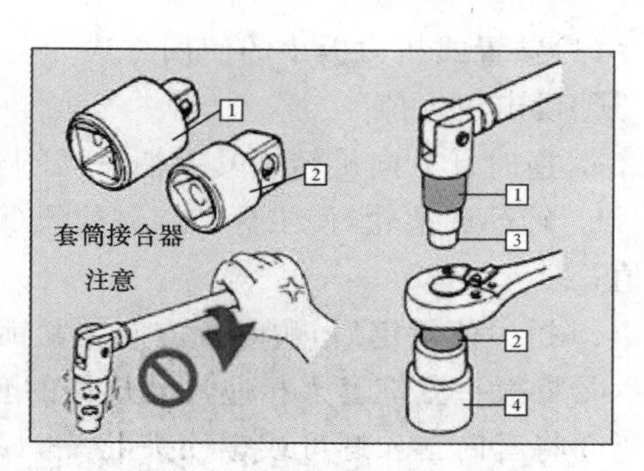

图 1-1-3　套筒接合器的使用

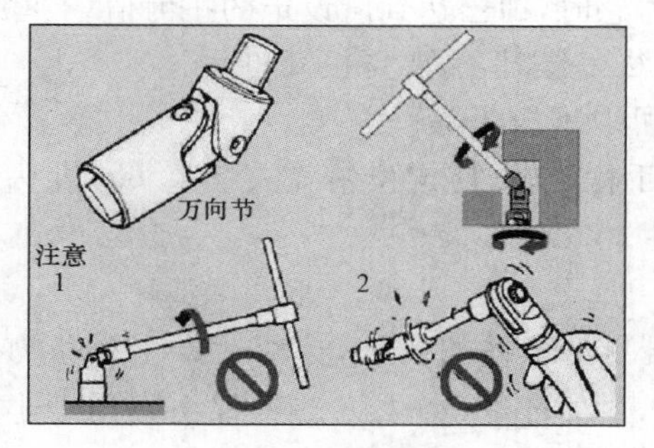

图 1-1-4　万向节的使用

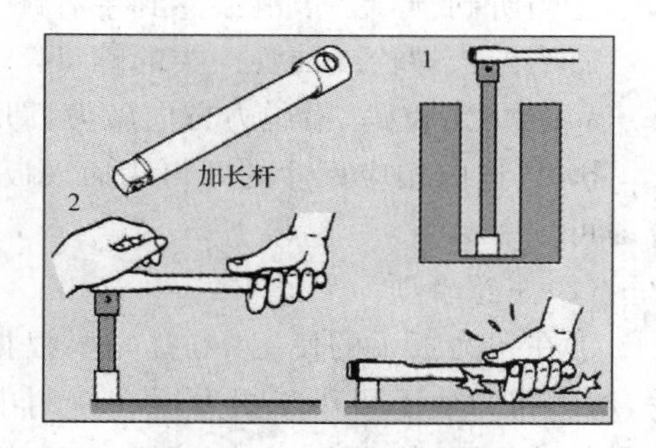

图 1-1-5　加长杆的使用

预置式扭力扳手(图 1-1-7),具有预设扭矩数值和声响装置。使用时,首先设定好一个需要的扭矩上限,当施加的扭矩达到设定值时,扳手就会发出"咔嗒"声响或者扳手连接处折弯一点角度,同时伴有明显的手感振动,这就说明已经紧固不要再加力了,提示完成工作。解除作用力后,扳手各相关零件能自动复位。

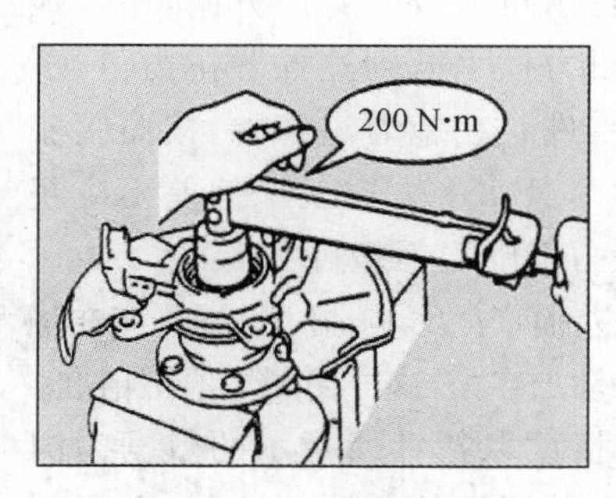

图 1-1-6　扭力扳手的使用

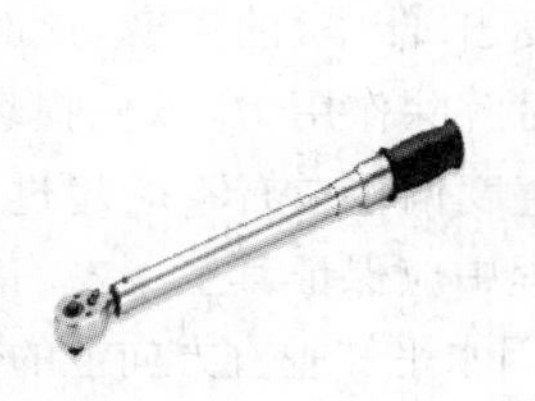
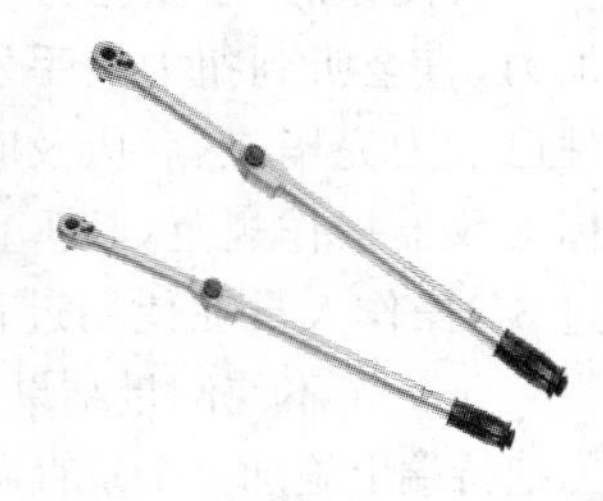

1. 普通预置式扭力扳手　　2. ZW型预置折弯型扭力扳手

图 1-1-7　预置式扭力扳手

(1)预置式扭力扳手的使用方法

①设定扭力值。

a. 逆时针方向旋转锁紧手柄,松开调整轮;

b. 转动调整轮,使主标尺与副标尺(调整轮刻度)示值之和等于所需设定的扭力值;

c. 扭力值设定后,顺时针方向旋紧锁紧手柄,扭力值设置工作完毕。

②将扳手方榫套入相应尺寸规格的套筒。

③将套筒套入螺母或螺栓头上。

④顺时针方向均匀施力。

⑤当听到"咔嗒"声响或感到手有卸力感时,即已达到所设定的扭力值。

⑥当拧长螺栓或油管一类的螺母,无法工作时,需要更换开口头。

a. 压下定位销,沿脱力方向施力,即可取下扳手头;

b. 将选取相应尺寸的开口头插入扳手杆旋转,使定位销弹入扳手头小孔内定位即可。

(2)注意事项

①在扭力扳手的使用中,首先要根据测量工件的要求,选取适中量程扭力扳手,所测扭力值不可小于扭力器在使用中量程的 20%,太大的量程不宜用于小扭力零件的加固,小量程的扭力器更不可以超量程使用。

②在使用扭力扳手时,先将扳手方榫连接好辅助配件(如套筒,各类批嘴),确保连接已经没问题。在加固扭力之前,设定好需要加固的力值,并锁好紧锁装置,调整好方向转换钮到加力的方向,然后在使用时先快速连续操作 5～6 次,使扳手内部组件上特殊润滑剂能充分润滑,使扭力扳手更精确,持久使用。

③测量时,手要把握住手柄的有效范围,沿垂直于扭力扳手壳体方向,慢慢地加力,直至听到扭力扳手发出"咔嗒"的声音,此时扭力扳手已到达预置扭力值,工件已加力完毕,然后应及时解除作用力,以免损坏零件。在施力过程中,按照国家标准仪器操作规范,其垂直度偏差左右不应超过 10°,其水平方向上下偏差不应超过 3°,操作人员在使用过程中应保证其上下左右施力范围均不超过 15°。

④为了不使测量结果因水平和垂直方向上的偏差而产生影响,在测量时,应在加力把持端上施加一个垂直向下的稳定力值,然后再手动加点力,这样使测量值更精准。

⑤扭力扳手的读数:如果是带表扭力仪器,直接读取指针所指示的数据为测量数据值;如果是套筒加副刻度指示器,应先读取主刻度上的刻度值,再加上副刻度或微分筒上的刻度值之和为测量数据值。

⑥扭力扳手是测量工具,应轻拿轻放,不能代替榔头敲打,不用时请注意将扭

力设为最小值，存放在干燥处。扭力扳手应用范围较广，在加固扭力时，相对来讲比较简单，只需要设定其要求扭力值便可进行操作。

⑦使用中勿强烈冲击。

⑧使用前检查扳手上的箭头是否同施力方向一致，如果不一致请将扳手头旋转 180°重新安装。

⑨勿自行拆卸扳手各部件，以免破坏精度，影响使用。

3. 棘轮扳手

当螺钉或螺母的尺寸较大或扳手的工作位置很狭窄，就可用棘轮扳手。这种扳手摆动的角度很小，能拧紧和松开螺钉或螺母。拧紧时作顺时针转动手柄。方形的套筒上装有一只撑杆。当手柄向反方向扳回时，撑杆在棘轮齿的斜面中滑出，因而螺钉或螺母不会跟随反转。如果需要松开螺钉或螺母，只需翻转棘轮扳手朝逆时针方向转动即可。

4. 梅花扳手

其两端是环状的，环的内孔由两个正六边形互相同心错转 30°而成。使用时，扳动 30°后，即可换位再套，因而适用于工作空间狭小，不能使用普通扳手的场合。和开口扳手相同，强度高，使用时不易滑脱，但套上、取下不方便。其规格以闭合尺寸(mm)来表示，如 8～10、12～14 等，通常成套装配，有 8 件套、10 件套等。

(1)梅花扳手的种类　如图 1-1-8 所示。

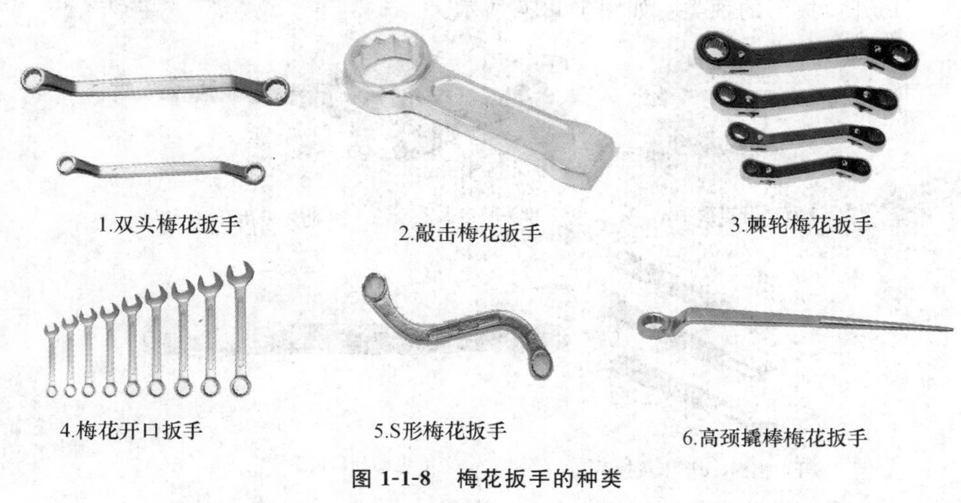

图 1-1-8　梅花扳手的种类

(2)梅花扳手的使用　如图 1-1-9 所示，梅花扳手用于补充拧紧或类似操作，可以对螺栓、螺母施加大的扭矩。

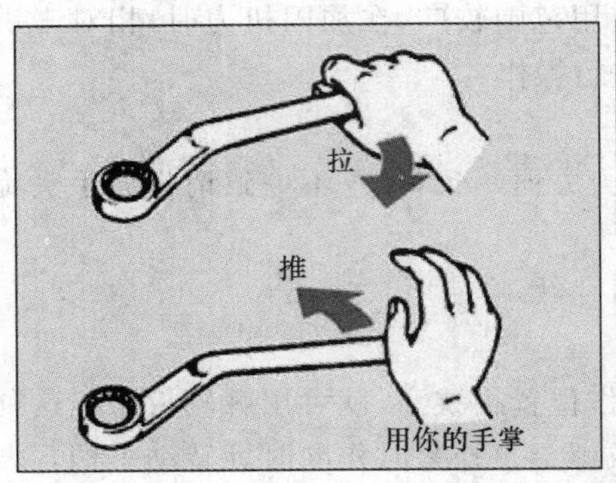

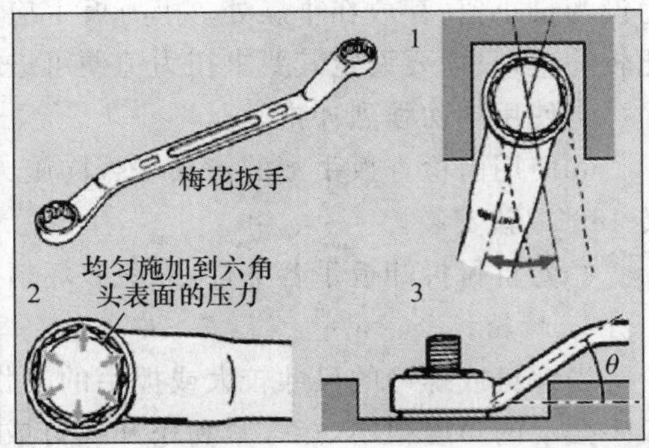

图 1-1-9 梅花扳手的使用

①选择与螺栓、螺母相配套的扳手。

②可以施加较大的力。

③可用于凹进空间里的螺栓、螺母。

5. 开口扳手

开口扳手是最常见的一种扳手，其开口的中心平面和本体的中心平面成15°角，这样既能适应人手的操作方向，又能降低对操作空间的要求。其规格是以两端开口的宽度(mm)来表示的，通常成套装配，有8件套、10件套等。

(1)开口扳手的种类 如图1-1-10所示。

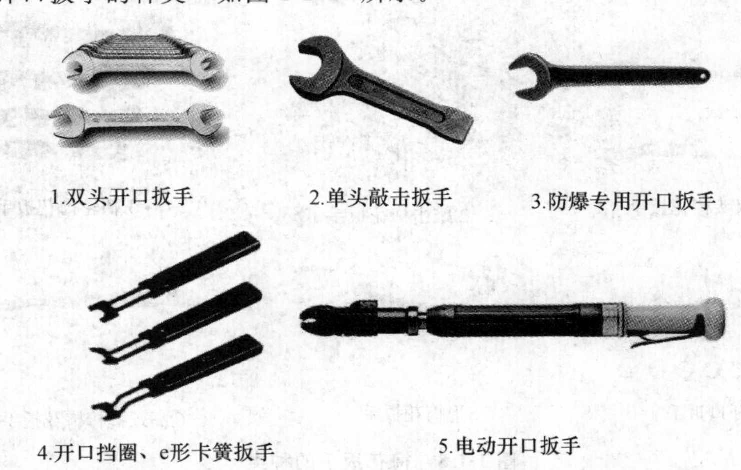

图 1-1-10 开口扳手的种类

(2)开口扳手的使用 如图1-1-11所示，开口扳手用在不能用成套套筒扳手或梅花扳手拆除或更换螺栓、螺母的位置。

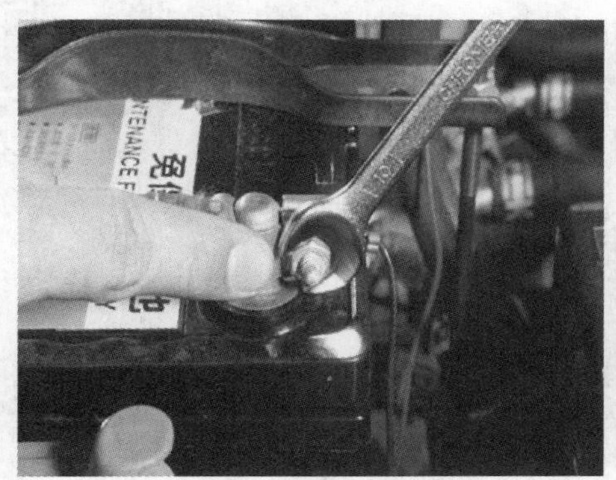

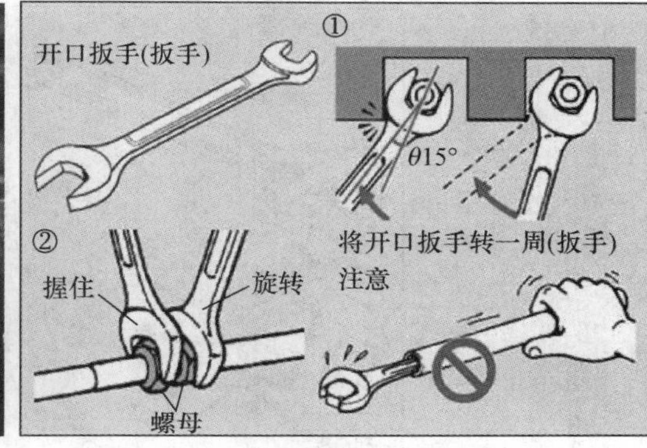

1. 开口扳手操作实例　　2. 开口扳手的正确使用

图 1-1-11　开口扳手的使用

①要选择钳口尺寸与螺栓、螺母配套的扳手进行工作。

②为防止相对的螺母也转动,可用两个开口扳手去拧松一个螺母,如图 1-1-11 中 2 所示。

③扳手不能提供较大扭矩,不能用于螺栓、螺母的最终拧紧。

④不能在扳手手柄上接套管,以免损坏螺栓或开口扳手,如图 1-1-11 中 2 所示。

6. 活动扳手

其开口尺寸能在一定的范围任意调整,使用场合与开口扳手相同,但活动扳手操作起来不太灵活。

(1)活动扳手的种类　如图 1-1-12 所示。

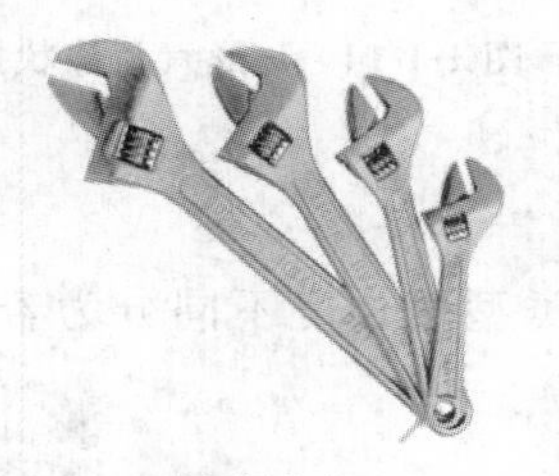

1.活动扳手　　2. 棘轮式快速活动扳手

图 1-1-12　活动扳手的种类

(2)活动扳手的使用　如图 1-1-13 所示,活动扳手适用于不规则的螺栓、螺母的拆卸或更换。

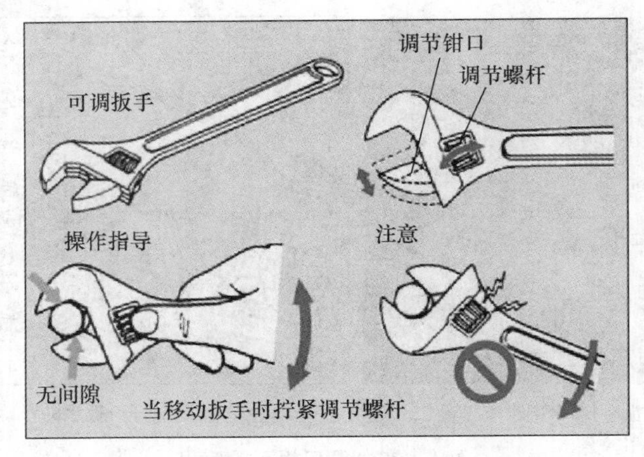

图 1-1-13　活动扳手的使用

①旋转调节螺丝，改变孔径，孔径大小与螺栓或螺母头部配合完好，没有间隙。

②旋转扳手时，拧紧调节螺杆。

③旋转扳手时，使钳口在旋转方向上左右旋动，否则压力将会损坏调节螺丝。

7. 内六角扳手

内六角扳手用来拆装内六角螺栓。规格以六角形对边尺寸表示，尺寸有 3～27 mm 的 13 种。

如图 1-1-14 所示，成 L 形的六角棒状扳手，专用于拧转内六角螺钉。内六角扳手的型号是按照六方的对边尺寸来说的，螺栓的尺寸有国家标准。

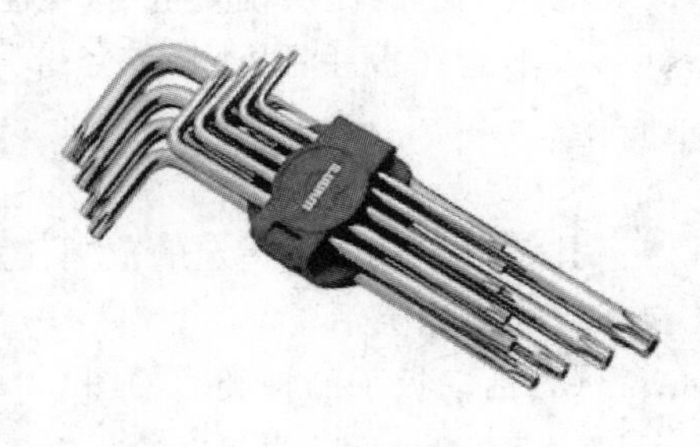

图 1-1-14　L 形六角棒状扳手

(二)螺钉旋具的种类与使用方法

螺钉旋具，简称旋具，俗称螺丝刀，主要用于旋松或旋紧有槽螺钉。旋具有很多类型，每种类型按长度不同分为若干规格。常用的是一字螺钉旋具和十字槽螺钉旋具。

(1)螺丝刀的种类

①一字螺钉旋具又称一字起子、平口改锥，用于旋紧或松开头部开一字槽的螺钉，如图 1-1-15 所示。一字螺丝刀由木柄、刀体和刃口组成；其规格以刀体部分的长度来表示，常用规格有 100、150、200、300 mm 等几种，使用时应根据螺钉沟槽的

宽度选用相应的规格。

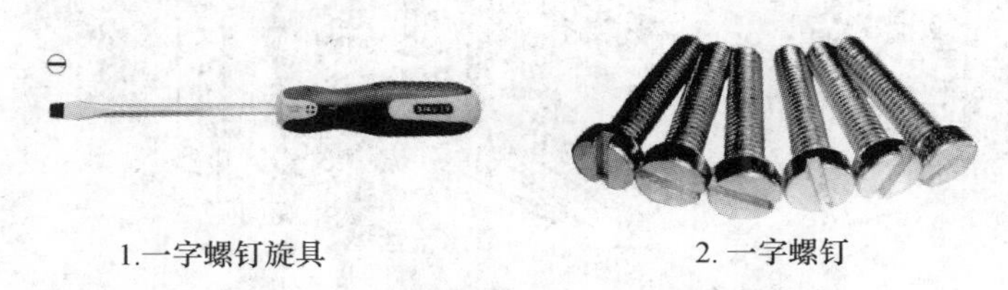

1.一字螺钉旋具　　2. 一字螺钉

图 1-1-15　一字螺钉旋具及一字螺钉

②十字槽螺钉旋具又称十字起子，十字改锥，用于旋紧或松开头部带有十字沟槽的螺钉，如图 1-1-16 所示。使用时应根据螺钉沟槽的宽度选用相应的规格。

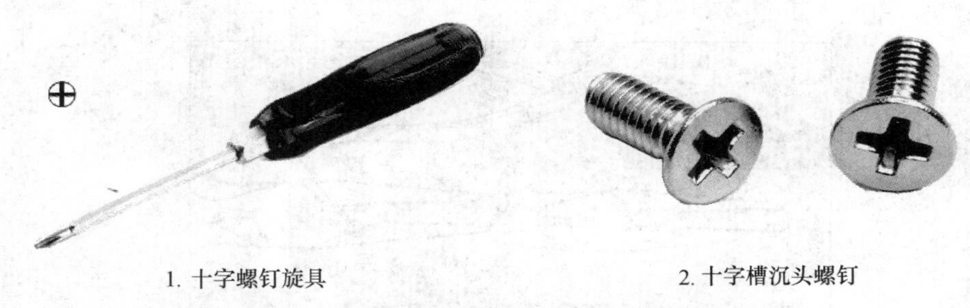

1. 十字螺钉旋具　　2. 十字槽沉头螺钉

图 1-1-16　十字槽螺钉旋具及十字槽沉头螺钉

(2)螺丝刀的使用　如图 1-1-17 所示，螺丝刀用于拆卸或更换螺钉。

①使用时要选择尺寸、类型合适的螺丝刀，尺寸要与螺钉槽的大小合适，型号要与螺钉槽的形状一致。

②保持螺丝刀与螺钉尾端成一条直线，一边用力一边转动。

③不要用鲤鱼钳或其他工具在螺丝刀上过度施加扭矩，防止螺钉凹槽或螺丝刀尖头损坏。

(三)钳子的种类与使用方法

钳子多用来弯曲或安装小零件、剪断导线或螺栓等。钳子有很多种类和规格。在农业机具维修中，应根据作业内容选用适当类型和规格(按长度分)的钳子，不能用钳子拧紧或旋松螺纹连接件，以防止螺纹件被倒圆，也不能将钳子当撬棒或锤子使用，以免损坏钳子。

1. 尖嘴钳子

如图 1-1-18 所示，尖嘴钳的头部细长，能在较小的、密封的空间工作，带刃口

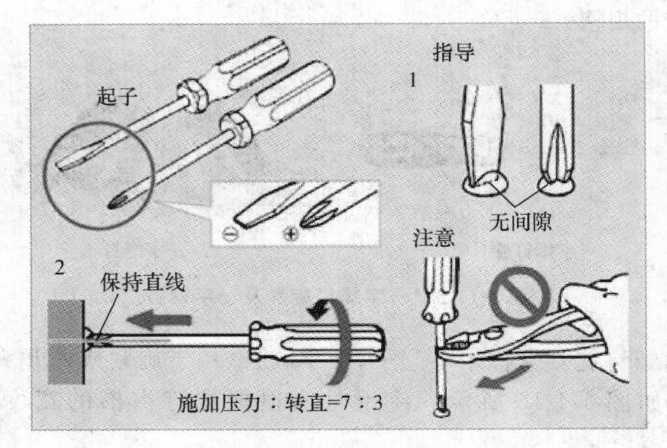

图 1-1-17 螺丝刀的使用

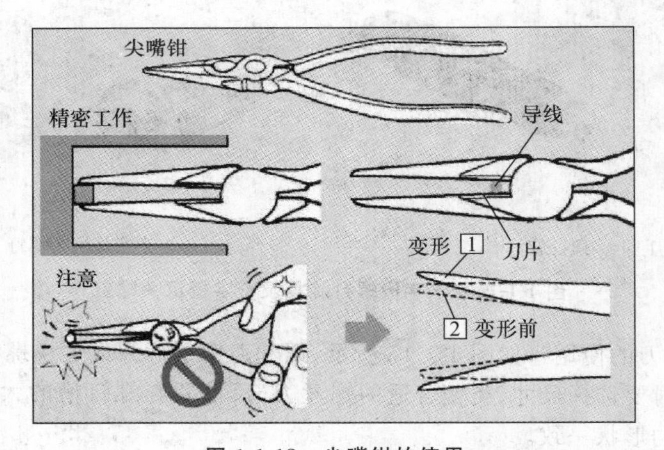

图 1-1-18 尖嘴钳的使用

的能剪切细小零件或切割细导线或去掉电线外层绝缘层。使用时不能用力太大，否则钳口头部会变形或断裂，规格以钳长来表示，常用 160 mm。

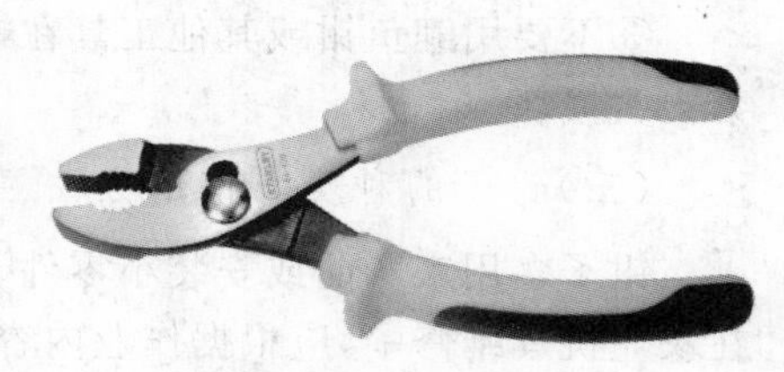

图 1-1-19 鲤鱼钳

2. 鲤鱼钳

如图 1-1-19 所示，鲤鱼钳前部是平口细齿，用于夹捏一般小零件，中部凹口粗长，用于夹持圆柱形零件，也可代替扳手旋小螺栓、小螺母，钳口后部的刃口可以剪切细的金属丝，不能用于切割硬的或粗的金属丝，以防止损坏刀片。改变支点上的孔的位置，可以调节钳口打开程度。在用钳子夹紧前，必须用防护布或其他防护罩遮盖易损零件。

3. 钢丝钳

用途和鲤鱼钳相似，但其支销相对于两片钳体是固定的，使用时不如鲤鱼钳灵活，但剪断金属丝的效果比鲤鱼钳好，规格有150、175、200 mm三种。

（四）活塞环拆装钳

活塞环拆装钳是一种专门拆装活塞环的工具，如图1-1-20所示。维修发动机时，必须使用活塞环拆装钳拆装活塞环。

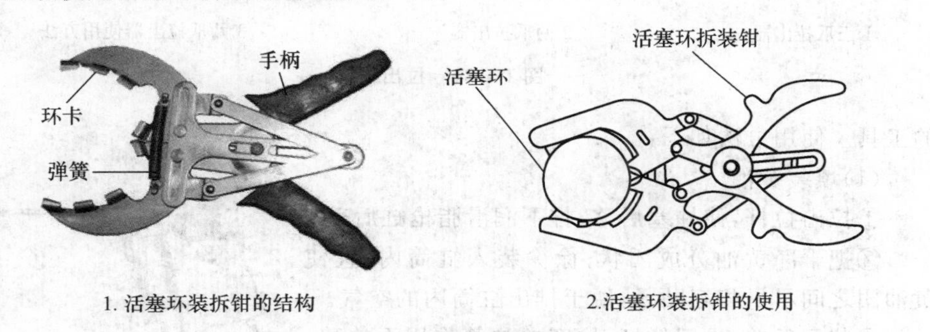

图1-1-20　活塞环装拆钳

使用活塞环拆装钳时，将拆装钳上的环卡卡住活塞环开口，握住手柄稍稍均匀地用力，使拆装钳手柄慢慢地收缩，环卡将活塞环慢慢地张开，使活塞环能从活塞环槽中取出或装入。

使用活塞环拆装钳时，用力必须均匀，避免用力过猛而导致活塞环折断，同时能避免伤手事故。

（五）拉出器

拉出器又称拉拔器、拉马，是用于拆装过盈配合安装在轴上的齿轮、皮带轮或轴承等圆盘形零件的专用工具。常用拉出器为手动式，在杆式弓形叉上装有压力螺杆和拉爪。拉爪有两爪和三爪2种。如图1-1-21中1、2所示。

如图1-1-21图中3所示，使用时，在轴端与压力螺杆之间垫一垫板，用拉出器的拉爪拉住齿轮或轴承，然后旋拧压力螺杆，使其头部顶住轴头部，继续拧紧，即可从轴上拉出齿轮等过盈配合安装零件。

（六）润滑脂枪

润滑脂枪，又称黄油枪，如图1-1-22所示，是一种专门用来加注润滑脂（黄油）

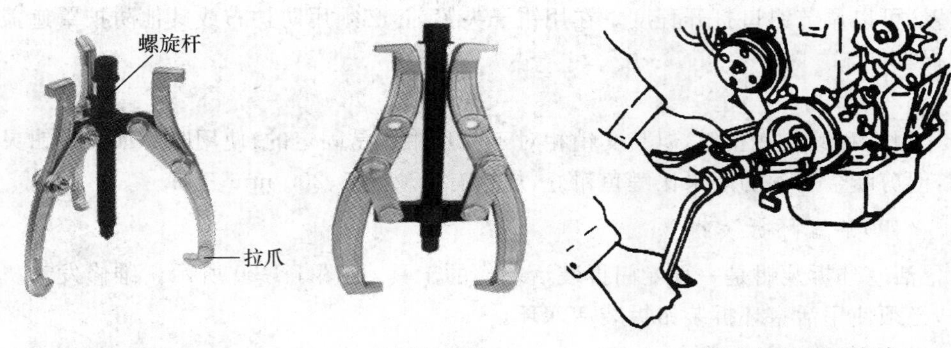

1.三爪拉出器　　2.两爪拉出器　　3.两爪拉出器使用方法

图 1-1-21　拉出器

的工具。使用方法如下：

(1)填装黄油

①拉出拉杆,使柱塞后移,拧下润滑脂枪缸后盖。

②把干净黄油分成团状,徐徐装入缸筒内,且使黄油团之间尽量相互贴紧,便于排出缸筒内的空气。

③装回后盖,推回拉杆,柱塞在弹簧作用下前移,使黄油处于压缩状态。

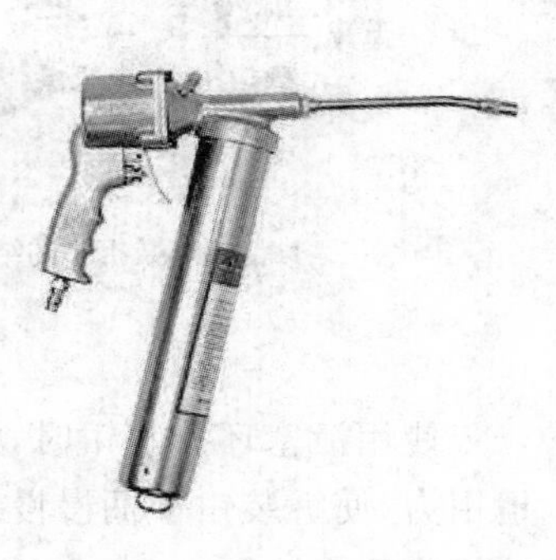

图 1-1-22　黄油枪

(2)注油方法

①把润滑脂枪接头对正被润滑的黄油嘴,然后直向往复推进,注意不能偏斜,以免影响黄油加注。

②注油时,如注不进油,应立即停止,查明原因,排除后再进行注油。

(3)润滑脂不能加注的原因

①润滑脂枪缸筒内无黄油或压力缸内的黄油中有空气。

②润滑脂枪压油阀堵塞或注油接头堵塞。

③润滑脂枪弹簧疲劳过软而造成弹力不足或弹簧折断而失效。

④柱塞磨损过重而导致漏油。

⑤油脂嘴被泥污堵塞而不能注入黄油。

(七)千斤顶

千斤顶是一种最常见的起重工具,结构简单,使用方便。按其工作原理可分为机构丝杆式和液压式,如图 1-1-23 所示。目前广泛使用的是液压式千斤顶,按照所能顶起的质量可分为 3、5、9 t 等多种不同的规格。

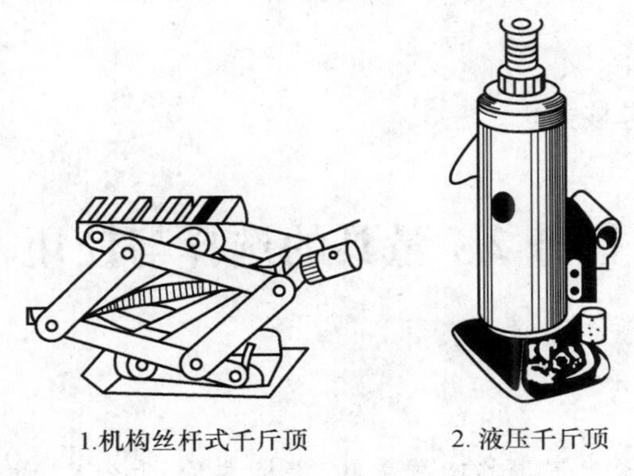

图 1-1-23　千斤顶

(1)千斤顶的使用方法

①起顶农机前,把千斤顶顶面擦拭干净,拧紧液压开关。将千斤顶放置在被顶部的下部;使千斤顶与被顶部位相互垂直,以防千斤顶滑出而造成事故。

②旋转顶面螺杆,改变千斤顶顶面与被顶部位的原始距离,使起顶高度符合要求。

③用三角形垫木将农机着地车轮前后塞住,防止机器在起顶过程中发生滑溜事故。

④用手上下压动千斤顶手柄,被顶农机逐渐升到一定高度,在车架下放入搁车凳,禁止用砖头等易碎物支垫农机。降落时,应先检查车下是否有障碍物,并确保操作人员的安全。

⑤徐徐拧松液压开关,使农机平稳地缓缓下降,平稳架在搁车凳上。

(2)千斤顶使用注意事项

①农机在起顶或下降过程中,禁止在机器下面进行作业。

②应徐徐拧松液压开关,使农机缓慢下降,农机下降速度不能过快,否则易发生事故。

③在松软路面上使用千斤顶顶起农机时,应在千斤顶底座下加垫一块面积较大且能承受压力的垫板,如木板等。防止千斤顶由于农机重压而下沉。

④千斤顶把农机顶起后,当液压开关处于拧紧状态时,若发生自动下降故障,则应立即查找原因,及时排除故障后方可继续使用。

⑤如发现千斤顶缺油时,应及时补充规定油液,不能用其他油液或水代替。

⑥千斤顶不能用火烘热,以防皮碗、皮圈损坏。

⑦千斤顶必须垂直放置，以免因油液渗漏而失效。

七、考核方法

见任务2中的考核方法。

任务2 量具的选择与使用

一、目的要求

1. 了解农机维修中常用的四种量具：游标卡尺、千分尺、量缸表和厚薄规。
2. 掌握四种量具的结构、正确使用方法以及日常保养方法。
3. 熟悉掌握游标卡尺、千分尺和量缸表的读数方法。

二、材料及用具

游标卡尺、千分尺、量缸表、厚薄规、气缸套。

三、实训时间

6课时。

四、游标卡尺

(一)游标卡尺的结构

游标卡尺是一种能直接测量工件的内外直径、长度、宽度和深度的中等精度测量工具。游标精度按照读数值分为0.1、0.05和0.02 mm三种。如图1-2-1所示，该尺主要由主尺和副尺(游标)组成。

(二)游标卡尺的使用方法(图1-2-2)

(1)使用前，须先清洁工件表面和卡脚接触表面。

(2)测量工件外径时，须使活动量爪外移间距大于外径后，慢慢向内移动游标使两量爪与工件接触，切忌硬卡、硬拉。

(3)测量工件内径时，须使活动量爪内移间距小于内径后，慢慢向外移动游标使两量爪与工件接触。

(4)测量时，游标卡尺应与工件垂直，固定锁紧螺钉。记下测外径时的最小尺

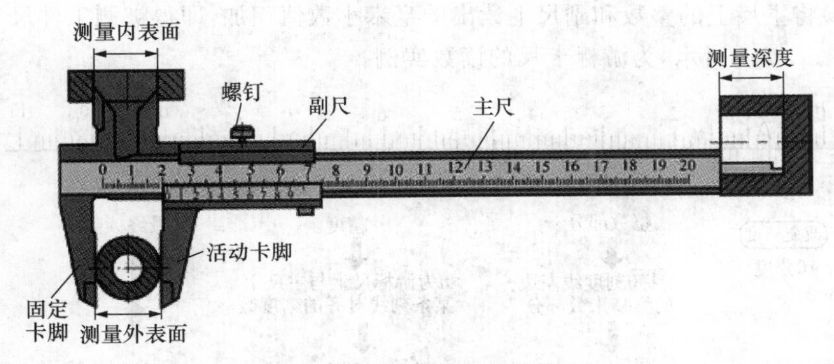

图 1-2-1　游标卡尺的结构

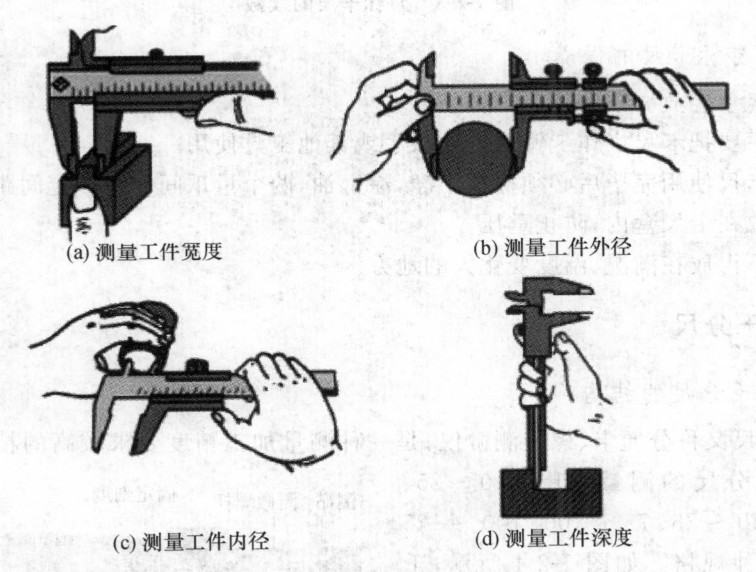

图 1-2-2　游标卡尺的使用方法

寸或内径的最大尺寸。

(5)测量深度时，须将固定量爪与工件被测表面平整接触后，缓慢地移动游标，使量爪与工件接触。

(三)游标卡尺的读数方法

(1)读出游标零刻线所指主尺身上左边刻线的毫米整数。

(2)观察游标零刻线右边第几条格线与主尺某一刻线对齐，将该尺的精度值乘以游标对齐刻线的格数，即为毫米小数值。

(3)将主尺上的整数和副尺上读出的毫米小数值相加,即得被测工件尺寸。

如图 1-2-3 所示,为游标卡尺的读数实例。

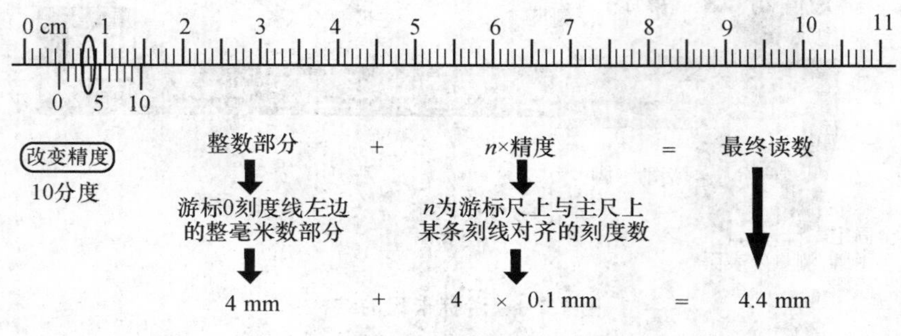

图 1-2-3 游标卡尺的读数

(四)游标卡尺的保养

(1)轻拿轻放。

(2)不要把卡尺当作卡钳或螺丝扳手或其他工具使用。

(3)卡尺使用完毕后必须擦拭干净,涂上油,两个量爪间保持一定间距,拧紧固定螺钉,放在卡尺盒内,防止重压。

(4)不得放在潮湿、温度变化大的地方。

五、千分尺

(一)千分尺的结构

千分尺又称分厘卡、螺旋测微仪,是一种测量加工精度要求较高的精密量具。常用的千分尺的测量范围有 0～25、25～50、50～75、75～100、100～125 mm 等多种规格。如图 1-2-4 所示,千分尺主要由尺架、测砧、测微螺杆、固定套管、微分筒、测力装置以及锁紧装置等组成。千分尺的精度为 0.01 mm。

测砧 测微螺杆 固定刻度
可动刻度 旋钮 微调旋钮
尺架

图 1-2-4 千分尺的结构

(二)千分尺的使用方法

(1)使用前须清洁千分尺测砧,并校准零位。看微分筒上零线是否与固定套向上基准对齐,如不对齐,必须进行调整。

(2)清洁工件被测表面后,置于千分尺两测砧端间,使千分尺螺杆轴线与工件中心线垂直或平行。

(3)测量时,应先转动微分筒。当测砧端将接近工件时,改用棘轮装置,直至棘轮发出“吱吱”响声为止,锁紧测量杆后再读数并记下指示数值。

(4)测量完毕,必须倒转微分筒后才能取下工件。

(5)不能用千分尺测量毛坯面,更不能测量旋转工件。

(三)千分尺的读数

(1)从固定套管上露出的刻线读出工件的毫米整数和半毫米数。

(2)从固定套管纵向线对准的微分筒刻线上读出工件的小数部分——百分之几毫米,不足一格——千分之几毫米,可估读。

(3)把两个读数相加,即得到被测工件的尺寸,如图 1-2-5 所示。

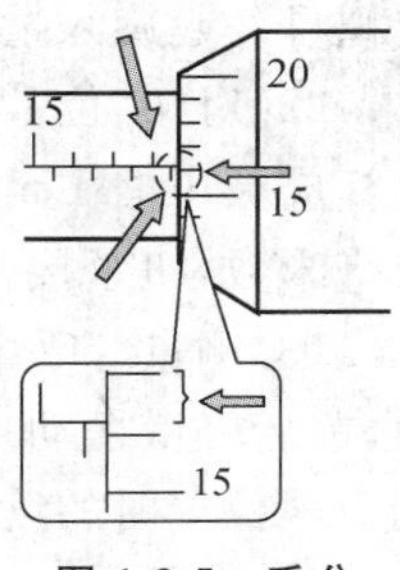

图 1-2-5　千分尺的读数

①读出固定套管 0 基准线上的刻度:18 mm。

②读出固定套管 0 基准线下 0.5 mm 单位的刻度:+0.5 mm。

③读出 0 基准线(或重叠)的微分筒的刻度:+0.16 mm。

④读出固定套管 0 基准线与微分筒交叉部位的估算值:+0.002 mm。

⑤千分尺刻度为:18 mm+0.5 mm+0.16 mm+0.002 mm=18.662 mm。

(四)千分尺的保养

(1)检查零位线是否准确。

(2)测量时需把工件被测量面擦干净。

(3)工件较大时应放在 V 形铁或平板上测量。

(4)测量前将测量杆和砧座擦干净。

(5)拧活动套筒时需用棘轮装置。

(6)不要拧松后盖,以免造成零位线改变。

(7)不要在固定套筒和活动套筒间加入普通机油。

(8)用后擦净上油,放入专用盒内,置于干燥处。

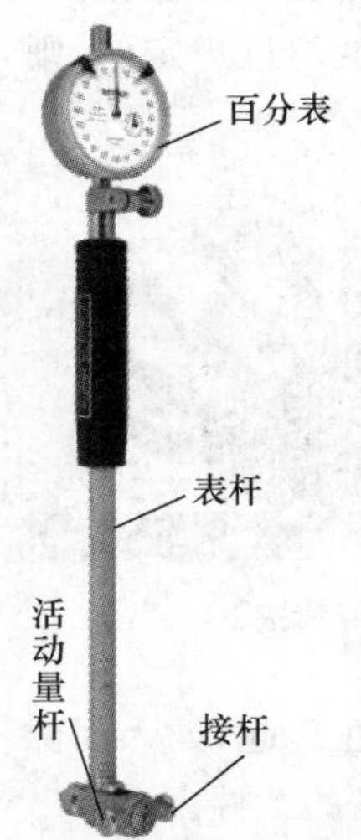

图 1-2-6　量缸表

六、量缸表

量缸表又称内径百分表,是一种比较性的间接测量仪表。主要用于测量汽缸或轴承座孔的圆度、圆柱度和磨损情况等。量缸表由百分表、表杆、接杆、活动量杆等到组成,如图 1-2-6 所示。

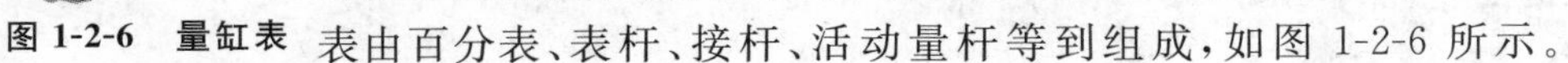

其表盘刻度为 100 格，大指针转动 1 格为 0.01 mm，转动一圈为 1 mm；小指针转动 1 格为 1 mm。

1. 使用方法

(1)选装合适长度的接杆　使用前，根据被测孔径，选择合适长度的接杆，与固定螺母一起旋入量缸表下端的接杆座内。

(2)对"0"位　用外径千分尺校对量缸表所测被测孔径的标准尺寸，此时活动量杆应被压缩 1 mm 为宜，旋转表盘使"0"位对正大指针，记住小指针所指示的数值毫米数，扭紧接杆上的固定螺母。

(3)测量　手拿绝热套，另一只手尽量托住量缸表杆下部，将其倾斜放入汽缸内，前后轻微摆动量缸表，使测量杆与汽缸轴线垂直，在摆动过程中读取大指针摆到极限位置时的读数。

(4)读数　如大指针摆动的极限位置正对零线，表示被测孔径与标准尺寸相同；若大指针摆动的极限位置顺时针方向离开"0"位，表示被测孔径小于标准尺寸；若逆时针方向离开"0"位，表示被测孔径大于标准尺寸。

2. 圆度的测量

校对量缸表后，将表的量杆放在汽缸上边缘第一道活塞环相对应位置，测量汽缸同一横截面的纵向和横向内径，测得最大直径和最小直径之差的 1/2，即为圆度偏差。同样在汽缸中部和下部(距汽缸下边缘 10～15 mm)横截面测得圆度偏差。

3. 圆柱度的测量

在汽缸纵截面内，量缸表在汽缸上、中、下三个部位，与测量圆度的部位相同，进行测量。测得上下最大差值的 1/2，即为圆柱度偏差。若圆柱度超过规定值，则需要进行维修。

七、厚薄规

厚薄规，又称塞尺或间隙片，用来检验两个相结合面之间的间隙大小。厚薄规有两个相互平行的测量平面，由一组厚度不同的薄钢片组成，每片标有其厚度值，如图 1-2-7 所示。

图 1-2-7　厚薄规

使用厚薄规时，必须清除厚薄规和工件表面上的灰尘和油污；根据间隙的大小，选择用一片或数片重叠在一起，插入间隙内；测量时，不能太用力，以免弯曲或折断；不能用于测量温度较高的工件。

八、考核方法

序号	考核任务	评分标准(满分100分)			
		正确熟练	正确不熟练	在指导下完成	不能完成
1	扳手的识别与使用	10	8	6	4
2	螺钉旋具的识别与使用	5	4	3	1
3	钳子的种类与使用	5	4	3	1
4	活塞环装拆钳的使用	10	8	6	4
5	拉出器的种类与使用	10	8	6	4
6	润滑脂枪的使用	10	8	6	4
7	千斤顶的种类与使用	10	8	6	4
8	游标卡尺的读数	10	8	6	4
9	游标卡尺的保养	5	4	3	1
10	千分尺的读数	10	8	6	4
11	千分尺的保养	5	4	3	1
12	量缸表的使用	10	8	6	4
总分	优秀:>90分　良好:80～89分　中等:70～79分　及格:60～69分　不及格:<60分				

习题一

1. 机器的拆装原则是什么?
2. 机器在拆装时应注意哪些事项?
3. 套筒扳手的种类有哪些?
4. 扭力扳手有几种? 扭力扳手的作用是什么?
5. 预置式扳手的使用方法是什么?
6. 使用扭力扳手时应注意哪些事项?

7. 棘轮扳手应用于什么场合?

8. 螺钉旋具有几种?

9. 活塞环拆装钳的使用方法是什么?

10. 拉出器的种类有哪些? 作用是什么?

11. 如何使用润滑脂枪?

12. 千斤顶的种类及使用方法是什么?

13. 如何使用游标卡尺? 如何对游标卡尺进行保养?

14. 如何使用千分尺? 如何对千分尺进行保养?

15. 如何使用量缸表?

项目二　耕地、整地机械

一、对耕地机械的农业技术要求

(1)良好的翻耕和覆盖性能,旱耕后土层松碎,水耕后断条长度小,土垡架空,以利晒垡。

(2)耕深一致,沟底平整。

(3)不漏耕,不重耕,耕后地表平整。

二、对整地机械的农业技术要求

(1)为防旱保墒,一定要及时进行整地,并要求整地后地表平整,土粒细碎。

(2)整地深度应符合农业技术要求,并且深度均匀一致。

(3)整地后土壤既要有一定的松软度,又要有适宜的紧密度。

(4)不应有漏耙、漏压的现象。

(5)对于水田整地还要起浆、打糊好,并能覆盖绿肥和杂草。

(6)地表成形应符合播种条件。

任务1　悬挂犁的使用与调整

一、目的要求

1. 了解悬挂犁的构造。
2. 掌握悬挂犁的维护和保养方法。
3. 熟练掌握悬挂犁的正确使用和调整方法。
4. 能够对犁的作业质量进行检查。

二、材料及用具

(1)悬挂犁一台。

(2)拖拉机一台。

(3)扳手、手钳、杠杆等调整工具一套,水平尺、米尺各一把。

三、实训时间

6 课时。

四、悬挂犁的结构

如图 2-1-1 所示,铧式犁主要由犁体、犁架、牵引装置或挂结装置等基本部件组成,有的犁还配有犁刀、小前犁、深松铲、超载安全装置、调节机构等部件。

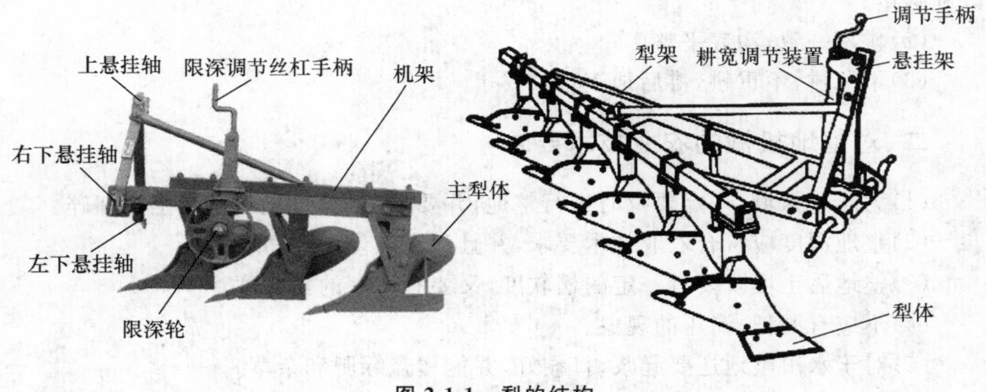

图 2-1-1 犁的结构

1. 犁体

犁体是犁的主要工作部件,一般由犁铧、犁壁、犁侧板及犁柱、犁托组成,如图 2-1-2 所示。

(1)犁铧 起入土、切土作用。常用的有凿形、梯形和三角形三种。

(2)犁壁 位于犁铧的上方,其作用是把犁铧抬起的土进一步破碎和翻转。主要有整体式、组合式、栅条式,如图 2-1-3 所示。组合式犁壁分为前后两部分,前部分磨损后,可单独更换;栅条式犁壁,可减小工作阻力,减小土壤和犁壁的黏附能力,适应于湿地和黏重土壤。

(3)犁侧板 起平衡作用,使犁工作平稳。常用的有平板形和刀形。

(4)犁柱 犁柱连接犁体和犁架,是犁的传力构件。

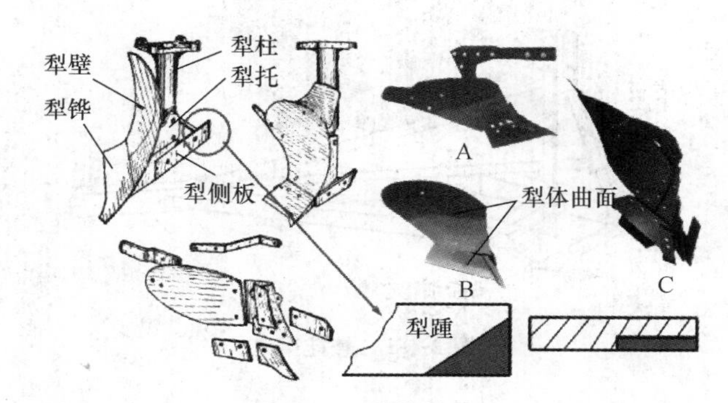

图 2-1-2　犁体的结构

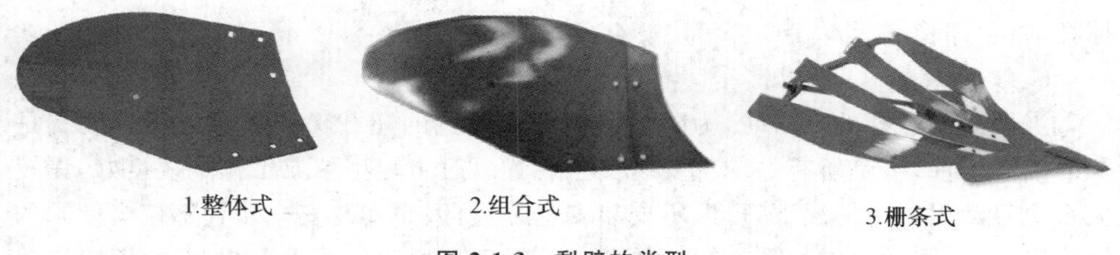

图 2-1-3　犁壁的类型

(5)犁托　是连接件,把犁铧、犁壁、犁侧板、犁柱组成犁体总成。

2. 犁刀

犁刀安装在主犁体前方,犁刀有直犁刀和圆犁刀两种,如图 2-1-4 所示。直犁刀结构简单,坚固耐用,工作阻力大,圆犁刀阻力小,不易缠草。

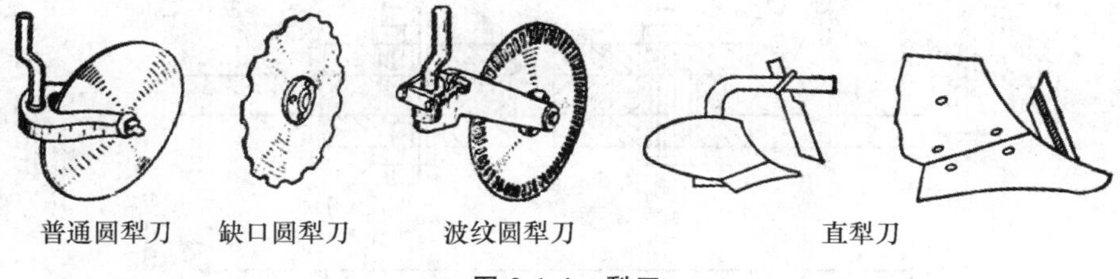

图 2-1-4　犁刀

3. 犁架

用来固定犁体,传递动力,保证犁体正常耕作。

4. 悬挂架

用来将犁悬挂到拖拉机上。有三个悬挂点,由左右支板、斜撑杆、牵引板、悬挂轴及犁架组成,如图 2-1-5 所示。

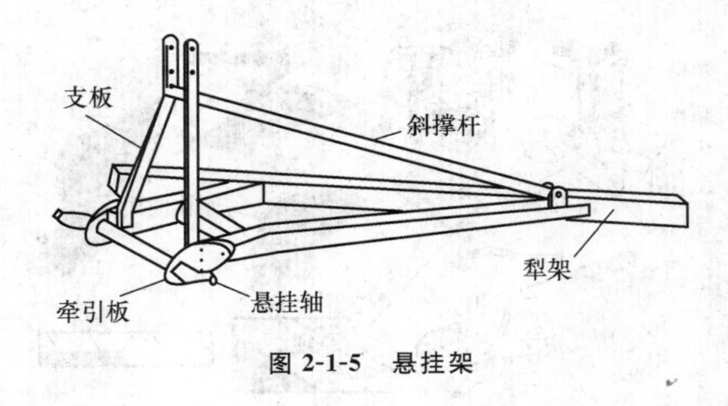

图 2-1-5 悬挂架

5. 限深轮和撑杆

限深轮用来调节耕深，在没有限深轮的悬挂犁上，装有一根撑杆，停放时落下撑杆，将犁停稳。

6. 安全装置

当犁碰到意外的障碍时，为防止犁损坏而设置的超载保护装置。安全装置是犁的辅助构件，不是所有的犁都安装安全装置。对于轻型犁或工作地块良好，无较大石块等障碍物的情况下，可以不安装安全装置，因为安装安全装置不仅会使犁的结构更复杂，同时也增加了拖拉机的负荷。对于高速工作的重型犁、石块等障碍较多的地块或是开荒的地块，由于犁工作阻力的突然增大，会使犁损坏，因此需要安装安全装置。安全装置主要有以下两种形式：

(1)整体式安全装置　这种安全装置安装在整台犁的牵引装置上，如图 2-1-6 所示，是摩擦销式整体安全装置。

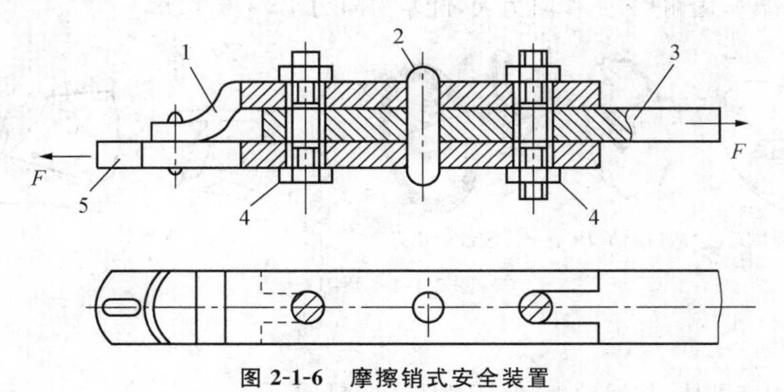

图 2-1-6 摩擦销式安全装置

1. 弯板 2. 销子 3. 纵拉板 4. 螺栓 5. 拉钩

当犁接触到石块、树根等障碍物时，阻力加大，使加在纵拉板 3 上的力 F 加大，当这个力大于销子 2 所能承受的最大剪力时，销子被剪断，从而使纵向拉板克服上下两板间的摩擦力，从两板之间脱出，犁与拖拉机分开，起到对犁安全保护作用。这时需要立即停车，更换销子，重新将犁与拖拉机挂接上，才能继续工作。

(2)单体式安全装置 这种安全装置与整体安全装置的不同，是每个犁都要安装一个安全装置，提高了犁在工作中对每个犁的安全保护作用。单体式安全保护装置主要有以下三种：

①如图 2-1-7 所示，是弹簧安全保护装置。当犁铧 1 接触到障碍物 4 时，犁铧 1 通过平面连杆机构 2 克服弹簧 3 阻力，被障碍物 4 顶起，对犁起到安全保护作用。当犁越过障碍物时，弹簧力通过平面连杆机构将犁复位，继续工作。

②如图 2-1-8 所示，是液力式安全保护装置。当犁铧 3 接触到障碍物 2 时，犁铧 3 克服液压油阻力，推动活塞杆 4 向右上方运动，犁被障碍物顶起，从而对犁起到安全保护作用。当犁越过障碍物时，液压油推动活塞将犁复位，继续工作。

③如图 2-1-9 所示，是销钉式安全保护装置。当犁接触到障碍物时，犁受到障碍物强大的前进阻力，当这个阻力大于销钉所能承受的阻力时，销钉被剪断，犁被顶起(虚线位置)，从而对犁起到保护作用。销钉一旦被剪断，犁将不能回到原来位置继续工作，必须停车，重新将其装配好再工作，这样才能保证作业质量。

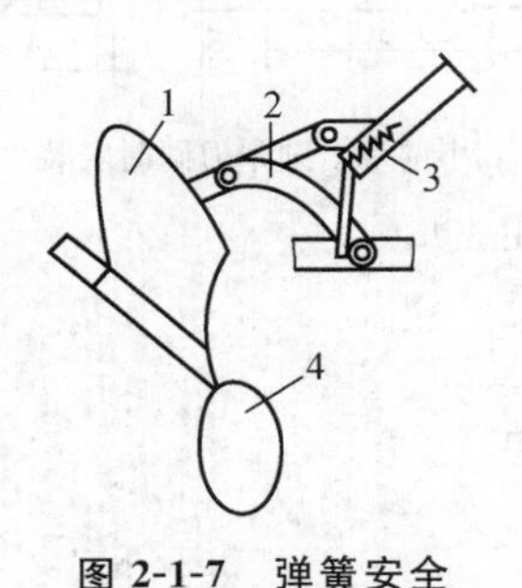

图 2-1-7 弹簧安全保护装置

1. 犁铧 2. 平面连杆机构 3. 弹簧 4. 障碍物

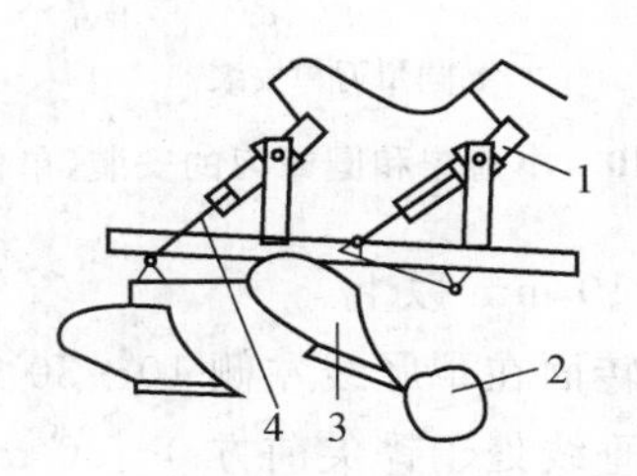

图 2-1-8 液力式安全保护装置

1. 液压油缸 2. 障碍物 3. 犁铧 4. 活塞杆

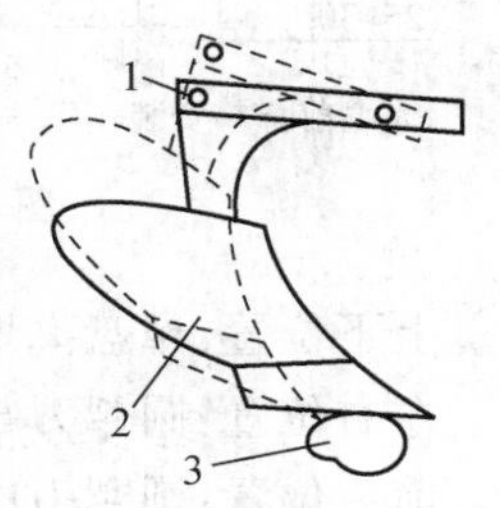

图 2-1-9 销钉式安全保护装置

1. 销钉 2. 犁铧 3. 障碍物

五、工作原理

铧式犁工作时，首先由犁铧切出土垡，然后土垡沿犁壁破碎翻转，将在地表的残茬和杂草覆盖到下面。

六、内容及操作步骤

(一)准备工作

1. 总体安装

首先,确定各犁体在犁架上的安装位置,保证不漏耕、不重耕,且各犁体耕深一致。同时,根据实际耕深,确定限深轮与犁体的相对位置。

(1)确定安装地点:选择一块平坦的场地。

(2)在地面上画出纵向平行线,平行线的间距等于单犁体的耕幅,不含重耕量。

(3)在各纵向平行线上截取各点,各点间距等于相邻两犁铧尖的间距。将各犁体分别放在纵向平行线上,使犁尖与各截取点重合。

(4)将犁架纵主梁与已经定位的犁体安装在一起。

(5)安装限深轮,转动耕深调节丝杆,使犁架垫平。

(6)安装圆犁刀:如图 2-1-10 所示。

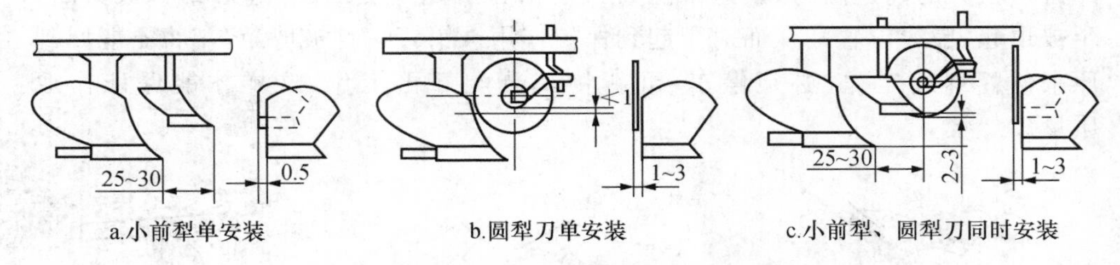

图 2-1-10 小前犁和圆犁刀的安装(单位:mm)

上下位置:犁盘离地表 10 mm 以上。

左右位置:圆犁刀与旋转面在犁胫线左侧 10~30 mm。

前后位置:圆犁刀中心垂线处于铧尖前方 0~30 mm。

(7)安装小前犁:以小前犁铧尖为准,如图 2-1-10 所示。

上下位置:保证耕深 80~100 mm。

前后位置:小前犁铧尖的垂线处于主犁体铧尖前方 250~300 mm。

2. 检查

(1)犁放在平坦的地面上,犁架与地面平行时,各犁铧的铧刀和后铧的犁侧板尾端与地面接触,处于同一平面内。其他的犁侧板末端可离开地面 5 mm 左右,各铧尖高低差不大于 10 mm,铧刀的前端不得高于后端,但允许后端高于前端不超过 5 mm。

(2)犁壁、犁铧、犁侧板应安装牢固,螺栓连接处不得有间隙,局部处有间隙不得超过 5 mm。

(3)沉头螺钉不应凸出表面;下凹量也不得大于 1 mm。

(4)犁侧板与地面垂直,前下边沿应高出地面 10～15 mm(垂直间隙),如图 2-1-11a 所示;其前端应离开沟壁 5～10 mm(水平间隙),如图 2-1-11b 所示。

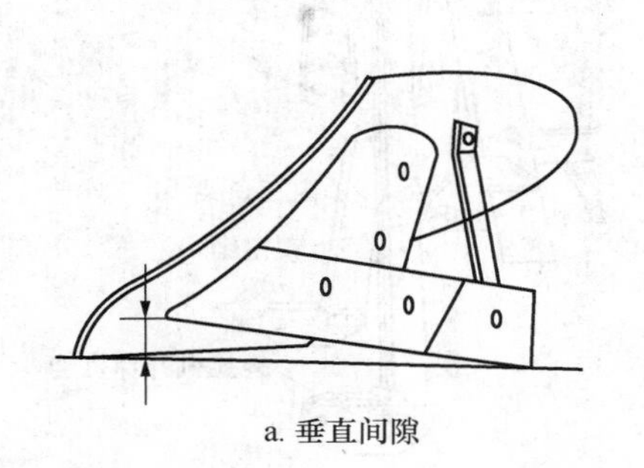

a. 垂直间隙

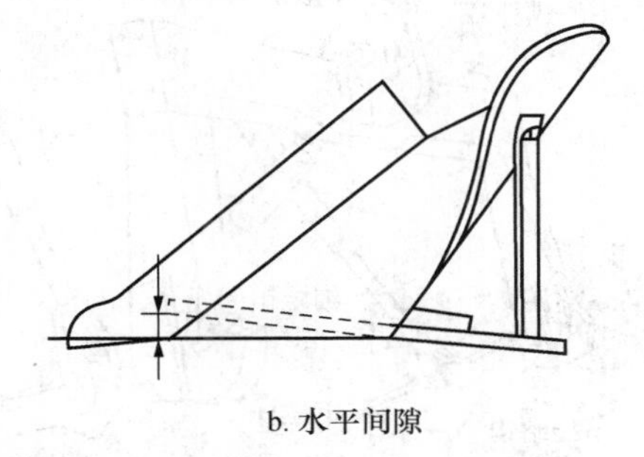

b. 水平间隙

图 2-1-11　犁体间隙检查

(5)犁体底面应在同一平面上,相差不超过 5～6 mm。

(二)悬挂犁的挂结

悬挂犁与拖拉机的挂结方式主要有以下两种:

1. 快速挂结装置

(1)一步式快速挂结装置　是一个 π 字形架,安装在拖拉机悬挂机构上下拉杆的后端,如图 2-1-12 所示。挂结时,农具悬挂轴将锁定销压入挂钩内,销子靠弹簧的弹力复位从而把悬挂轴卡住,完成挂结工作。卸下农具时,提起操纵杆,销子则缩入槽中,然后降下悬挂机构,悬挂轴即可脱出。

(2)三角形快速挂结装置　如图 2-1-13 所示,挂结时,将固定在拖拉机升降机构上的内三角架插入装在犁架上的外三角框内,将锁定销锁紧,完成挂接工作;卸下农具时,拉动拉绳,松开锁定销,内三角架从外三角框中退出,卸下农具。

2. 三点悬挂装置(图 2-1-5)

悬挂犁与拖拉机悬挂机构的连接顺序是先下后上,先左后右。连接前,先检查拖拉机的悬挂机构各杆件及限位链是否齐全,上下连杆的球接头及调节丝杆是否灵活,通过转动深浅调节丝杆调整限位轮高度,将犁架高,然后,拖拉机缓慢倒车与犁靠近。

通过液压操纵手柄调整下拉杆的高度,先将左侧下拉杆与犁左销轴连接,再前后移动拖拉机,调整右侧提升杆长度,使右侧下拉杆与犁右销轴连接,最后通过液压操作手柄或调整上拉杆长度,使上拉杆与犁的上悬挂点挂接。

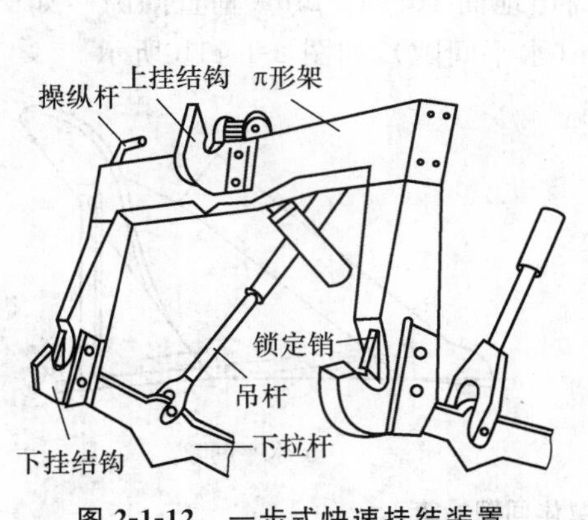

图 2-1-12 一步式快速挂结装置

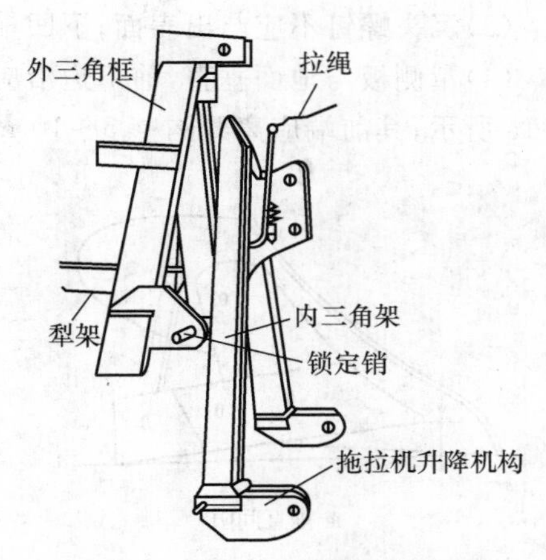

图 2-1-13 三角形快速挂结装置

（三）悬挂犁的调整

悬挂犁耕地前，应进行田间试耕调整。通过调整，使犁的耕深满足农业技术要求，各犁体耕深一致，耕幅稳定，保证耕地质量。

悬挂犁的调整要在与拖拉机悬挂机构连接后，结合耕作进行。

1. 入土角的调整

为了使犁具有良好的入土性能，及时入土，缩短犁的入土行程，提高耕地质量，可通过转动悬挂机构上拉杆的调节手柄，调节入土角的大小，如图 2-1-14 所示。缩短上拉杆的长度，增大犁的入土角 γ，使犁尖先入土，入土行程相应缩短。

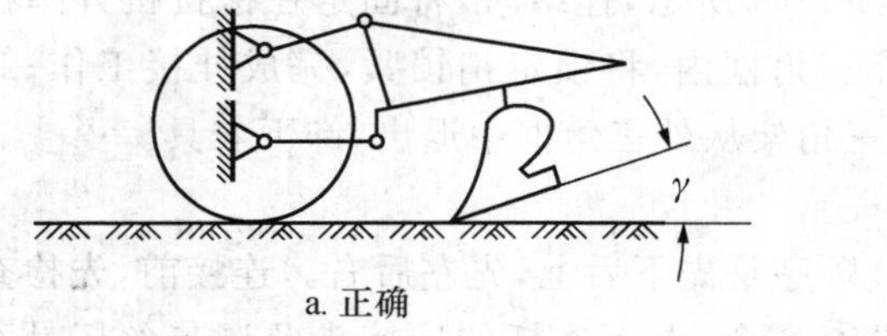

a. 正确

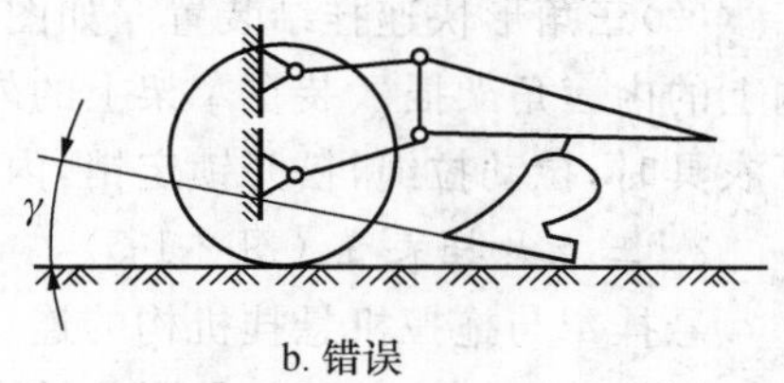

b. 错误

图 2-1-14 犁入土角的调整

当犁开始入土时，即第一犁铲尖着地时，犁侧板底面与地面的夹角即入土角应为 3°～5°，达到规定耕深时，犁侧板底面应保持水平。若犁不能入土，只要缩短悬挂机构上拉杆长度，即可增大犁的入土角，缩短入土行程（犁体铲尖着地点至该犁体达到规定耕深时，犁的前进距离），减小地头长度。

2. 耕深调整

(1)高度调节方式　改变限深轮与犁体的相对位置,如图 2-1-15 所示。

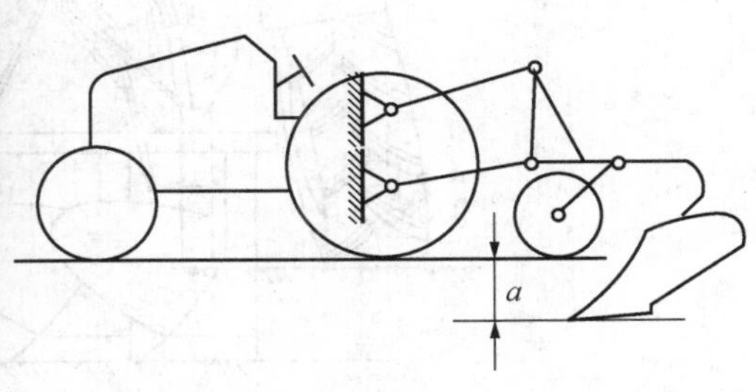

图 2-1-15　高度调整法

(2)力、位调节方式　通过改变耕深调节手柄的位置来升高和降低限深轮的高度,观察并测量耕深的变化情况。如图 2-1-16 所示,手柄向下,耕深增加;手柄向上,耕深减小。

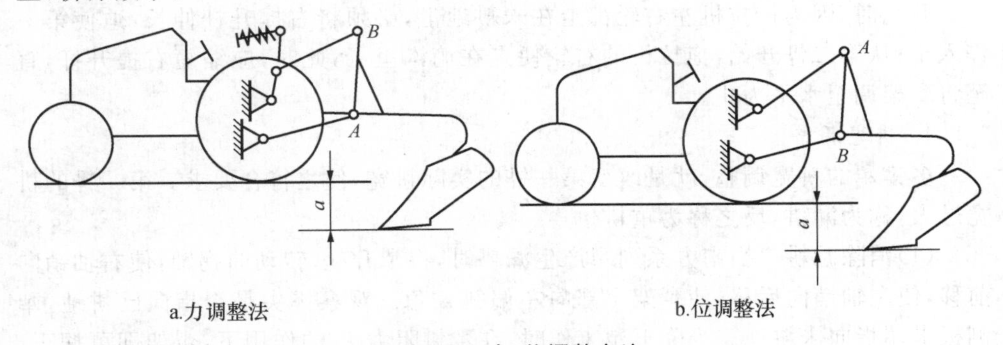

图 2-1-16　力、位调整方法

3. 犁架水平调整

犁在耕地过程中,如果犁架在前后、左右方向与地面不平行时,各犁体耕深不一致,不能满足作业要求。因此,耕作前必须对犁进行水平调整。调整方法和步骤如下:

(1)左右水平调整　如图 2-1-17 所示,犁架左右水平的调整是通过调整拖拉机液压悬挂机构的右提升杆长度实现的。右提升杆伸长,犁架右侧降低,第一铧的耕深增加;反之,犁架右侧抬高,第一铧的耕深减小。

(2)前后水平调整　犁架的前后水平调整是通过调整拖拉机液压悬挂机构的上拉杆的长度实现的。当犁架前低后高时,即前犁深后犁浅,可将上拉杆调长,使犁架后部降低,尾铧耕深增加,使各犁体在前后方向的耕深趋于一致。反之,上拉

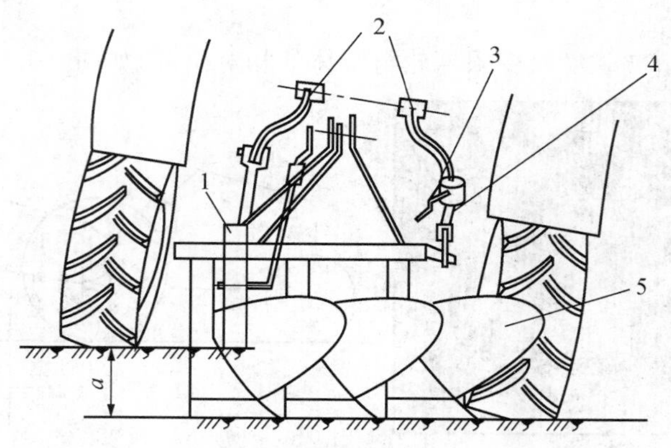

图 2-1-17　耕深调整及犁架调平(a 为耕深)

1. 限深轮　2. 提升臂　3. 调节手柄　4. 提升杆　5. 主犁体

杆长度缩短,犁架尾部抬高,尾铧耕深减小。

在满足耕深一致的前提下,应尽量加大犁的入土角,缩短入土行程。

开墒时,因为拖拉机左右轮都走在未耕地上,必须将右提升杆伸长,迫使第一铧入土;从第二铧开始,拖拉机的右轮便走在墒沟里了,此时,应缩短右提升杆,直至将犁架调至水平为止。

4. 耕宽调整

多铧犁的耕宽调整,就是改变第一铧的实际耕宽,使之符合要求。第一铧的耕宽过大,称为漏耕,反之称为重耕。

(1)消除漏耕　当南方系列犁产生漏耕时,将犁升起,转动曲拐轴,使右轴销向前移,使左轴销向后移,使犁架尾部向左偏斜 α 角。观察铧尖是否指向已耕地,犁侧板末端指向未耕地。当降下犁工作时,在犁耕阻力 F 的作用下,犁架即可摆正,如图 2-1-18 所示。

(2)消除重耕　当南方系列犁产生重耕时,转动曲拐轴,使右轴销向后移,左轴销向前移。观察铧尖是否指向未耕地,犁侧板末端指向已耕地,如图 2-1-19 所示。

同理,当北方系列犁产生漏耕时,旋转耕宽调整手柄使犁架尾部向左偏;重耕时,使犁架尾部向右偏即可。

经上述调整,如还存在重耕或漏耕,可移动悬挂轴,改变机架相对于悬挂轴的位置。

①停车,松开固定悬挂轴的 U 形螺栓。

②调整:如果发生漏耕,将悬挂轴向右移;如果发生重耕,将悬挂轴向左移。

③紧固 U 形螺栓。

④试车检验,直至消除漏耕、重耕为止。

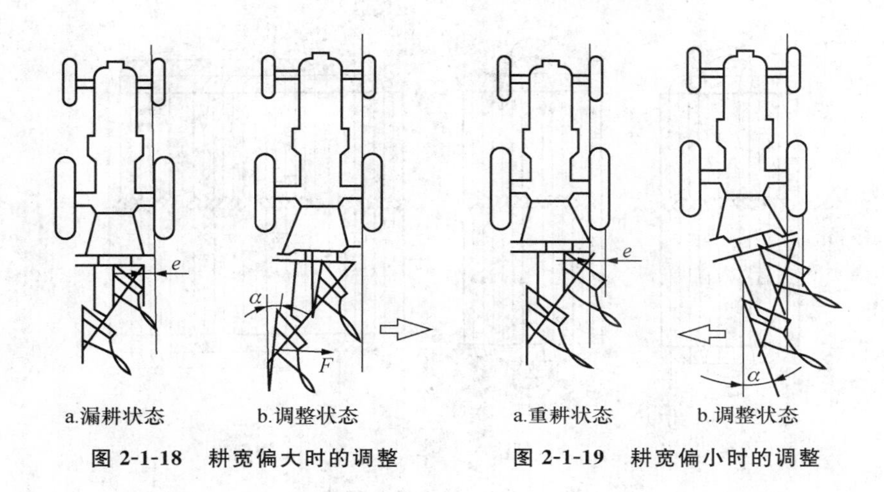

图 2-1-18　耕宽偏大时的调整　　图 2-1-19　耕宽偏小时的调整

七、犁耕作业方法

选择合适的犁耕作业方法，不仅可以提高作业效率，还可以大大提高作业质量，以满足犁耕作业的质量要求。

1. 犁耕作业质量的要求

(1)地表平整，尽量少留垄沟。

(2)尽量缩短入土行程，保持耕深一致。

(3)不漏耕，不重耕。

作业中随时进行检查，如果不满足上述要求，必须停车及时查找原因，重新调整，以保证作业质量。

2. 作业方法要求

(1)耕后开闭垄少，地面平整。

(2)地头空行程短，工作效率高。

(3)行走方法简单，便于记忆。

3. 作业方法

常用的犁耕作业方法主要有三种，内翻法、外翻法和套翻法。具体行走方法如下：

(1)内翻法　又称闭垄耕作法，如图 2-1-20a 所示。耕作时，机组由耕作小区中线左侧进入地块开墒，行至另一地头起犁，顺时针方向转弯，到地头时落犁，紧贴第一犁耕过的地耕第二犁，依此类推，由内向外直至耕完。

特点：在开墒区有一定的起垄现象，下一次耕作时应采用外翻法。

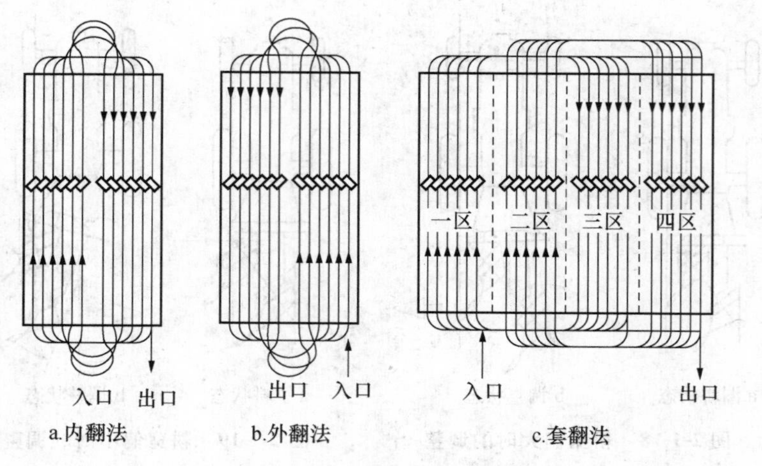

图 2-1-20 犁耕作业方法

(2)外翻法 又称开垄耕作法,如图 2-1-20b 所示。耕作时,机组由小区的右侧进入地块开墒,沿小区边缘耕到另一头起犁,逆时针转到左侧地头落犁耕作,依此类推,由外向内直至耕完。

特点:最后几趟机组也要转梨形弯,耕后小区中央形成开垄,下一次耕作时应采用内翻法。

(3)套耕法 如图 2-1-20c 所示,地块较大时,为减少地头空行程,可采用套耕法。把地块按同一宽度划分成四个小区,先在第一、三小区以外翻法套耕:第一犁由三区右侧插犁,左转弯进入第一区左侧,再转回第三区,依此类推。耕完一区、三区后,转入第二、四区,用内翻法套耕:由第二区右侧插犁右转弯至第四区左侧绕回进入第二区,最后于第四区右侧出犁并耕翻地头。

特点:地头转弯简单,但田间规划要求较严。

在生产实际中,可根据具体作业条件组合成多种作业方法。

八、注意事项

(1)工作前,检查各部件连接是否可靠,润滑是否良好。

(2)工作中不得对犁进行检查或修理,如有必要检查,应停车进行。

(3)工作中犁上不准坐人,防止犁工作过程中,行走不稳使人受伤。如因犁重量轻,入土性能不好,需加配重时,配重需紧固在犁上。

(4)犁在运转过程中,不准进行润滑、调整及故障排除,以免造成人身伤害。

(5)地头转弯时,应减小油门,待犁出土后,将犁升起再转弯。

(6)短途运输时，应将犁升到最高位置，并将升降手柄固定好，收紧下拉限位链条，减轻悬挂犁的摆动；同时，还应缩短上拉杆，使每一铧铧尖距离地面有25 cm以上的间隙，避免由于道路不平或道路上有杂物，碰坏铧尖。

(7)严格按照安全操作规程进行操作。

九、维护与保养

犁的维护与保养，是保证犁正常工作和延长寿命的重要措施，必须定期对犁进行维护和保养，及时更换、修理损坏或磨损严重的零件，保证犁能正常工作。

(一)日常保养

(1)每班作业后，应及时清除犁体、犁刀和限深轮上的泥土和杂草，保证设备清洁，防止锈蚀。

(2)拧紧松动的螺栓、螺母，防止犁工作时产生振动而使螺母脱落，避免发生危险。

(3)检查升降机构和耕深调整机构的灵活性。

(4)检查并修复变形零件，如果发现机器部件变形时，应该及时加以修复或更换。

(5)向各转动部件加注润滑油，保证运转灵活，存放在干燥通风库房内，以防止受潮、雨淋，使机具生锈。

(6)检查安全销有无问题。

(7)检查油缸、油管是否漏油。

(8)犁铧和犁壁的接合处的不平度不应大于1 mm，且犁壁不得高于犁铧。

(二)定期保养

定期保养在工作60～100 h或耕熟地47～67 hm^2之后进行。

(1)除了完成日常保养工作之外，还要检查犁体前后壁、犁侧板等易损件的磨损情况，损坏的要及时更换。

(2)拆洗各调整装置，检查各轮的间隙和犁铧刃口，必要时进行调整和磨锐。如果磨损严重，则应拆下修复或更换。

(3)每耕季工作结束后，应清洗干净，全面检查犁的技术状态，换修磨损或变形的零件。

(三)季节保养

(1)每季结束后，要将圆犁刀、限深轮、耕宽调整器丝杠及轴承等部件拆下清洗，换修磨损及变形零件。

(2)在犁体、小前犁和圆犁刀等部件的工作表面及丝杠上涂防锈油。

(3)犁体、犁轮要用木块垫起,放松缓冲弹簧,停放在地势高而且通风干燥的场所或库房内。

十、常见故障及排除方法

悬挂犁常见故障及排除方法见表 2-1-1。

表 2-1-1 悬挂犁常见故障及排除方法

故障现象	故障原因	排除方法
入土困难	1. 铧刃磨损 2. 土质干硬 3. 犁架前高后低 4. 犁铧垂直间隙小	1. 更换犁铧或用锻伸方法修复 2. 适当加大入土角,或在犁架尾部加配重 3. 缩短上拉杆长度,提高牵引犁横拉杆或降低拖拉机的拖把位置 4. 更换犁侧板,检查犁壁等
耕后地不平	1. 犁架不平或犁架、犁铧变形 2. 犁壁黏土、土垡翻转不好 3. 犁体在犁架上安装位置不当或振动后移位	1. 调平犁架,校正犁柱 2. 清除犁壁上黏土,并保持犁壁光洁 3. 调整犁体在犁架上的位置
水田作业时入土过深	1. 悬挂犁机组力调整系统不起作用,犁出现钻深现象 2. 土壤承压能力较弱	1. 不使用力调整系统 2. 使犁架前端稍调高一些,安装限深滑板
立垡甚至回垡	1. 过深 2. 速度过慢 3. 各犁体间距小,宽深比不当 4. 犁壁不光滑	1. 调浅 2. 加速 3. 当耕深较大时,要适当减少铧数,拉开间距 4. 清除犁壁上的黏土
耕宽不稳	1. 耕宽调整器 U 形卡松动 2. 胫刃磨损或犁侧板对沟墙压力不足 3. 水平间隙过小	1. 紧固,若 U 形卡变形,更换 U 形卡 2. 增加犁刀或更换犁壁、侧板 3. 检查间隙,调整或更换犁侧板

续表 2-1-1

故障现象	故障原因	排除方法
漏耕或重耕	1. 偏牵引，犁架歪斜 2. 犁架或犁柱变形 3. 犁体距离不当	1. 调整纵向正柱 2. 校正或更换 3. 重新安装并调整

十一、考核方法

序号	考核任务	评分标准(满分 100 分)			
		正确熟练	正确不熟练	在指导下完成	不能完成
1	指出各零部件的名称、作用	5	4	3	1
2	悬挂犁的安装	15	10	5	2
3	入土角的调整	10	8	6	4
4	耕深的调整	10	8	6	4
5	犁架水平调整	10	8	6	4
6	耕宽调整	15	10	5	2
7	犁耕作业方法	5	4	3	1
8	犁的保养	10	10	5	2
9	常见故障及排除方法	15	10	5	2
10	工具的选择与使用	5	4	3	1
总分	优秀：>90 分　良好：80～89 分　中等：70～79 分　及格：60～69 分　不及格：<60 分				

任务2 翻转犁的使用与维护

一、目的要求

1. 了解翻转犁的结构。
2. 掌握翻转犁的调整方法。
3. 熟练掌握翻转犁的正确使用方法。
4. 熟练掌握翻转犁的维护与保养方法。
5. 对翻转犁常见的故障能进行正确诊断与排除。

二、材料及用具

翻转犁、装拆工具。

三、实训时间

6课时。

四、翻转犁的构造

图2-2-1是液压翻转犁的整体结构图。液压翻转犁主要由悬挂架、犁架及其调节机构、液压翻转机构、限深轮及换位机构、左翻转犁体、右翻转犁体等组成。

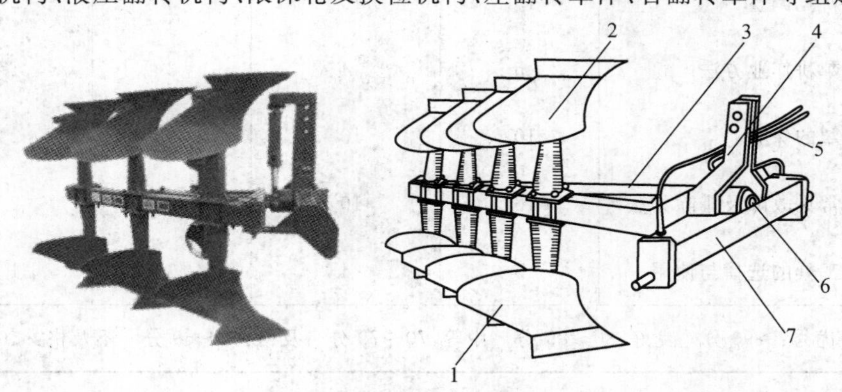

图2-2-1 液压翻转犁的结构

1. 右翻堡犁体 2. 左翻堡犁体 3. 犁架 4. 悬挂架 5. 液压油管 6. 翻转轴 7. 悬挂架横梁

五、翻转犁的工作原理

液压翻转犁由拖拉机提供液压翻转动力，通过拖拉机液压输出阀控制，经转向阀换向，实现犁架的左右翻转，从而使左、右犁体交替工作。同时，由重锤式限深轮换位机构，实现犁架翻转过程中限深轮的工作变换，以满足左右犁体交替工作时的限深要求。

六、实训内容

（一）犁架水平调整

1. 犁架横向水平的调整

（1）调整悬挂架横梁的水平　将机组停在水平地面上。旋转拖拉机吊杆上的手柄，伸长或缩短吊杆的长度，使悬挂架横梁与地面平行。横梁距地面的高度根据具体的耕深确定，耕深越大，横梁越低；反之，横梁距离地面越高。

（2）犁架的横向水平调整　调整犁悬挂架上两端的调整螺栓，使左右两螺栓凸出横梁的高度一致。其凸出高度值由具体的耕深来确定，耕深越大，凸出越多，反之则越少。

2. 犁架纵向水平的调整

通过伸长或缩短上拉杆长度，可以调整犁架纵向水平。若犁架前高后低，造成犁入土困难或耕深过浅，应缩短上拉杆；反之应伸长上拉杆。

注意：纵向水平的调整应在完成横向水平调整之后进行，而且纵向水平调整只限于调整上拉杆，如果调整下拉杆会破坏犁架的横向水平。

（二）耕深的调整

（1）通过调整限深轮固定板限位支座螺栓来调整耕深。如果耕深浅，缩短螺栓，使限深轮向后倾斜，降低犁架，从而增加耕深；如果耕深太深，旋长支座螺栓，使限深轮向前倾斜，犁架升高，从而耕深变浅。一侧螺栓调整到合适的位置后，另一侧的螺栓也要调整到同样的长度。

（2）通过调整固定板的左右支座，使其上下移动，来调整限深轮的深浅，从而调整耕深。

（三）液压系统的调整

调整翻转犁的液压系统是为了使犁架能够顺利越过 90°位置实现翻转 180°。通过调整换向拨杆的位置来控制犁的翻转情况。

（1）有些翻转犁换向叉拨杆是螺旋锁紧的，调整时，可以松动锁紧螺栓。把拨杆转动一个角度，锁紧，再试犁的翻转性能。如果不能翻转，就要继续调整，直到能顺利翻转为止。

(2)对于拨杆是焊合件的犁，要用套管撬动拨叉杆进行调整。如果犁架翻转不到90°而停止翻转，就说明换向提前，须沿犁架翻转的相反方向调整换向叉拨杆；如果犁架翻转时超过90°后又回到90°位置停止，就说明换向滞后，须向犁架翻转的相同方向调整换向叉拨杆。

(四)翻转犁与拖拉机的挂接

将拖拉机悬挂装置的左右提升杆缩短，长度调节一致，左右悬挂臂分别与犁的下悬挂点销相连，拖拉机的中央拉杆与犁的上悬挂点连接。与轮式拖拉机配套时，拖拉机的悬挂机构采用三点悬挂。与拖拉机挂接之前，应将轮距内侧距离调整到135～150 cm。与链轨拖拉机配套时，悬挂机构采用两点悬挂，即将拖拉机悬挂机构的左右悬挂臂，合并铰连在拖拉机下轴中间位置。中央拉杆的铰点应移到拖拉机的对称中心线上附近。左提升杆装在悬挂臂的外侧，右提升杆装在悬挂臂的内侧。两限位链交叉连接，并在犁提升到最高位置时调紧，犁落下时，处于放松状态。

七、翻转犁的使用注意事项

(1)耕地机组人员必须熟悉犁的结构和调整、保养方法，严格遵守安全操作规程。

(2)机组启动前应发出信号，使所有人员注意，启动时要平稳。

(3)机组在行进时，不允许调整、紧固和清理犁上的泥土缠草。

(4)更换犁铧或在犁和拖拉机之间排除故障时，应将拖拉机熄火或与犁分开。将悬挂犁升起，并在犁支牢靠且液压油缸锁定后方可在犁下方工作。

(5)犁耕时，机架和犁后的牵引农具上严禁站人。

(6)夜间作业时，应有可靠的照明设备。

(7)长距离转移机组时，犁应处于最高位置，加以锁定，再将下拉杆左右限位拉链拉紧。运行时，不要高速行驶或急转弯。

(8)过沟、过埂时，必须降低行驶速度，以减小机组振动。

八、维护与保养

(一)班保养

(1)每班工作后应清除犁体、犁刀和限深轮上的泥土和杂草。

(2)紧固各部位螺栓。

(3)检查升降机构和耕深调节机构的灵活性。

(4)检查并修复变形零件。

(5)向各传动部分加注润滑油。

(6)检查安全销状态。

(7)检查油缸和油管是否漏油。

(二)定期保养

(1)一般工作 80～100 h,除班保养外,还要做定期保养,主要检查犁铧前、后壁,犁侧板等易损件的磨损情况,需要更换的要及时更换。

(2)检查牵引犁起落机构零件的磨损情况。

(三)季保养

每耕作季度结束后,应做以下保养:

(1)将圆犁刀、限深轮、耕宽调节器丝杆和轴承等零部件拆开进行清洗。

(2)全面检查犁的技术状态,换修磨损或变形零件。

(3)向各润滑部件注润滑油。

(4)在犁体、小前犁和圆犁刀等部件的工作表面及丝杆上涂防锈油,存放在通风、干燥的库房内,犁轮和犁体要垫起并保持水平。

九、常见故障及排除方法

翻转犁常见故障及排除方法见表 2-2-1。

表 2-2-1 翻转犁常见故障及排除方法

故障现象	故障原因	排除方法
犁不入土或耕深太浅	1. 犁铲磨钝 2. 犁架不平,犁铲尖向上翘 3. 牵引犁的尾轮拉杆过紧或尾轮位置过低 4. 悬挂上拉杆过长	1. 及时更换 2. 调整犁架水平 3. 正确调整尾轮拉杆长度和尾轮垂直位置 4. 缩短上拉杆,使犁有合适的入土角
犁体耕深不一致	1. 犁架、犁体、犁轴等变形 2. 个别犁体挂带杂物	1. 校正 2. 清理
墒沟、垄背太大	1. 开墒收墒方法不正确 2. 行走作业方法不正确	1. 改进开墒、收墒方法,尽量采用合墒器 2. 正确选择行走方法,减少墒沟、垄背数

续表 2-2-1

故障现象	故障原因	排除方法
犁耕阻力太大	1. 犁磨钝 2. 耕深过大 3. 犁架犁柱变形	1. 修理或更换 2. 减少耕深或耕幅 3. 校正或更换
重耕或漏耕	1. 牵引线不正，犁斜向工作 2. 犁体前后距离安装不当 3. 犁架犁柱变形	1. 调整牵引点或悬挂装置 2. 重新安装或调整耕幅 3. 校正或更换
拖拉机耕作时易跑偏	1. 犁挂结不正确 2. 各犁柱的间距不统一 3. 拖拉机前后轮胎内侧尺寸不一致	1. 犁悬挂在拖拉机的正中心，并保证两升降臂与前轮胎内侧尺寸一致 2. 调整各犁柱的间距，使其一致 3. 调整前后轮胎内侧尺寸，使其一致

十、考核方法

序号	考核任务	评分标准(满分 100 分)			
		正确熟练	正确不熟练	在指导下完成	不能完成
1	指出各零部件的名称、作用	10	8	6	4
2	犁架横向水平调整	15	10	5	2
3	犁架纵向水平调整	10	8	6	4
4	耕深的调整	10	8	6	4
5	液压系统的调整	10	8	6	4
6	翻转犁的正确使用	15	10	5	2
7	翻转犁维护和保养	10	8	6	4
8	常见故障及排除方法	15	10	5	2
9	工具的选择与使用	5	4	3	1
总分	优秀：>90 分 良好：80～89 分 中等：70～79 分 及格：60～69 分 不及格：<60 分				

任务3 旋耕机的使用与维护

一、目的要求

1. 熟悉旋耕机的结构及工作原理。
2. 掌握旋耕机的安装和调整方法。
3. 会对旋耕机进行日常维护和保养。
4. 能对旋耕机常见的故障进行正确诊断与排除。
5. 能够对旋耕机的作业质量进行检查。

二、材料及用具

旋耕机,随机各种专用工具。

三、实训时间

6课时。

四、旋耕机的结构

如图2-3-1所示,旋耕机主要由机架、传动装置、刀轴、挡土罩及平土拖板等组成。

1. 机架

机架包括齿轮箱壳体,左、右主梁,侧板及侧边传动箱壳体。采用中间传动的旋耕机,左、右主梁长度相同。采用侧边传动的旋耕机,因侧边传动箱较重,传递动力一侧的主梁较短,有利于整机平衡。主梁上还装有悬挂架,以便与拖拉机连接。

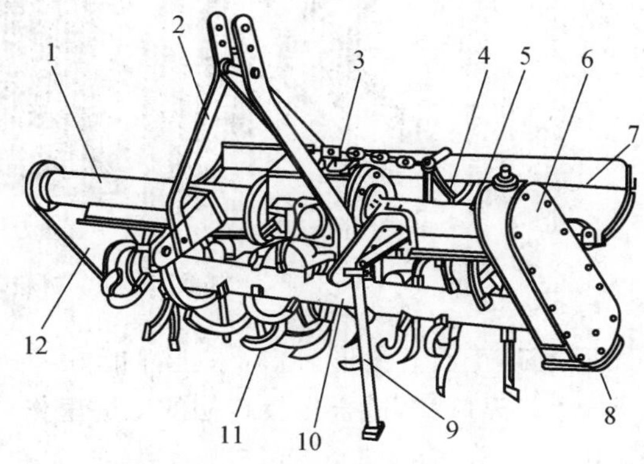

图2-3-1 旋耕机的结构

1. 右主梁 2. 悬挂架 3. 齿轮箱 4. 罩壳 5. 左支梁 6. 传动箱 7. 平土拖板 8. 防磨板撑杆 9. 支撑杆 10. 旋耕刀轴 11. 刀片 12. 右支臂

2. 传动装置

传动装置包括齿轮箱、侧边传动箱或中间传动箱。拖拉机的动力传至齿轮箱后，再经侧边传动箱或中间传动箱驱动刀轴。传动方式有侧边链轮传动、侧边齿轮传动和中间传动三种形式。

3. 刀辊

刀辊由刀轴及安装在刀轴上的旋耕刀组成，亦称刀滚。刀轴有整体式和组合式两种。组合式刀轴由多节管轴通过连接盘连接而成，如图 2-3-2 所示。其特点是通用性好，可以根据不同的幅宽要求进行组合。

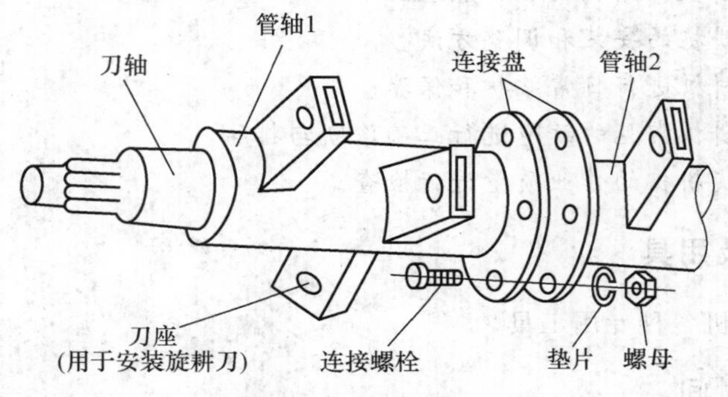

图 2-3-2 组合式刀轴

旋耕刀按结构分，主要有凿形刀、直角刀和弯刀三种，如图 2-3-3 所示。不同形状的刀片，性能特点不同，适用于不同的作物及土质。

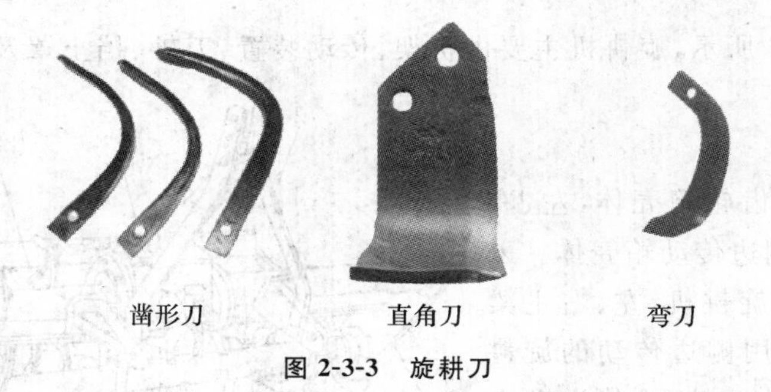

图 2-3-3 旋耕刀

凿形刀：正面有凿形刃口，入土性能好，对土壤有较大的松碎作用，但容易缠草。凿形刀刃口窄，适合在较疏松的土壤里作业，通常用于杂草、秸秆不多的菜地、果园中。

直角刀：直角刀刃口由正切刃和侧切刃组成，刀身宽，刚性好，易缠草，适合于土质较硬、杂草不多的旱地作业。

弯刀：弯刀刃口为曲线，由侧切刃和正切刃两部分组成，不易缠草，适合在多草茎的田地作业，是一种水、旱通用的旋耕刀。

4. 挡土罩及平土拖板

挡土罩弯成弧形安装在刀辊的后上方，其作用是挡住旋耕刀切削土壤时抛起的土块，将其进一步破碎，并保护驾驶员的安全。平土板的前端铰接在挡土罩上，后端用链条连接到机架上，其离地面的距离可以调整，其作用是增加碎土和平整地面的效果。

五、旋耕机的工作原理

旋耕机利用拖拉机机动力输出轴驱动旋机，利用旋转的刀片对土壤进行切削。如图 2-3-4 所示，刀片一边旋转，一边随机组直线前进，在旋转中切入土壤，并将切下的土块向后抛，与挡土板撞击后进一步破碎并落向地表，然后被拖板拖平。能够一次完成耕、耙、平地等三项作业，碎土能力强，耕后地表平整。

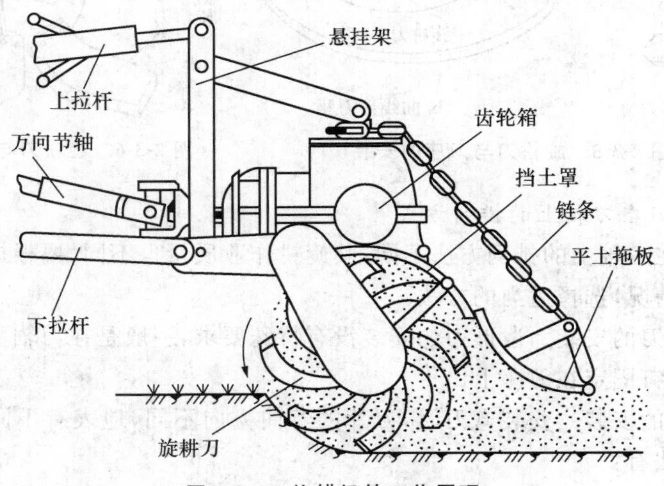

图 2-3-4　旋耕机的工作原理

六、内容及操作步骤

(一)旋耕刀片的安装

旋耕机作业时，根据不同的农业技术要求，旋耕机刀片可采用不同的安装方法。安装前，要检查刀片、刀座、刀轴。发现磨损严重、变形、焊接不牢和断裂损伤时，要及时修复或更换。安装后，还要对刀片的安装部位进行全面复查，并拧紧全部螺栓。

1. 旋耕刀与刀座、刀盘的安装

旋耕刀在刀轴上的安装有刀座和刀盘两种形式，刀座又有直线形和曲线形两种，如图 2-3-5 所示。

用刀座安装旋耕刀时，每个刀座只装一把刀片；用刀盘安装旋耕刀时，每个刀盘可根据不同需要安装多把刀片，刀片在刀盘上沿圆周均匀分布，相邻两个刀片的弯曲方向不同(图 2-3-6)，使刀盘受力均匀，从而使旋耕刀在工作时，保证运转平稳。

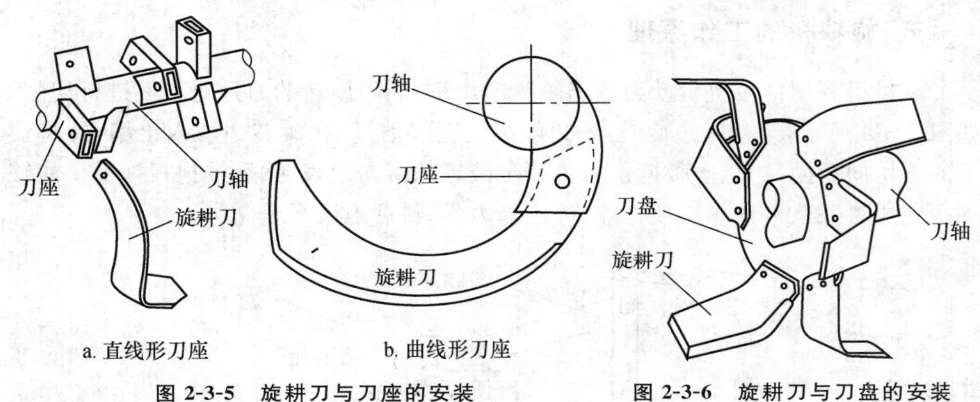

图 2-3-5 旋耕刀与刀座的安装　　图 2-3-6 旋耕刀与刀盘的安装

2. 旋耕刀在刀轴上的排列方式

旋耕刀在刀轴上的排列方法不同，其旋耕作业质量也不同，要根据刀片的形状和实际作业情况，选择适当的方法。

(1)凿形刀的安装　凿形刀的安装没有特殊要求，一般是在刀轴上按螺旋线均匀排列，用螺钉固定在刀座上。

(2)弯刀的安装　安装弯刀时，刀片的弯曲方向不同，地表有不同的形状。常用的安装方法有：

①内装法：如图 2-3-7 所示，将所有弯刀的弯曲方向朝向中央，刀轴所受轴向力对称，耕后刀片间没有漏耕，但耕幅中间成垄，适用于作畦前的耕作；也可跨沟耕作，起填沟作用。

②外装法：如图 2-3-8 所示，所有弯刀的弯曲方向背向中央，刀轴所受轴向力对称，耕后刀片间没有漏耕，但耕幅中间成沟，两端成垄，适用于拆畦耕和旋耕开沟联合作业。

③交错法：如图 2-3-9 所示，左右弯刀在轴上交错对称安装，即在同一截面上各装一把左右弯刀，但刀轴两端最外侧的一个刀片，必须向里弯，以防止土块抛向未耕作面。这种安装方法，耕后地表平整，但相邻弯刀方向相反处有漏耕。适用于

犁耕后的旋耕作业或茬地的旋耕作业，是目前碎土作业中常用的安装方法。

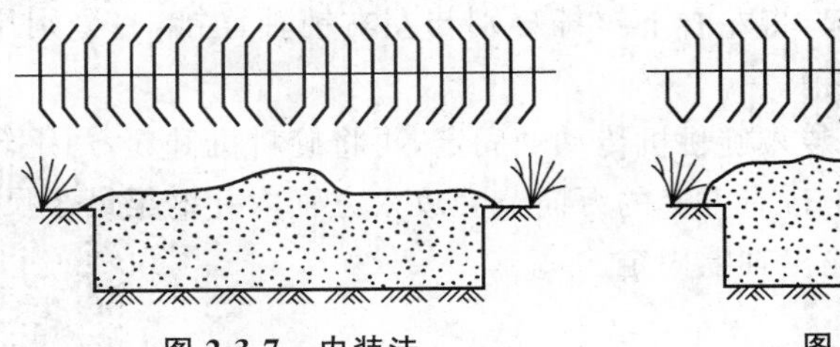

图 2-3-7　内装法

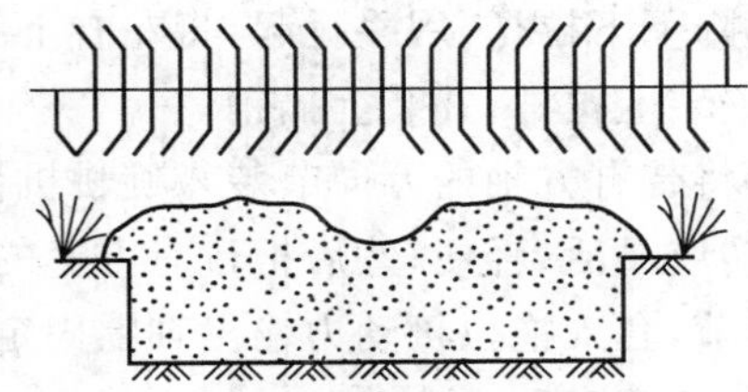

图 2-3-8　外装法

安装弯刀时，应按螺旋线有规则地排列，要注意使刀轴的旋转方向和刀片刃口方向一致，即弯刀绝不能反装。如果反装，使刀背入土，会因受力过大而损坏机件。安装后要进行全面检查，特别是螺钉要紧固，以防旋耕刀飞出伤人。

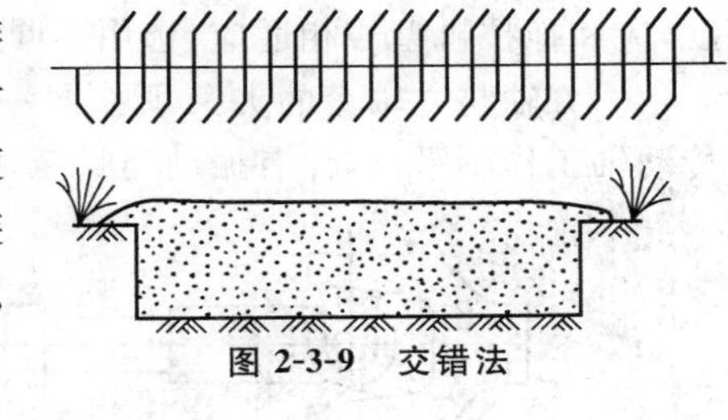

图 2-3-9　交错法

（二）旋耕机与拖拉机的配套连接

1. 旋耕机与拖拉机的配套

旋耕机的工作幅宽与拖拉机的轮距要相适应，一般要大于或等于拖拉机的轮距。否则，拖拉机车轮将会压实已耕地。例如：当旋耕机采用梭形作业方法作业时，在调头后反向耕地时，如果保证不产生未耕地，由于轮距大于耕幅，拖拉机车轮就会压实第一次已耕地；如果避免拖拉机车轮压实已耕地，第二次耕地与第一次耕地间则会出现未耕地。因此，要想解决这个问题，应调小拖拉机轮距。如果与中、小型拖拉机配套，由于拖拉机的动力不足，只能配套耕幅较小的旋耕机，在这种情况下，拖拉机与旋耕机的连接要采用偏悬挂式，将旋耕机偏置于拖拉机的一侧，同时在作业中还要选取合适的行走方法，以避免压实已耕地，既浪费时间，又达不到旋耕作业要求。

2. 旋耕机与拖拉机的连接

旋耕机与拖拉机的连接方式，主要有悬挂式和直接连接式两种。悬挂式多用于大、中型拖拉机，直接连接式用于小型及手扶拖拉机，它是用螺钉把齿轮箱体直接固定在拖拉机上。三点悬挂式连接，通过万向节传动轴与拖拉机动力输出轴相连，安装步骤和注意事项如下：

(1)安装步骤

①必须切断动力输出轴动力，取下输出轴罩，将拖拉机对准旋耕机的中部，倒

车,直至能与左右悬挂销轴连接上为止。

②降下下拉杆,用手托起,将左右下拉杆分别与左右销轴连接,并分别用插销固定;安装上拉杆,并装上插销。

③将带有方轴的万向节装入旋耕机传动轴固定,再将旋耕机升起,用手转动刀轴,运转应灵活、轻便;然后把带有方套的万向节套放入方轴内并缩至最小尺寸;手托万向节,套入拖拉机动力输出轴上固定。

(2)注意事项

①方轴与方轴套间的配合长度要适当。安装万向节轴时,注意伸缩方轴的长度,应和拖拉机型号相适应,选用不同型号的拖拉机,其方轴及其长度也不相同。

②方轴与方轴套的夹叉须在同一平面内,如图 2-3-10 所示。否则,旋耕机的传动轴工作不平稳,伴有振动与噪声,影响传动轴使用寿命。

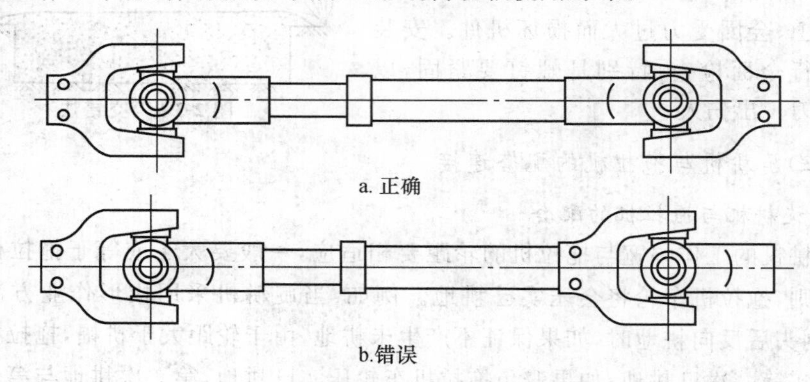

图 2-3-10 万向节的安装

③万向节装好后,将插销对准并插入花键轴上的凹槽,用开口销锁牢。

④旋耕机降到工作位置,达到预定耕深时,要求旋耕机中间齿轮箱花键轴与拖拉机输出轴平行,以便万向节与两轴头间的夹角相等,使传动平稳,降低振动与噪声,延长万向节使用寿命。否则,可通过改变拖拉机上调整杆的长度来调节。

(三)旋耕机的调整

1. 耕深调整

与手扶拖拉机配套的旋耕机耕深用尾轮和滑橇(水耕时用)控制;轮式拖拉机利用液压手柄或限深滑板控制。设有限深轮的旋耕机(拖拉机的液压悬挂系统只完成升降动作),由限深轮调节。为减轻机重,一些旋耕机没有限深装置,耕深调节由拖拉机液压悬挂系统的操纵手柄控制。当旋耕机与具有力、位调节液压系统的拖拉机配套时,禁用力调节,应把力调节手柄置于提升位置,由位调节手柄进行耕深调节。其最大耕深受刀滚直径的限制。

2. 耕宽调整

通过增减刀片的数量来调整耕宽。刀片数量多，耕宽大；刀片数量少，耕宽则小。

3. 水平调整

调整悬挂机构右提升杆和上拉杆，使旋耕机保持水平。

4. 提升高度的调整

用万向节传动的旋耕机，不能提升过高，否则，当万向节的倾斜角超过30°时，会将万向节损坏并发生危险。耕地前，应将液压手柄限制在允许的提升高度，使旋耕刀片离开地面15～20 cm即可，以保证安全并提高工作效率。

5. 碎土能力调整

刀轴转速高，机组前进速度慢，可提高碎土能力；一般应在满足碎土要求的前提下，尽量提高机组作业速度，以提高作业效率。另外，降低拖板位置，增加了拖板与翻起土壤之间的压力，同样会提高碎土能力。但不能降得太低，否则会增加旋耕机前进阻力，同时也加速了拖板的磨损。

6. 工作平稳性调整

旋耕机在工作时，可通过调整上调整杆的长度，调整拖拉机动力输出轴与旋耕机输入轴的平行度，保证万向节轴转动的均匀性，从而提高机组工作时的平稳性。

7. 旋耕机刀轴转速的调整

为适应不同的作业要求，有时需要改变旋耕机刀轴的转速。变速的方法是更换传动齿轮或链轮，也可以在齿轮箱外设变速杆或使拖拉机动力输出轴有多个挡位，用换挡的方式变速。

七、旋耕作业方法

旋耕作业方法不同于犁耕作业方法，而类似于耙地作业方法，如图2-3-11所示。一般常用的旋耕作业方法主要有以下三种方法：

(1)回形耕作法　机组从地块一侧进入开始作业，沿地块四周由外向里一圈一圈地旋耕，到地块中间耕完，然后沿对角线方向来回旋耕一遍。这种方法操作方便，机组空行程少。

(2)梭形耕作法　机组从地块一侧进地，呈S形依次穿梭旋耕到地块的另一侧为止，最后耕地头。这种方法不易漏耕，但转弯半径小，操作费力。

(3)套耕作业法　将地块分成几个小作业区，机组从地块一侧进入，开始作业，然后跨小区进行套耕。这种方法适用于大地作业。

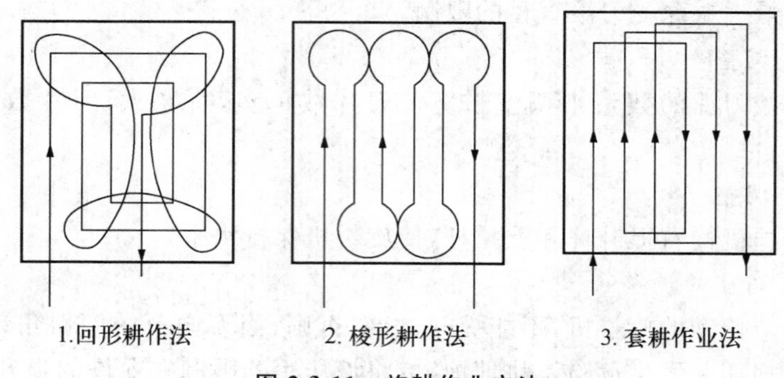

图 2-3-11 旋耕作业方法

八、注意事项

(1)使用旋耕机前,应仔细阅读产品使用说明书和机具上的安全标志,对机具的潜在危险做到心中有数,避免安全事故的发生。

(2)使用前应检查各部件,尤其是要检查旋耕刀是否装反;固定螺栓和万向节锁销是否牢靠。

(3)机组起步时要先接合动力,刀轴转动正常后,再使旋耕刀片缓慢入土。严禁起步前旋耕刀片先入土或猛放入土。要遵循先转后降,边降边走,转速由低到高,入土由浅入深的操作方法。

(4)根据地块大小和土壤性质选择拖拉机的行驶速度和刀轴速度,以保证作业质量。

(5)工作时注意观察旋耕机工作状态,如发现有异常的声音或剧烈的振动,必须立即停车排除,以免影响作业质量或发生人身伤害事故。

(6)控制好作业速度,严禁用高挡和倒挡进行作业;每工作 3～4 h 应停车检查,紧固各螺栓。

(7)工作中机器上及机后禁止站人,清除缠草时,应切断动力,停车后进行,避免发生人身安全事故。

(8)在地头转弯时,应先减油门,提升旋耕机,待刀片出土后再转弯。

(9)石块、树根、杂草多的地块,不宜用旋耕机进行作业。

(10)田间转移时应切断动力,将旋耕机提升到最高位置,过田埂、沟渠时,拖拉机应减速行驶。

(11)停车时应将旋耕机降下,不得悬挂停放。

九、维护与保养

(一)日常保养

(1)拧紧各连接部分的螺母、螺栓。

(2)检查万向节插销、开口销是否缺损。

(3)检查齿轮箱及链轮箱油面,保证润滑良好。

(4)万向节十字轴和刀轴左右轴承应加润滑脂,防止工作时磨损与锈蚀。

(5)清除轴承座、刀轴和机罩上的油泥。

(二)一级保养

(1)拧紧各连接部分的螺母、螺栓。

(2)检查万向节插销、开口销是否缺损。

(3)检查齿轮箱及链轮箱油面,保证润滑良好。

(4)万向节十字轴和刀轴左右轴承应加润滑脂,防止工作时磨损与锈蚀。

(5)清除旋耕机上的黏泥和刀轴上的缠草等。

(6)检查齿轮箱及链轮箱齿轮油质量,如变质,应更换同牌号的润滑油。

(7)及时更换变速器及侧齿箱内的润滑油。各黄油嘴处应注足黄油,可以使用20号齿轮油。如果侧齿箱内润滑油有污泥,应该拆检并更换刀轴密封件。

(8)检查刀轴两端轴承是否因油封失效而进泥水,必要时应拆开清洗,安装时应加足润滑脂。

(9)检查万向节十字轴是否因滚针磨损松动,或有泥土落入转运不灵活性,必要时应拆开清洗并重新加满润滑脂。

(10)检查刀片是否过度磨损,必要时应拆下更新或重新锻打、磨刃。

(11)用链传动的旋耕机还应检查链片与销子铆接是否松动,必要时应重铆或更换部分链片。

(12)检查链条张紧器的弹簧是否失效,必要时应进行更换或调整。

(13)检查各传动部分漏油是否严重,必要时应更换油封。

(三)季度保养

在一级保养的基础上,再做以下保养工作:

(1)更换齿轮油。

(2)检查十字节总成磨损情况,清洗或更换。

(3)刀轴两端是否因油封失效而进泥水,应拆开清洗,并加足黄油。

(4)检查锥齿轮啮合间隙,必要时应调整。

(5)拆下全部刀片,检查校正,然后涂上黄油保存。

(6)检查各轴承有无磨损,调整或更换。

(四)长期保养

在季度保养的基础上,再做以下保养工作:

(1)清除机件上的油泥。

(2)排放传动箱内的齿轮油并清洗内部,拆卸检查,更换磨损件。重新安装,加入新齿轮油。

(3)拆洗万向节部件,清洗十字滚针。

(4)检查及更换坚固零件及开口销等。

(5)检查刀片,及时更换磨损刀片。

(6)修复罩壳拖板。

(五)存放保养

(1)全面检查机具的外观,补刷油漆,在弯刀、花键轴上涂油。

(2)旋耕机长期停放时应放在室内。轮式拖拉机配套旋耕机应置于水平地面,不得悬挂在拖拉机上。

(3)停放期间要拆下万向节,放好。

(4)将旋耕机垫起,并用撑杆支牢。

(5)露天存放应选择地势较高的地方,避免积水将机器锈蚀,机上应加掩盖物以防雨雪,旋耕刀的刀尖一定要离地。刀片要进行防锈处理。

十、常见故障及排除方法

旋耕机常见故障及排除方法见表 2-3-1。

表 2-3-1 旋耕机常见故障及排除方法

故障现象	产生原因	排除方法
负荷过大,拉不动	1. 耕深过大 2. 土壤黏重、干硬 3. 前进速度过快	1. 减小耕深 2. 降低工作速度和弯刀转速
耕后地面不平	1. 犁刀弯曲变形或切断 2. 犁刀缺失 3. 旋耕机座不水平 4. 旋耕刀安装不对 5. 拖板调节不当	1. 矫正或更换犁刀 2. 重新安装犁刀 3. 调节横向水平 4. 正确安装旋耕刀 5. 调节拖板位置

续表 2-3-1

故障现象	产生原因	排除方法
旋耕刀轴转不动	1. 齿轮或轴承损坏后咬死 2. 侧挡板变形后卡住 3. 旋耕刀轴变形 4. 旋耕刀轴被泥草堵塞 5. 传动链折断 6. 锥齿轮无齿侧间隙 7. 右侧板变形，刀轴两端轴承孔不同心	1. 修理或更换 2. 矫正修理 3. 矫正修理 4. 清除堵塞物 5. 修理或更换 6. 调整间隙至规定范围 7. 矫正右侧板，调整刀轴同心度
工作时有金属敲击声	1. 旋耕刀固定螺栓松动 2. 旋耕刀轴两端刀片变形后敲击侧板 3. 传动链过松 4. 万向节倾角过大	1. 紧固螺栓 2. 矫正或更换 3. 调整链长紧度，如果过长可去掉一对链节 4. 限制提升高度
旋耕刀变速箱有杂音	1. 安装时有异物落入 2. 轴承损坏 3. 齿轮牙齿损坏 4. 锥齿轮齿侧间隙过大	1. 取出异物 2. 更换轴承 3. 修理或更换 4. 调整间隙至规定范围
旋耕机跳动	1. 土壤坚硬 2. 刀片安装不正确或有断刀 3. 万向节轴装错 4. 传动箱齿轮损坏	1. 降低机组前进速度和刀辊转速 2. 正确安装刀片或更换断刀 3. 正确安装万向节 4. 修理或更换齿轮
工作时万向节偏移很大	1. 旋耕机左右不平衡，耕深不一致 2. 拖拉机左右限位链单边限位过短	1. 调节旋耕机左、右拉杆长度，使之保持水平 2. 调节拖拉机限位链，使左、右长短一致
万向节十字头烧坏	1. 缺黄油 2. 倾角过大，卡死	1. 注入黄油 2. 限制倾角，不造成万向节卡死

续表 2-3-1

故障现象	产生原因	排除方法
刀座、刀轴、齿轮轴脱焊	1. 旋耕机降落过快,刀片受到较大冲击 2. 刀片遇到石头 3. 刀片装反,非刃口入土 4. 焊接质量不高	1. 缓慢降落旋耕机 2. 清除田间石块 3. 调整刀片安装方向 4. 采用中碳钢焊条焊牢
刀片弯曲或折断	1. 与坚石相碰 2. 转弯时仍进行耕作 3. 猛降在硬地上 4. 热处理过脆或有裂纹	1. 清除田间石块 2. 转弯时禁止耕作,提升旋耕机 3. 缓慢降落 4. 按要求进行热处理
齿轮箱体漏油	1. 油封损坏 2. 纸垫、软木垫损坏 3. 齿轮箱有裂纹	1. 更换油封 2. 更换新纸垫或软木垫 3. 修复或更换新箱体
罩壳拖板损坏	1. 撞击障碍物 2. 堆放重物 3. 早期锈损	1. 按操作规程正确操作 2. 按操作规程正确操作 3. 经常清除污泥,停放在干燥处
拖板链条拉断	运输时,拖板未升高,链条未拉紧	固定在最高位置,拉紧链条
万向节飞出	1. 插销脱落 2. 方轴折断	1. 装上插销 2. 更换新方轴
动力输出轴折断	1. 方轴脱套,夹叉继续转运,产生离心力,发生撞击 2. 万向节伸缩卡死 3. 倾角过大,咬死 4. 猛降入土 5. 刀片遇较大石块,扭力过大	查明原因,更换新轴
旋耕机工作时,间断出现较大土块	旋耕刀弯曲、折断或丢失	校正或更换旋耕刀

十一、考核方法

序号	考核任务	评分标准(满分100分)			
		正确熟练	正确不熟练	在指导下完成	不能完成
1	指出各零部件的名称、作用	5	4	3	1
2	旋耕刀片的安装	5	4	3	1
3	旋耕机与拖拉机的连接	5	4	3	1
4	耕深调整	10	8	6	4
5	耕宽调整	10	8	6	4
6	水平调整	10	8	6	4
7	提升高度的调整	10	8	6	4
8	碎土能力的调整	10	8	6	4
9	工作平衡性调整	10	8	6	4
10	犁耕作业方法	5	4	3	1
11	犁的保养及注意事项	10	8	6	4
12	常见故障及排除方法	10	8	6	4
13	工具的选择与使用	5	4	3	1
总分	优秀:>90分　良好:80～89分　中等:70～79分　及格:60～69分　不及格:<60分				

任务4　深松机的调整、使用与维护

一、目的要求

1. 了解深松机的作用。
2. 掌握深松的结构。

3. 掌握深松机常见的故障及排除方法。

4. 熟练掌握深松机的使用及维护保养。

二、材料及用具

深松机、装拆工具。

三、实训时间

6 课时。

四、深松机的结构

如图 2-4-1 所示，是深松机的一般构造。深松机一般由机架、限深轮、深松铲、安全销及拉筋等零部件组成。机架前有悬挂架，用来与动力机连接，后有横梁，用来安装深松铲。限深轮用来调整和控制松土深度。深松铲是工作部件，采用凿形结构，直接装在机架横梁上。一般深松铲前后两排，通过性好，不易堵塞，深松后地表平整。当耕作时遇到树根或石块等大障碍物时，安全销能保护深松铲不受损坏，起到安全保护作用。由于深松机工作阻力大，多与大马力拖拉机配套，最大深松深度可达 50 cm。

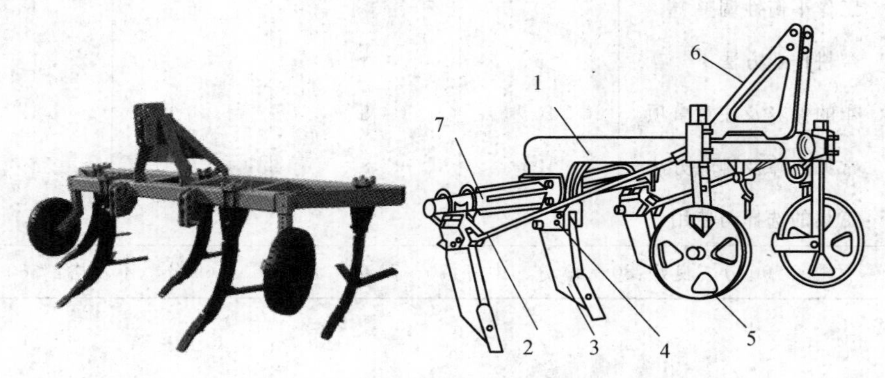

图 2-4-1 深松机的一般构造

1. 机架 2. 拉筋 3. 深松铲 4. 安全销 5. 限深轮 6. 悬挂架 7. 横梁

五、深松机的作用

深松技术是利用深松铲疏松土壤，能够打破原来多年翻耕形成的比较坚硬的犁底层，加深耕层而不翻转土壤，是适合于旱地农业的保护性耕作技术之一。深松能够调节土壤，改善耕层土壤结构，提高土壤蓄水抗旱的能力。深松后形成的虚实并存的土壤结构有助于气体交换，矿物质分解，活化微生物，增肥地力。因此，在旱地保护性耕作技术体系中，深松技术被确定为一项基本的少耕作业。深松机械化技术通常采用拖拉机悬挂深松机进行作业，包括全面深松和局部深松两种形式。

六、内容及操作步骤

(一)深松机的安装

深松机可根据工作需要安装成超深松、分层深松和全面深松等不同作业状态。

1. 超深松作业

60～70 cm 行距时，前横梁中心线上装 1 组深松铲，后横梁上装 2 组深松铲；45 cm 行距时，前后横梁各装 2 组深松铲。

2. 分层深松作业

前梁上装 3 组松土铲，后梁上装 3 组深松铲。

3. 全面深松作业

前梁上装 3 组松土铲，后梁上装 4 组松土铲。

深松部件安装时的配置如图 2-4-2 所示。

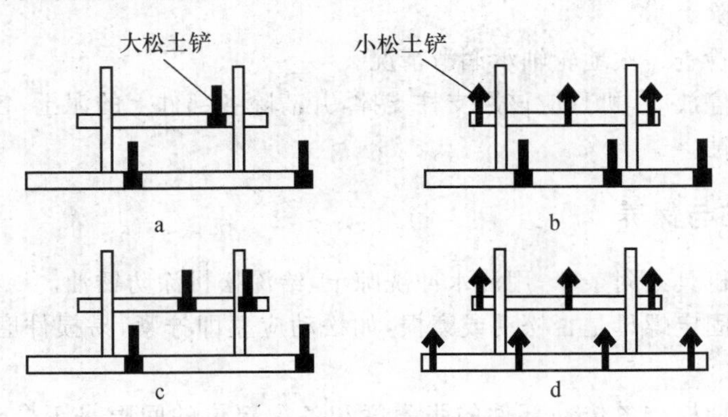

图 2-4-2　深松机工作部件配置示意图

a、b. 超深松　c. 分层深松　d. 全面深松

(二)深松机的调整

1. 耕深调整

(1)深松深度通过上下变动地轮柄的位置来实现。地轮柄上有 3 个孔，每个孔之间的距离 5 cm。因此，每改变一个孔位，耕深变化 5 cm。

(2)调整松土铲深度。通过改变松土铲柄在柄裤内的位置来调整松土铲深度。

全面深松时，因全部工作部件为松土铲，耕深调整可以利用地轮和铲柄的位置结合调整。

2. 行距调整

调整行距时，松开固定螺栓，在横梁上左右移动铲柄裤即可。调整时要注意，左右工作部件的安装位置与机架中心线应对称。

3. 机架水平调整

工作时，机架应保持水平。否则，可以通过改变拖拉机悬挂装置中央拉杆的长度，来调整深松机机架的水平。

七、使用注意事项

(1)机组作业时或运输时，机具上严禁坐人。

(2)未提升起机具前，不得转弯和倒退。

(3)深松铲柄向铲柄裤安装时，有一螺栓为安全销，当遇障碍剪断时，应及时更换，不能用其他材质物件代替。

(4)作业前，应检查螺栓紧固情况，发现螺栓松动应及时拧紧。

(5)深松作业中，若发现负荷突然增加，应立即减小作业深度，同时停机，找出原因，及时排除。

(6)每年检查一次地轮轴承润滑情况。

(7)长期停放时，机具应该用支柱支撑，并清除各部件上的泥土，各螺栓处应涂机油，防止锈蚀。

八、维护与保养

(1)清除机具黏附杂草，用清水冲洗晾干，给深松机涂防锈油。

(2)检查固定螺母是否松动或磨损，如松动应立即拧紧，易损件磨损时应及时更换。

(3)要定期检查各传动部件的张紧度和各配部位的间隙是否合适，并应及时调整。

(4)每次作业结束后，有条件的可把机器存放在库房内，存放在室外时，应用塑料布覆盖，防止受潮或雨淋。

(5)一个作业季完成后，按使用说明要求进行保养，工作部件表面涂黄油，整机在避雨、阴凉、干燥处存放。

九、常见故障及排除方法

深松机常见故障及排除方法见表 2-4-1。

表 2-4-1　深松机常见故障及排除方法

故障现象	产生原因	排除方法
松深不够	1. 松土部件和升降装置状态不良 2. 松土装置安装不正确或调节不当 3. 土层过于坚硬,松土铲刃口秃钝或挂结杂草,不易入土 4. 土壤阻力过大,拉不动 5. 拖拉机超负荷作业,有意将松土部件调浅	1. 检修松土装置,正确安装松土铲,检查其控制升降的情况,保证松土铲的入土角均不改变 2. 正确安装或调节松土装置 3. 更换或修复松土铲,清除杂草 4. 根据深层松的阻力,正确安装松土铲个数 5. 切实掌握松土深度,不能因拖拉机功率小而减小松土深度
松深不均	1. 个别松土部件变形或安装不标准 2. 松土铲铲尖倾斜,入土角度过大 3. 深松机架和松土装置升降机构变形或牵引架垂直调整不当 4. 深松部件的深浅和水平调整不当	1. 修复松土部件,正确安装 2. 调小入土角 3. 正确安装 4. 正确安装
土层搅乱	1. 松土铲入土倾角过大或松土铲安装过近 2. 松土铲柄上挂结杂草 3. 土壤干涸,使上翻土层和下松土层土块过大 4. 松土铲堵塞后未及清理	1. 调小倾斜角,正确安装松土铲 2. 清理杂草 3. 在土壤干涸的地块内,不应采用无壁犁进行深松作业 4. 及时清理
土隙过大	1. 无壁犁体扭曲变形 2. 无壁犁体挂结不正,机组斜行 3. 无壁犁体挂草或黏土,造成向前、向上和向侧拥土 4. 土壤板结、土壤中水分过少或犁底层过厚 5. 机组作业速度过快,使掘松的土块移动过大	1. 修理或更换 2. 调整正确 3. 清理 4. 选择土壤水分适当的时间进行作业 5. 减小作业速度

续表 2-4-1

故障现象	产生原因	排除方法
漏松	1. 深松部件安装不正确 2. 深松机的水平牵引中心线调整不当,斜行作业 3. 驾驶员操作技术水平低,机组左右划垄	1. 正确安装 2. 调整正确 3. 机组作业人员要端正工作态度和技术操作水平

十、考核方法

序号	考核任务	评分标准(满分 100 分)			
		正确熟练	正确不熟练	在指导下完成	不能完成
1	指出各零部件的名称、作用	5	4	3	1
2	超深松作业时,深松机的安装	10	8	6	4
3	分层深松作业时,深松机的安装	10	8	6	4
4	全面深松作业时,深松机的安装	10	8	6	4
5	耕深调整	10	8	6	4
6	行距调整	10	8	6	4
7	机架水平调整	10	8	6	4
8	深松机的使用	10	8	6	4
9	深松机的保养	10	8	6	4
10	常见故障及排除方法	10	8	6	4
11	工具的选择与使用	5	4	3	1
总分	优秀:>90 分 良好:80～89 分 中等:70～79 分 及格:60～69 分 不及格:<60 分				

任务5 水田耕整机的安装、使用与调整

一、目的要求

1. 掌握水田耕整机的安装、使用和调整方法。
2. 会对水田耕整机进行日常维护和保养。
3. 能够对水田耕整机的作业质量进行检查。

二、材料及用具

水田耕整机、装拆工具。

三、实训时间

6课时。

四、水田耕整机的结构

如图2-5-1所示，水田耕整机主要由动力机、配套农具、平衡机构等组成。动力机采用机动水稻插秧机的机头部分，选用柴油机，传动装置为齿轮箱，行走装置是一只水田铁叶轮，配套的农具有犁、耙、平田器等。平衡稳定机构根据配置不同

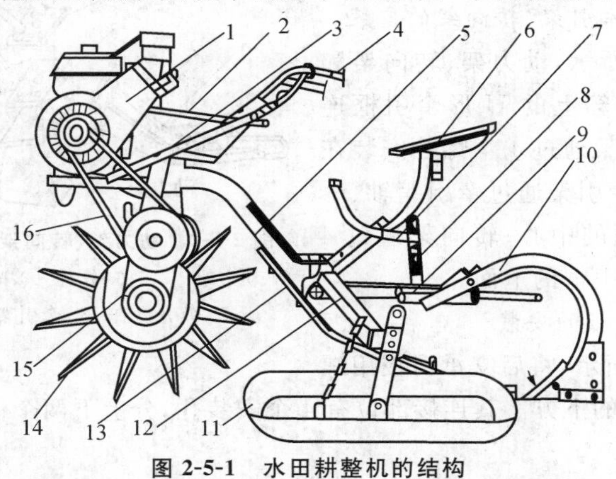

图2-5-1 水田耕整机的结构

1. 发动机 2. 油门拉杆 3. 离合器连杆 4. 方向机 5. 牵引架 6. 座凳 7. 升降杆 8. 升降连杆 9. 牵引杆 10. 犁架 11. 平衡滑板 12. 主横梁 13. 小拖板 14. 驱动轮 15. 传动箱 16. 三角带

农具而采用不同的平衡方式，一般是通过平衡船或平衡轮及滑板等构件组成三点支撑而进行平衡稳定。

五、工作原理

水田耕整机是在插秧机的基础上研制改进而成的一种小功率、独轮驱动、单人乘坐，能完成犁、耙、平整地等全套水田作业的小型耕作机械。单轮耕整机独轮驱动，是在原机动插秧机行走机构的基础上增加牵引农具和平衡机构演变而来。双轮耕整机为两轮驱动，是由小型手扶拖拉机加农具构成的一体式机组。耕整机以犁耕作业为主，翻耕土壤时，将表层的植被翻埋到底层，在翻耕的同时兼有碎土作用。它具有小巧灵活、重量轻、操作简单、维修方便、成本低、效率高的特点。

六、内容及操作步骤

（一）水田耕整机安装前的准备

水田耕整机出厂时，是分部件包装的，使用前必须进行正确的组装与调整，方能保证安全生产与工作质量。

（1）安装前必须仔细阅读产品说明书，熟悉安装要领与方法。

（2）检查零部件是否齐全，有无损坏变形。

（3）对螺栓连接件，装帽前须装弹簧垫圈或锁止装置，不得漏装。

（二）安装

1. 动力架、牵引架、转向架的安装

如图 2-5-2 所示，动力架、转向架和牵引架通过齿轮箱上的 U 形牵引框连接在一起。动力架通过 4 个螺栓安装在牵引框的侧面；牵引架通过牵引销轴、螺栓安装在牵引框的中心；转向架通过 4 个螺栓安装在牵引框的上面。

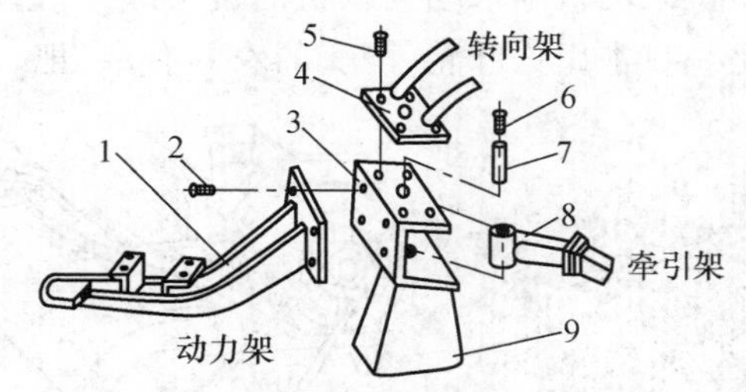

图 2-5-2 动力架、转向架、牵引架的安装

1. 动力架 2、5、6. 螺栓 3. 牵引框 4. 转向架 7. 牵引销轴 8. 牵引架 9. 齿轮箱

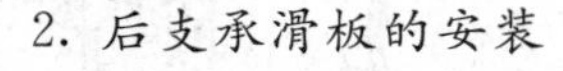

2. 后支承滑板的安装

如图 2-5-3 所示，将后支承滑板用螺栓固定于牵引架的下方。其连接部位有 4 个安装孔，分上下两个位置，供调节泥脚深度时用。

3. 船形平衡滑板的安装

如图 2-5-4 所示，安装船形滑板时，首先要安装主横梁。主梁上有 3 个销孔，用于调整船形平衡滑板的伸出量。安装主横梁时，先将主横梁的一端插入牵引方钢套内并插上插销；再将主横梁的另一端安装在船形平衡滑板的支承套的另一端，用销固定；其次，安装船形平衡滑板，将调节孔板与支承套用销钉连接（调节孔板上的孔位用于调整船形平衡滑板的高度）；最后，将链条挂在船形平衡滑板的挂钩上，使船头略微抬起。

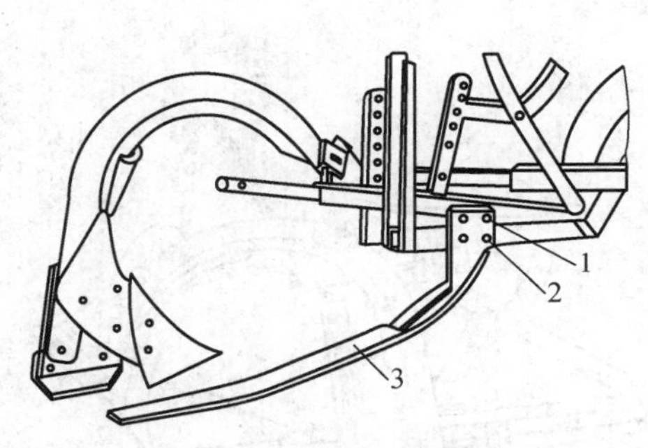

图 2-5-3　后支承滑板的安装

1. 上二孔　2. 下二孔　3. 后支承滑板

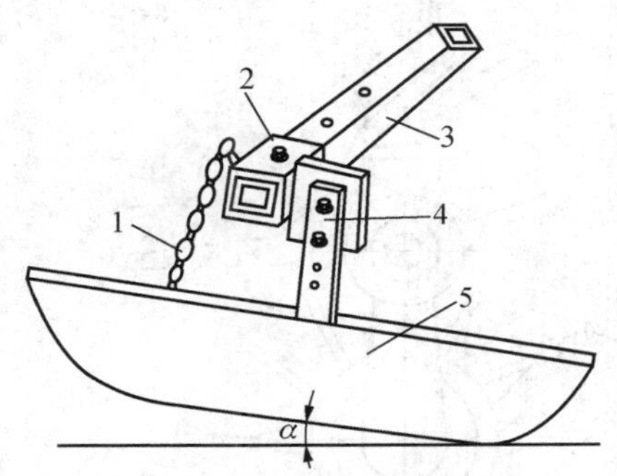

图 2-5-4　船形平衡滑板的安装

1. 链条　2. 支承套　3. 主横梁
4. 调节孔板　5. 船形平衡滑板

4. 农机具升降机构的安装

如图 2-5-5 所示，将脚踏升降杆套在销轴上，升降调节连杆两端用销钉分别与脚踏升降杆及牵引杆连接。装好后，检查各部分是否灵活，不得有卡滞、碰擦现象。

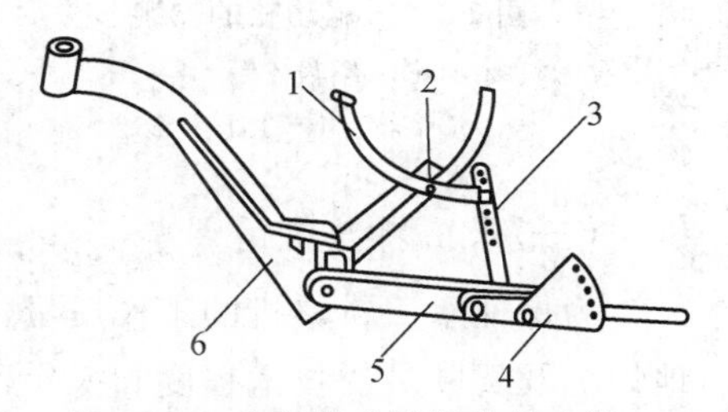

图 2-5-5　农机具升降机构的安装

1. 脚踏升降杆　2. 销　3. 升降调节杆
4. 扇形调节板　5. 牵引杆　6. 牵引架

5. 驱动轮的安装

如图 2-5-6 所示，安装驱动轮时，应注意叶片的旋转方向，不能装反；装驱动轮销紧螺母时，应装弹簧垫圈，以防止工作中由于振动引起螺母松动，从而造成事故。

6. 发动机、离合器、油门及座位的安装

（1）发动机安装　拆除原装带轮，换装水田耕整机专用三角带轮。通过调整使两个三角带轮的轮槽中心线相互对正。将装有机座的柴油机从动力架前面推入滑槽内，装好三角带。

（2）离合器的安装　如图 2-5-1 所示，将离合操作手柄移至结合位置，向前推移发动机，使三角带张紧至用一手指以 10～15 N 的力按压三角带中部能下垂10～

15 mm;然后,紧固离合连杆上方的螺母;最后,用螺钉将油门拉杆的一端固定在发动机油门控制销上,另一端固定于油门控制手柄上。

(3)座位的安装　将座位插管插入机架的支承管中,并插好钩销即可。

7. 农具的安装

安装前应仔细检查犁、耙、滚耙等技术状况,并参照图 2-5-7 进行安装。

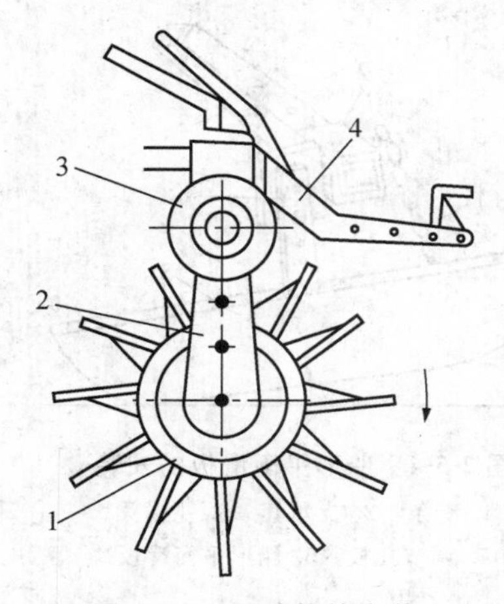

图 2-5-6　驱动轮的安装

1. 驱动轮　2. 齿轮箱　3. 三角带轮　4. 动力架

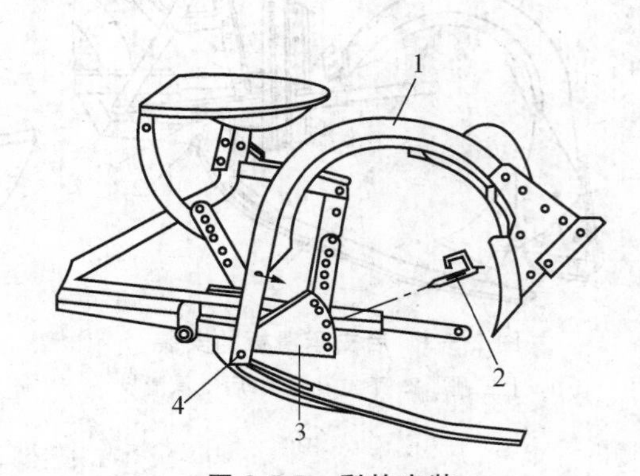

图 2-5-7　犁的安装

1. 犁架　2. 钩销　3. 扇形调节板　4. 犁架连接销

(三)水田耕整机的调整

为保证水田耕整机的工作质量,提高工作效率,在使用前,应根据耕作要求、耕地情况及驾驶员的技术程度和操作习惯对机具进行必要的调整。

1. 平衡机构的调整(图 2-5-4)

船形平衡滑板可以安装于机身的左侧或右侧。一般情况下,犁田边时,将主横梁和船形平衡滑板装于机身的右侧,保证田边达到耕整地要求;正常耕作时则装于左侧,以免压实已耕翻的土垡,影响耕后的耙整地作业。

(1)船形滑板伸出量的调整　主横梁两端各有 3 个销孔,用以调节船形滑板的左右伸出量。行驶速度快、地块大、驾驶技术不熟练时,将主梁安装在外侧销孔内,可以调大船形滑板的伸出量,以增加机组的稳定性;反之,将主横梁安装在里侧销孔内,可减小船形平衡滑板的伸出量,使操作更加灵活。

(2)船形平衡滑板安装高度的调整　改变船形平衡滑板的支承套在调节孔板上的位置,可以调整船形平衡滑板的安装高度。船形平衡滑板相对主横梁安装位置的高度，影响机身的横向稳定性。工作时，机身应向船形平衡滑板一侧略微倾斜。倾斜太大，不便操作，行驶阻力大；倾斜太小，横向稳定性变差，易向一侧倾翻。一般要求主横梁的内端比外端高 150～200 mm 即可。

(3)滑草角的调整 滑草角指船形平衡滑板沿前进方向与水平面间的夹角 α，见图 2-5-4。适当的滑草角，可防止堵草、堵泥。田间作业时，若杂草在船形滑板下面堆积，则滑草角过大，此时可将链条放长些；若船形平衡滑板前端碰草，说明滑草角过小，应将链条缩短。

(4)船形平衡滑板配重的调整 为增加水田耕整机在田间行驶的稳定性，应在船形平衡滑板内放入适量的泥块做配重。装泥的多少，可根据驾驶员的感觉而定，若感阻力太大，则装泥过多；若感觉船形平衡滑板时有抬离地面的现象，则装泥过少。一般以装泥 30 kg 左右为宜。

2. 后支承滑板安装位置的调整

后支承滑板的安装位置，应根据水田的泥脚深度进行调整。后支承滑板与牵引架的连接部位有 4 个螺栓孔，分上下两个安装位置，供调节时选择。泥脚较深时，可将支承滑板固定于上面 2 个孔位，相当于将机组上移；反之，装于下面 2 个孔位，使机组相对下移，以满足耕深要求，见图 2-5-3。

3. 耕深的调整

耕深的调整由犁和支承滑板相配合进行。改变犁架在扇形调节板上的安装孔位，可初步调整耕深，见图 2-5-7。将犁架装于扇形调节板上孔位，耕深增加；装于下孔位，耕深则减小。若仍不能达到耕深要求，再调整后支承滑板的安装高度，将后支承滑板上移，耕深增加；反之则减小。

4. 犁的提升高度的调整

改变脚踏升降杆在升降调节连杆上的安装位置，可改变犁的提升高度，见图 2-5-5 及图 2-5-7。安装孔位越高，脚踏行程越小，犁的提升高度越小。

5. 座位的调整

水田耕整机的座位分固定式和可调式两种。可调式座位下方有两根插管，根据需要可将其中一根插管插入机架支承管中，另一根悬空。调整原则是：驾驶员乘坐后，重心偏向船形平衡滑板一侧，即悬空钢管偏向船形平衡滑板一侧，以提高机组的行驶稳定性。调查好后，必须插好钩销。

(四)水田耕整机的使用

(1)使用前，变速箱应按使用说明书的要求加一定量的机油。

(2)检查机组各紧固件是否牢固可靠。

(3)调好主横梁与船形平衡滑板的位置，并向船形平衡滑板中加配重泥土。

(4)检查无异常后,按发动机的操作要求启动发动机,即可作业。

七、犁耕作业方法

1. 机组的行走方法

耕整地时采用合理的行走方法,既能保证耕作质量,又可减小机组空行,提高工作效率,节约耕地成本。最基本的行走方法有内耕法、外耕法及套耕法,可参考悬挂犁的作业方法。

2. 犁田边法

将水田耕整机放在田埂(机组前进方向)的右边。并将主横梁及船形平衡滑板调至田埂的内侧,调好滑草角,加足配重泥土,调好座位及耕深后,即可沿田边耕作,直至沿田边犁完 1～3 圈后,机组则进入正常耕作业。

3. 正常耕作

耕完田边后,将机组调头,并将主横梁及船形滑板调到机组靠田埂一侧(机组右边),重新调整座位与机组配重,即可按耕地方法进行正常耕作。

4. 转弯

因水田耕整机无倒挡,作业时应根据田块的大小,尽量转大弯,并降低机组行驶速度,必要时可将农具升起,以便顺利转弯。

5. 耕作速度的控制

犁耕速度应根据耕作阻力决定。犁黏土及旱土,应低速作业,以保证耕作深度和避免动力机超负荷;犁沙土、熟土时,可适当提高耕作速度。调整方法是:将三角带置于不同直径的轮槽中,可得到不同的耕作速度。用大直径轮槽输出动力时,耕作速度提高;反之,耕作速度降低。调整时,必须同时调好三角带的张紧度。

八、使用注意事项

(1)水田耕整机的驱动轮、船形平衡滑板、支承滑板都不能在硬地上行走。远距离转移时,须用人工或车辆运送。在近距离、低矮田埂转移时,应将农具升起,缓慢通过;田埂较高时,应将田埂挖低,必要时应熄火将机器抬过去,切忌强行通过,造成翻车或损坏机具等事故。

(2)为减小犁耕阻力,犁耕前应向田间灌 50～70 mm 的水,浸泡 1～2 d。

(3)目前生产的水田耕整机均无倒挡,操作时必须十分小心。尤其在地头转弯时,首先减速,并应充分估计转弯地段的长度,避免急转弯,防止翻车。

(4)万一发生翻车事故,应立即将离合装置分离,同时将发动机熄火然后尽快扶起机器,进行技术检查,确认无异常时,方可继续使用。

(5)使用中发现异常响声,应立即停机,使发动机熄火,找出原因,排除故障后方能继续作业。

(6)陷车时严禁发动机未熄火时站在机具前抬拉耕整机。

(7)清除驱动轮和犁上的绕草应让机具完全停下来,最好让发动机熄火。

(8)双轮耕整机公路行驶下坡转向时,转向离合器和耕整地时完全相反,右转弯捏左转向手柄,左转弯捏右转向手柄。

九、常见事故及预防措施

(一)水田耕整机的主要事故原因

1. 发动机不熄火排除故障

一是机手在农田作业中,遇有杂草或稻草缠住驱动轮时,在发动机不熄火或不停机的情况下,机手用手去拉或用脚去踩,导致伤手伤脚的事故。二是耕整机在农田作业时陷机,柴油机不熄火,机手或其他人站在耕整机前抬或拖拉耕整机,耕整机的驱动轮、滑板或平衡杆从脚、腿、身体上轧过去,导致伤脚伤腿伤身体的事故发生。

2. 在田间作业时高速急转弯

耕整机在田间作业时,田头地角转弯速度快,在惯性力的作用下使耕整机失去平衡,引起翻机伤人或冲到田埂上,导致翻机伤人的事故。

3. 耕整机在田间作业中,重心失去平衡

一是机手犁田边时,俗称打左犁,因耕整机重心失去平衡,操作不当,引起翻机伤人。二是耕整机在田间作业时,遇到田中的石块等硬物,因耕整机重心失去平衡,操作不当,引起翻机伤人。

4. 耕整机在田间转移过田埂、水沟时发生翻机伤人

耕整机在田间作业中转移,遇到过田埂、过水沟,机手不是停机熄火抬过去,而是坐在耕整机上开过去,使耕整机遇到障碍失去平衡,导致翻机伤人的事故。

(二)水田耕整机事故的预防措施

1. 机手应提高安全生产意识

耕整机虽然简单,但由于机手在操作中思想麻痹,安全生产意识差,容易引发事故。因此,机手应进一步提高安全意识,做到在思想上重视安全,在操作中注意安全,这样才能确保安全作业。

2. 机手要自觉参加培训,提高安全操作技术水平

机手应自觉参加耕整机技术培训班,学习农机安全生产法律、法规和规章,学

习耕整机的构造、工作原理,调整和维护保养技术,力争做到“三懂四会”。三懂:懂耕整机的构造、工作原理,懂耕整机操作技术,懂安全生产知识。四会:会操作、会调整、会维护保养、会排除一般常见故障。

3. 农机安全监督管理部门应进一步加强耕整机的安全管理

农机安全监督管理部门应进一步加强耕整机安全作业的安全管理,经常向农机手宣传农机生产法律法规,宣传安全生产的重要性,对耕整机及机手要建立档案。在农忙季节前夕,要派农机技术人员上门进村,对机手进行技术培训,讲述耕整机的构造、工作原理,传授安全操作技术和维护保养技术。在农忙季节时,要派农机技术人员深入田间地头,督促检查,及时纠正机手的违章操作行为,减少和预防农机事故的发生,以确保耕整机作业安全。

十、维护与保养

(一)柴油机的维护

按柴油机的维护要领进行维护。

(二)入库维护

(1)彻底清除水田耕整机外表泥土,油污。

(2)卸下柴油机进行季节保养。

(3)对各部件进行检查,修复或更换磨损零部件。

(4)犁铧、犁壁及各相对运动部件配合表面,涂抹润滑油(或润滑脂),涂漆零件表面刷上油漆。

(5)存放于干燥通风处,不得在机器上堆放重物,以免机件变形或损坏。

十一、常见故障及排除方法

水田耕整机常见故障及排除方法见表2-5-1。

表2-5-1 水田耕整机常见故障及排除方法

故障现象	产生原因	排除方法
犁不入土	1. 耕深调节不当,入土角太小 2. 犁铧挂草太多 3. 调节销调整不当 4. 土质过硬,犁刀刃口过度磨损	1. 调整销孔位向上移位,调至所需耕深对应孔位 2. 清除杂草 3. 调整所需耕深对应的孔位 4. 更换磨损的犁刀

续表 2-5-1

故障现象	产生原因	排除方法
沟底不平,耕深不一致	1. 牵引轴销、牵引架、牵引杆、犁架和驱动轮变形 2. 后支承滑板紧固螺栓松动	1. 修理或更换变形零件 2. 拧紧紧固螺钉或更换后支承滑板
犁底不平,重耕,漏耕	1. 牵引架、犁装配处连接松动 2. 驱动轮变形 3. 限位板或后支承板调整螺栓松动 4. 犁铧安装不正确	1. 紧固螺栓 2. 校正或更换驱动轮 3. 紧固螺栓 4. 正确安装犁铧
驱动轮打滑	1. 田里水过浅 2. 驱动轮夹泥或草 3. 泥脚过深,犁深超过规定 4. 稻草太多	1. 田里灌水 50～70 mm 2. 使驱动轮走在上一犁犁过的犁沟里 3. 减小耕深 4. 切断稻草,可事先拨开稻草
转向操作过重	1. 后支承滑板升降高度不合适 2. 牵引轴承内无润滑油 3. 转向机构缠有杂物	1. 调整后支承滑板高度,使横梁在田间接近水平 2. 在转向机构的加油孔内加注润滑油 3. 清除缠挂的杂物
齿轮箱噪声过大	1. 齿轮过度磨损,造成齿侧间隙过大 2. 轮齿表面有剥落现象 3. 轴承严重磨损 4. 润滑油不够或质量不符合要求	1. 更换齿轮 2. 更换齿轮 3. 更换轴承 4. 添加符合要求的润滑油
牵引力不足	1. 皮带松动 2. 发动机功率不足	1. 张紧传动皮带 2. 排除发动机故障
发动机冒黑烟,熄火	1. 犁田过深 2. 阻力过大或缠草过多 3. 传动齿轮打坏或卡死 4. 发动机功率不足 5. 驱动轮装反	1. 犁田不超过规定耕深 2. 清除杂草 3. 检查齿轮箱,更换齿轮或相关零件 4. 检修发动机 5. 装正驱动轮

续表 2-5-1

故障现象	产生原因	排除方法
驱动轮行走不正	1. 牵引架变形 2. 驱动轮紧固螺栓松动 3. 驱动轮变形	1. 校正牵引架 2. 拧紧驱动轮螺栓 3. 校正驱动轮
齿轮箱漏油或进泥水	1. 油封安装方向不对或损坏 2. 轴承座盖螺栓松动	1. 重新安装或更换油封及纸垫 2. 拧紧螺栓
传动皮带打滑	1. 皮带过松 2. 犁入土过深 3. 水浅，驱动轮夹泥缠草，阻力过大	1. 调整皮带张紧度 2. 犁深应适当 3. 灌适宜的水，驱动轮犁沟；割断杂草
锥形常压摩擦离合器打滑	1. 操纵拉杆和调整垫片调整不当 2. 摩擦表面黏附油污或泥水 3. 摩擦片磨损过大 4. 离合器弹簧弹力减弱	1. 重新调整 2. 用汽油清洗干净 3. 更换摩擦片 4. 更换弹簧
偏牵引	1. 后支承滑板导向销磨损 2. 牵引销磨损	1. 更换损坏的销子 2. 更换损坏的零件
操作困难	1. 箱体上部的牵引框变形 2. 驱动轮叶片变形	1. 校正或更换新牵引框 2. 校正变形叶片或更新
犁尖下钻	1. 犁头安装不正确 2. 耕深调整不当	1. 把犁尖至底平面的高度调节至 1～1.5 cm 2. 重新调整耕深限制板
滚耙、薄滚沉重，拉不动	1. 滚筒中心有孔洞，管内灌满水 2. 两端轴承损坏	1. 焊接方法补好漏洞，或用农用胶粘补漏洞 2. 更换橡胶轴承

十二、考核方法

序号	考核任务	评分标准(满分100分)			
		正确熟练	正确不熟练	在指导下完成	不能完成
1	指出各零部件的名称、作用	5	4	3	1
2	动力架、牵引架、转向架的安装	10	8	6	4
3	后支承滑板与船形平衡滑板的安装	10	8	6	4
4	升降机构的安装	10	8	6	4
5	驱动轮的安装	10	8	6	4
6	发动机、离合器、油门及座位的安装	10	8	6	4
7	平衡机构的调整	5	4	3	1
8	后支承滑板安装位置的调整	5	4	3	1
9	耕深的调整	5	4	3	1
10	犁的提升高度的调整	5	4	3	1
11	座位的调整	5	4	3	1
12	作业方法	5	4	3	1
13	保养及使用注意事项	5	4	3	1
14	常见故障及排除方法	5	4	3	1
15	工具的选择与使用	5	4	3	1
总分	优秀:>90分 良好:80～89分 中等:70～79分 及格:60～69分 不及格:<60分				

任务 6　圆盘耙的使用与维护

一、目的要求

1. 掌握圆盘耙的安装、使用和调整方法。

2. 会对圆盘耙进行日常维护和保养。

3. 能够对圆盘耙的作业质量进行检查。

4. 熟练掌握圆盘耙常见的故障及排除方法。

二、材料及用具

圆盘耙、拆装工具。

三、实训时间

6 课时。

四、圆盘耙的结构

如图 2-6-1 所示，是耙的整体结构。耙一般由耙组、耙架、悬挂架和偏角调节机构等组成。对于牵引式圆盘耙，还有液压或机械式运输轮、牵引架和牵引器限位机构等，有的耙还设有配重箱。

1. 耙组

耙组是圆盘耙的主要工作部件，各种圆盘耙的结构大体相同。但各种耙的耙组数量、配置方案、单列耙组的耙片直径和数量以及某些具体结构有所不同。如图 2-6-2 所示，耙组由若干个固定装在一根方轴上的耙片构成一个整体部件，耙片由间管按等距离隔开。耙组通过轴承及其支座与梁架相连接，工作时，所有的耙片都随耙组整体转动。为了清除耙片上黏附的泥土，每个耙片的凹面一侧都有一个刮土板，刮土板与耙片之间的间隙一般可以调整，调整范围为 3～8 mm。

2. 偏角调节机构

偏角调节机构用于调节圆盘耙的偏角，以适应不同耙深的要求。常用的偏角调节机构的形式有齿板式、插销式、压板式、丝杆式、液压式等多种。如图 2-6-3 所示，是齿板式偏角调节机构，它由上滑板、下齿板、托架等组成。托架固定在牵引主梁上，上、下滑板与牵引架固定在一起，并能沿主梁移动，移动范围受齿板末端的托

图 2-6-1　悬挂式圆盘耙的结构

1. 悬挂架　2. 压板式角度调节器　3. 耙架　4. 圆盘耙组　5. 刮土器　6. 缺口耙组

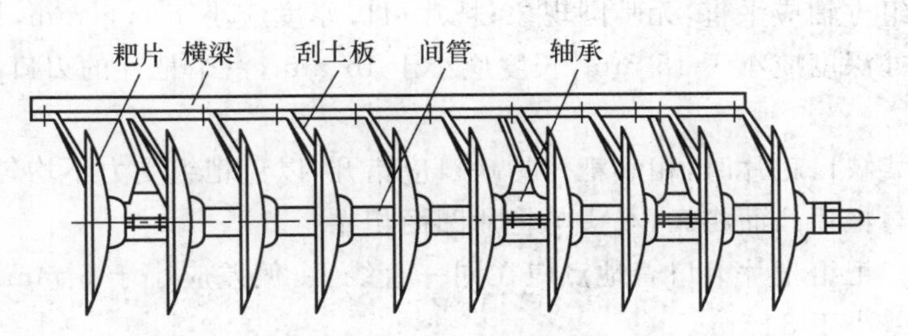

图 2-6-2　圆盘耙组结构

架限制。利用手杆可把齿板上任一缺口卡在托架上，通过一系列连杆机构使耙组绕铰接点摆动，从而得到不同的偏角。偏角增大，耙深加深；反之则耙深减小。

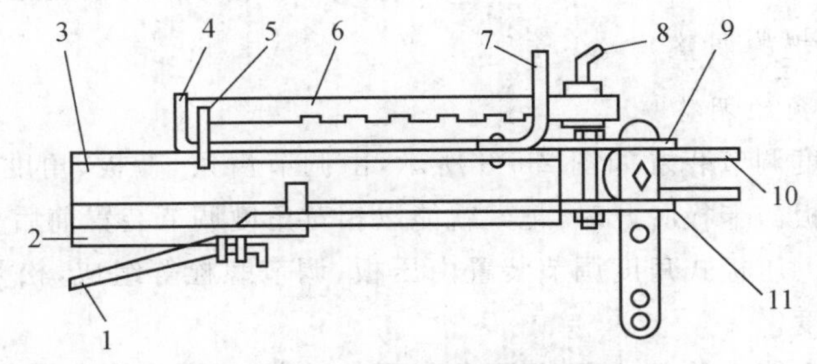

图 2-6-3　齿板式角度调节器

1. 后列耙组角度调节拉杆　2. 前列耙组角度调节拉杆　3. 主梁　4. 上滑板上弯部分
5. 托架　6. 调节齿条　7. 卡板　8. 手杆　9. 上滑板　10. 牵引板　11. 下滑板

3. 耙架

用于安装耙组、悬挂装置和角度调节装置。

4. 悬挂装置

将圆盘耙与拖拉机连接在一起。

五、工作原理

圆盘耙在工作中利用切碎、压碎、碾碎、刺碎、打碎等方法对土壤进行破碎，主要用于犁耕后的土壤破碎和播种前的松土、平地，也可用于收获后的浅耕灭茬或撒施肥料后的土肥混合与覆盖。

六、内容及操作步骤

(一)圆盘耙的安装技术要求

(1)耙组方轴应平直，无啃圆现象；耙片刃口厚度应小于 0.5 mm，如果刃口有缺损，缺损处深度应小于 15 mm，长度应小于 15 mm，一个耙片的刃口缺损不超过 3 处。

(2)安装缺口耙片时，相邻耙片的缺口应错开，以免耙组受力不均匀；安装间管时，要大头与耙片凸面相靠，小头与耙片凹面相靠。

(3)同一耙组耙片刃口着地点应在同一直线上，偏差应小于 5 mm，各圆盘间距相等，偏差小于 8 mm。

(4)方轴一端的螺母必须拧紧并锁牢，耙片不得有任何晃动，否则耙片内孔会把方轴啃圆。

(5)刮土铲与耙片凹面应保持 3～6 mm 的间隙，以免阻碍耙片转动。

(6)耙架不得变形或开焊，各连接螺栓应紧固，装好后的耙组应转动灵活。

(二)圆盘耙的调整

1. 耙组偏角的调整

齿板式角度调节装置如图 2-6-3 所示，由调节齿条、卡板、角度调节拉杆等组成。当调节齿板与卡板脱开时，耙架就能以相对角度调节装置前后移动，可增大或减小耙组角度。压板式角度调节装置由压板、调节螺栓等组成，松开调节螺栓，即可调整耙组角度。

在保证碎土能力的条件下，耙组角度不宜过大，否则将使牵引阻力变大。

2. 深浅调整

通过增减耙组配重盘上的配重和改变偏角的方法，可调整耙深。加重不应超过 40 kg，加重物在前列要放在加重盘中部，后列要放在加重箱两端。

3. 刮土铲调整

刮土铲与耙片凹面应保持 3～6 mm 的间隙，与耙片外缘距离应为 20～25 mm，如不符合规定，要通过改变刮土铲在耙架上的位置予以调整。

4. 水平调整

圆盘耙工作时，耙组因受侧向力矩的影响，两端入土深浅不一致。凹面端较深，凸面端较浅。为了使耙组深度一致，不同类型的圆盘耙，应对照说明书进行调整，如图 2-6-4 所示，PY-3.4 型 41 片耙，前列耙组凸面端利用卡板和销子与主梁相连接，可防止凸面端上翘，深度变浅；后列耙组凹面端用两根吊杆挂在耙架上，可限制凹面端的入土深度，吊杆上有孔，可以根据工作情况，改变吊杆的固定位置，使耙深一致。

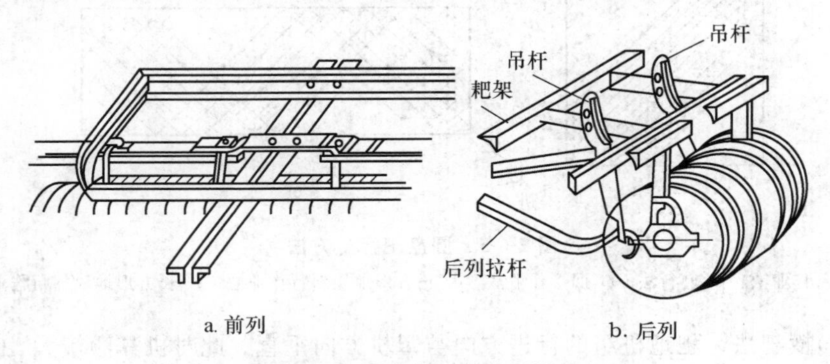

图 2-6-4　圆盘耙组的水平调整

（三）牵引与挂接

对于悬挂式圆盘耙，其悬挂架上有不同的孔位，以改变挂接高度。对于牵引式圆盘耙，其工作位置和运输位置的转换是通过起落机构实现的。起落过程由液压油缸升降地轮来完成，耙架调平机构与起落机构连动，在起落过程中同时改变挂接点的位置，保持耙架的水平。在工作状态，可以转动手柄，改变挂接点的位置，使前后列耙组的耕深一致。

七、犁耕作业方法

根据地块的大小和农业技术要求，可采用不同的耙地行走方法，常用的耙地行走方法如图 2-6-5 所示。

（1）顺耙法　耙地机组的行进方向与犁耕方向平行。此时，机具颠簸小，工作阻力小，但耙后垄沟不易耙平。

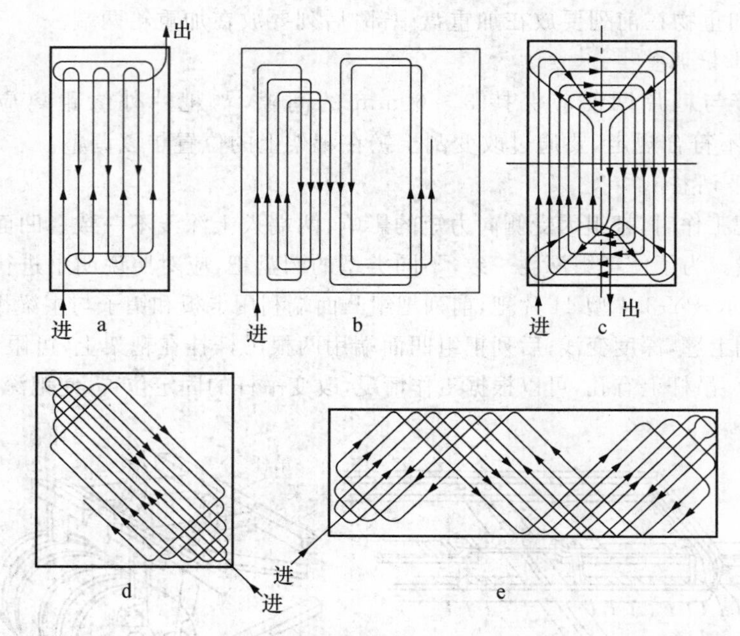

图 2-6-5 圆盘耙行走方法

a. 梭形作业法 b. 套行法 c. 回形作业法 d. 正方形地块斜行作业法 e. 长方形地块斜行作业法

(2)横耙法 耙地机组的行进方向与犁耕方向垂直。此时机具颠簸大,工作阻力大,但碎土和平土的效果较好。

(3)斜耙法 又称交叉耙法,耙地机组行进方向与犁耕方向呈一定夹角,一般为45°。这种作业方法切土、碎土和平土的效果好,机组行走平稳,适于大地块作业,但行走路线较复杂,夜间作业易产生重耙和漏耙现象。

八、注意事项

(1)根据作业要求用调节耙组偏角和加配重的方法调整好耙深。

(2)作业中严禁对耙进行修理、检查和调整。

(3)拖拉机带耙作业不许急转弯,牵引耙不许倒车,悬挂耙转弯和倒车时应将耙升起后进行。

九、维护与保养

(1)作业中经常检查和调整刮土板的间隙,正常值为1～3 mm。及时清除耙片上的杂草和泥土。

(2)耙地作业速度不要太快，不要急转弯和倒退，应尽量避免托堆。一旦托堆，不要硬拉或倒车，以免损坏耙片，应设法将土清除，并将角度调节到零,然后慢慢拉出。

(3)耙压同时进行的复式作业，镇压器应与拖拉机牵引板连接，不应串联在圆盘耙架上，以免造成耙架弯曲损坏。

(4)轴承上、下瓦盖中间应用调整垫片调整间隙。安装时用增减垫片的方法来保证耙组转动灵活，当轴瓦磨损而间隙变大时，应减少垫片，当垫片减完时应换新轴瓦。

(5)每班作业结束时，应及时清理耙片,检查连接螺栓有无松动，发现松动应及时紧固，并用黄油枪向各润滑点注入新油。

(6)耙架上的加重盘和加重箱是根据不同土质和翻后质量来增加重量的，以此增强耙片入土能力，但加重时不可加得过重，所加的总质量不得超过 40 kg，且前后和左右重量分配要均匀，以保证耙架水平。

(7)耙在远距离运输时，应装运输轮，使耙片离开地面，切不可嫌费事不装运输轮，便在硬地或公路上托运，这样不仅会破坏公路,而且会造成耙片的早期损坏。如在田间及近距离土路上运输时，也应将耙组角度调节到零度。

(8)作业结束后，要对耙进行彻底清理和检修，然后放到农具库内或平整干燥的农具停放场,垫起耙片,妥善保管，并用废黄油或废机油涂在耙片上，以防锈蚀。

十、常见故障及排除方法

圆盘耙的常见故障及排除方法见表 2-6-1。

表 2-6-1　圆盘耙的常见故障及排除方法

故障现象	故障原因	排除方法
耙片不入土	1. 偏角太小 2. 附加质量不足 3. 耙片磨损 4. 耙片间堵塞 5. 速度太快	1. 增加耙组偏角 2. 增加附加质量 3. 重新磨刃或更换耙片 4. 清除堵塞物 5. 减速作业
耙片堵塞	1. 土壤过于黏重或太湿 2. 杂草残茬太多,刮土板不起作用 3. 偏角过大 4. 速度太慢	1. 选择土壤湿度适时作业 2. 正确调整刮土板位置和间隙 3. 调小耙组偏角 4. 加速作业

续表 2-6-1

故障现象	故障原因	排除方法
耙后地表不平	1. 前后耙组偏角不一致 2. 附加质量差别较大 3. 耙架纵向不平 4. 牵引偏置耙作业时耙组偏转,使前后耙组偏角不一致 5. 个别耙组堵塞或不转动	1. 调整偏角 2. 调整附加质量,使其一致 3. 调整牵引点高低位置 4. 调整纵拉杆在横拉杆上的位置 5. 清除堵塞物,使其转动
阻力过大	1. 土壤过于黏湿 2. 偏角过大 3. 附加质量过大 4. 刃口磨损严重	1. 选择土壤水分适时作业 2. 调小耙组偏角 3. 减轻附加质量 4. 重新磨刃或更换耙片
耙片脱落	方轴螺母松脱	重新拧紧或换修

十一、考核方法

序号	考核任务	评分标准(满分 100 分)			
		正确熟练	正确不熟练	在指导下完成	不能完成
1	指出各零部件的名称、作用	5	4	3	1
2	耙组偏角的调整	15	10	5	2
3	深浅调整	15	10	5	2
4	刮土铲调整	15	10	5	2
5	水平调整	15	10	5	2
6	与拖拉机的挂接	10	8	6	4
7	作业方法	5	4	3	1
8	使用注意事项	5	4	3	1
9	保养方法	5	4	3	1
10	常见故障及排除方法	5	4	3	1
11	工具的选择与使用	5	4	3	1
总分	优秀:>90 分 良好:80～89 分 中等:70～79 分 及格:60～69 分 不及格:<60 分				

任务7 秸秆还田机的使用与维护

一、目的要求

1. 了解秸秆还田机的种类。
2. 掌握秸秆还田机的调整方法。
3. 会正确使用秸秆还田机。
4. 掌握秸秆还田机的常见故障及排除方法。

二、材料及用具

秸秆还田机、拆装工具。

三、实训时间

6课时。

四、结构

(一)卧式秸秆还田机的结构

如图2-7-1所示,卧式秸秆还田机的刀轴呈横向水平配置,安装在刀轴上的甩刀在纵向垂直面内旋转。卧式秸秆还田机的结构主要包括传动机构、粉碎室和辅助性部件等几部分。

(1)传动机构包括万向节传动轴、齿轮箱和皮带传动轴装置。

(2)粉碎室由罩壳、刀片和铰接在刀轴上的动刀组成。刀片是主要的工作部件,有L形、直刀形、锤爪式等。罩壳前方的秸秆入口处装有角钢制成的定刀床,后下部开放,有的还装有使粉碎后的秸秆撒布均匀的导流片。

(3)限深轮是辅助件,通过调整限深轮的高度,可调留茬高度,同时确保甩刀不打入土中,避免负荷过大和刀片的磨损。

(二)立式秸秆还田机的结构

如图2-7-2所示,立式秸秆还田机的刀轴呈垂直方向配置,安装在刀轴上的甩刀在横向水平面内旋转。立式秸秆还田机的结构主要包括悬挂架、齿轮箱、罩壳、粉碎室工作部件、限深轮和前护罩总成等部分。罩壳是整个机器的机架,其侧板上

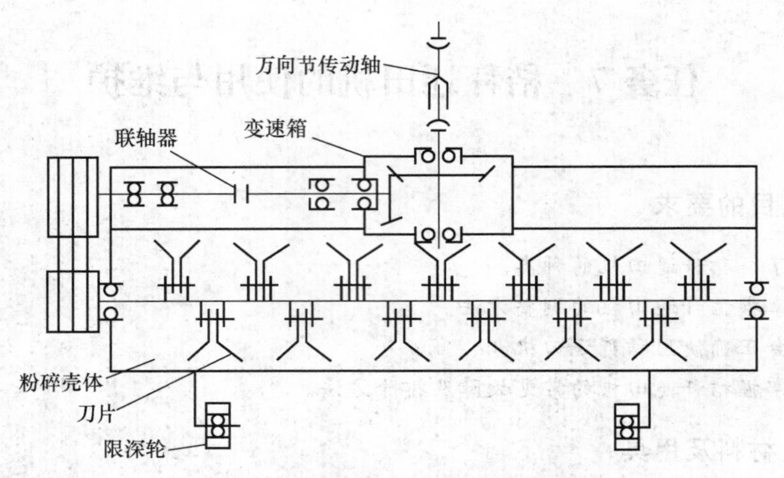

图 2-7-1 卧式秸秆还田机的一般结构

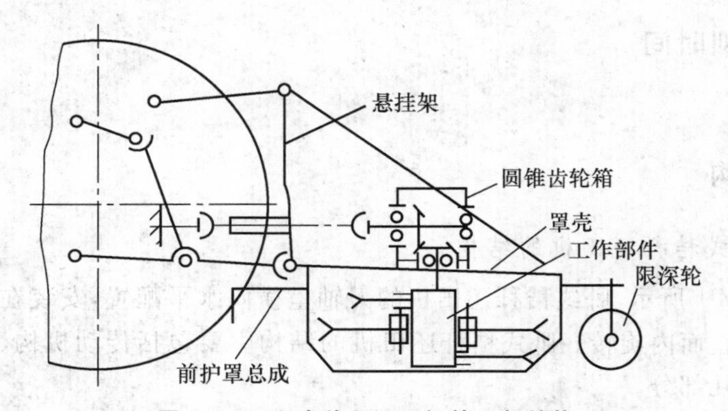

图 2-7-2 立式秸秆还田机的一般结构

装有定刀块，使秸秆切割成为有支撑切割。限深轮装在机具的两侧或后部，作用同卧式秸秆还田机。

五、工作过程

（一）卧式秸秆还田机的工作过程

卧式秸秆还田机在拖拉机的带动下，动力经传动机构驱动刀轴转动。刀轴上铰接的甩刀一方面绕刀轴转动，另一方面随机组前进。前进过程中，定刀床首先碰到茎秆，使其向前倾倒。旋转的动刀再把茎秆从根部砍断，并将茎秆向前方抛起，在定刀床的限制下，茎秆被转向水平位置的动刀再次砍切。此时，前倾的茎秆受到前方未收割茎秆的阻挡，随着机具的前进，茎秆进入罩壳后，在甩刀、罩壳和定刀的反复作用下，被进一步粉碎，碎茎秆沿罩壳内壁滑到尾部，从出口抛撒到田间。

（二）立式秸秆还田机的工作过程

拖拉机动力输出轴的动力，通过万向节传动轴齿轮箱的输入横轴，经过圆锥齿轮增速和转向后，使垂直轴旋转，带动安装在立轴上的刀盘工作，前方喂入端的导向装置将两侧的茎秆向中间聚集，甩刀对秸秆多次切割，粉碎后通过罩壳后排出端导向排出，并均匀铺撒在田间。

六、实训内容

（一）横向水平调整

调节斜拉杆，使机具呈横向水平，同时，将下端连接轴调到长孔内，使其作业时能浮动。

（二）纵向水平调整

调节中间拉杆，使机具纵向水平。

（三）留茬高度调整

(1)把还田机升起，拧松滚筒两边吊耳上的紧固螺钉，在上下 4 个孔内任意调整，向下调，留茬高度变高，向上调，留茬高度降低，调整完成后，拧紧螺栓。

(2)通过改变提升拉杆的高度来调整留茬高度。

（四）三角带松紧度调整

三角带过松，可把张紧轮架上的螺帽向内调整；三角带过紧，螺帽向外调整。

（五）变速箱啮合间隙的调整

秸秆还田机工作一段时间后，由于磨损使主动轴轴向间隙和圆锥齿轮啮合间隙发生变化，调整时可通过增加或减少调整垫片的方法进行调整。

（六）秸秆还田机的使用

1. 作业前的准备

(1)地块的准备　秸秆还田机作业前要对地面、土壤及作物情况进行调查，还要进行道路障碍物的清除，地头垄沟的平整，田间大石块的清除等工作，并设有标志等。

(2)秸秆还田机的准备　作业前，应按照说明书对机具进行检查、试运转和调整。配套拖拉机的技术状态良好，将动力机与机具挂接后，进行全面检查。

2. 操作方法

(1)起步前,将秸秆还田机提升到一定的高度。一般为 15～20 cm。

(2)接合动力输出轴。慢速转动 1～2 min。注意机组周围是否还有人接近,当确认无人时,按规定发出起步信号。

(3)挂上工作挡,缓缓松开离合器,同时操纵拖拉机调节手柄,使还田机在前进中逐步降至所要求的留茬高度,然后提高速度,开始正常工作。

七、使用注意事项

(1)要空负荷低速启动,待发动机达到额定转速后,方可进行作业,否则会因突然接合,冲击负荷过大,造成动力输出轴和花键套的损坏,并容易造成堵塞。

(2)作业中,要及时清理缠草。清除缠草或排除故障时必须停机进行。严禁拆除传动带防护罩。

(3)机具作业时,严禁带负荷转弯或倒退,严禁靠近或跟踪,以免抛出的杂物伤人。

(4)机具升降不宜太快,也不宜升得过高或降得过低,以免损坏机具。严禁刀片入土。

(5)合理选择作业速度,对不同长势的作物,采用不同的作业速度。

(6)作业时,避开土埂,地头留 3～5 m 的机组回转地带。转移地块时,必须停止刀轴旋转。

(7)作业时,有异常响声,应立即停车检查,排除故障后方可继续作业,严禁在机具运转情况下检查机具。

(8)作业时,应随时检查皮带的张紧度,以免降低刀轴转速而影响切碎质量或加剧皮带磨损。

(9)秸秆还田机与分置式液压、悬挂机构的拖拉机配套使用,工作时,应将分配器手柄置于“浮动”位置,下降还田机时,不可使用“压降”位置,以免损坏机件。下降或提升还田机时,手柄应迅速搬到“浮动”或“提升”位置,不要在“压降”或“中立”位置上停留。

八、维护与保养

(1)作业后及时清除刀片护罩内壁和侧板内壁上的泥土层,以防加大负荷和加剧刀片磨损。

(2)检查刀片磨损情况,必须更换刀片时,要注意保持刀轴的平稳。个别更换时,要尽量对称更换;大量更换时,要将刀片按质量分级,同一质量的刀片安装在同一根轴上，以保证机具的动平稳。

(3)保养时，应特别注意万向十字头的润滑，必须按时注足黄油。

(4)齿轮箱中应加注齿轮油，添加量不能超过油尺刻线。工作前要检查油面高度，及时放出沉淀在齿轮箱底部的污物。

(5)季节作业结束后，清洗齿轮箱，更换润滑油。齿轮箱通气螺栓丢失时，要配用专用螺栓，不可用其他螺栓代替。

(6)作业结束后，清理检查整机，各轴承内要注满黄油，各部件做好防锈处理，机具下垫木块支撑，不得以地轮为支撑点。并放松皮带，刀片离开地面，停放在通风、干燥的库房内。

九、常见故障及排除方法

秸秆还田机常见故障及排除方法见表 2-7-1。

表 2-7-1　秸秆还田机常见故障及排除方法

故障现象	故障原因	排除方法
粉碎质量差	1. 前进速度过快 1. 机具离地面过高 3. 刀轴转速低 4. 三角带松动 5. 刀片磨损	1. 降低前进速度，一般为慢三挡 2. 调整地轮支臂孔位，或调整上拉杆长度 3. 可通过调整皮带轮的配比来调整，一般转速为 1 800～2 000 r/min 4. 张紧 5. 更换
刀轴轴承温度过高	1. 轴承缺油或油失效 2. 三角带太紧 3. 轴承损坏 4. 传动轴扭曲	1. 加注高速黄油 2. 更换适当长度的三角带 3. 更换 4. 修复
机器强烈振动	1. 刀片脱落 2. 紧固螺栓松动 3. 轴承损坏	1. 增补刀片 2. 拧紧 3. 更换并注意加油
三角带磨损严重	1. 三角带长度不一致 2. 张紧度不一致 3. 主、从动轮不在一条直线上	1. 更换，同组长度差≤5 mm 2. 调整张紧轮支臂与侧板垂直 3. 主动轮内侧加调整垫或将变速箱底座螺栓松开，调整Ⅱ轴与侧板垂直

续表 2-7-1

故障现象	故障原因	排除方法
变速箱有杂音 温度升高	1. 齿轮间隙过大 2. 齿轮磨损 3. 齿轮缺油或加油过多 4. Ⅱ轴两个轴承装配过紧	1. 缩小齿轮间隙 2. 更换 3. 加油或放油 4. 拧松Ⅱ轴螺母，调整好间隙

十、考核方法

序号	考核任务	评分标准(满分 100 分)			
		正确熟练	正确不熟练	在指导下完成	不能完成
1	指出各零部件的名称、作用	5	4	3	1
2	横向水平调整	10	8	6	4
3	纵向水平调整	10	8	6	4
4	留茬高度调整	10	8	6	4
5	三角皮带松紧度调整	10	8	6	4
6	变速箱啮合间隙调整	10	8	6	4
7	秸秆还田机的操作方法	10	8	6	4
8	使用注意事项	10	8	6	4
9	保养方法	10	8	6	4
10	常见故障及排除方法	10	8	6	4
11	工具的选择与使用	5	4	3	1
总分	优秀:>90 分　良好:80～89 分　中等:70～79 分　及格:60～69 分　不及格:<60 分				

习题二

1. 悬挂双铧犁工作时需调整的任务有哪些？
2. 各铧耕深不一致时应如何调整？
3. 什么叫重耕和漏耕？发生重耕和漏耕时应如何调整？
4. 常见的犁的作业方法有哪些？各有什么特点？
5. 如何对悬挂犁进行保养？
6. 悬挂犁入土困难的因素有哪些？如何排除？
7. 造成悬挂犁耕后土地不平的因素有哪些？如何排除？
8. 造成悬挂犁耕宽不稳的因素有哪些？如何排除？
9. 如何对悬挂犁和翻转犁进行维护和保养？
10. 悬挂犁由哪几部分组成？如何对悬挂犁进行总体安装？
11. 悬挂犁总体安装后,应检查哪些项目？
12. 悬挂犁与拖拉机的挂接方式有哪几种？如何进行挂接？.
13. 翻转的调整工作有哪些？如何进行调整？
14. 液压翻转犁不能正常翻转的原因是什么？如何调整？
15. 翻转犁工作时应注意哪些事项？
16. 旋耕机刀片安装方法有哪几种？各有什么特点？
17. 旋耕机碎土能力与哪些因素有关？
18. 旋耕机使用时应做哪些调整？
19. 什么是回形耕作法？
20. 什么是梭形耕作法？
21. 什么是套耕法？
22. 深松机的作用是什么？
23. 深松机由哪几部分组成？主要工作部件是什么？
24. 深松铲如何安装？
25. 深松机的调整工作有哪些？如何进行调整？
26. 深松机出现松深不够、深松不均的原因有哪些？如何排除？
27. 深松机出现漏松的原因有哪些？如何排除？
28. 如何对深松机进行维护与保养？
29. 水田耕整机的构造是什么？

30. 水田耕整机的平衡机构的调整有哪些内容？调整的依据是什么？

31. 水田耕整机的调整方法是什么？

32. 水田耕整机如何进行犁田作业？其作业深度的调整与旱地犁耕深度调整有何区别？

33. 什么是顺耙法？

34. 什么是横耙法？

35. 什么是斜耙法？

36. 圆盘耙的主要部件有哪些？.

37. 圆盘耙的调整方法有哪些？

38. 圆盘耙使用时应注意哪些问题？

39. 简述圆盘耙的保养方法。

40. 简述圆盘耙的常见故障及排除方法。

41. 卧式秸秆还田机由哪几部分组成？各部件的作用是什么？

42. 秸秆还田机的工作过程是什么？

43. 秸秆还田机的调整工作有哪些？如何进行调整？

44. 如何正确使用秸秆还田机？应注意哪些事项？

45. 如何正确维护与保养秸秆还田机？

46. 秸秆还田机出现粉碎质量差的原因有哪些？如何排除？

47. 引起秸秆还田机强烈振动的因素有哪些？如何排除？

48. 秸秆还田机刀轴轴承温度过高时，如何处理？

49. 耕地机械的农业技术要求有哪些？

50. 整地机械的农业技术要求有哪些？

项目三　种植机械

一、播种作业的技术要求

播种的农业技术要求，包括播种期、播量、播种均匀度、行距、株距、播种深度和压实程序等。

作物的播种期不同，对出苗、分蘖、发育生长及产量都有显著影响。不同的作物有不同的适播期，即使同一种作物，不同地区的适播期也相差很大。因此，必须根据作物的种类和当地条件，确定适宜播种期。

播量决定单位面积内的苗数、分蘖数和穗数；行距、株距和播种均匀度确定了田间作物的群体与个体的关系。确定上述指标时，应根据当地的耕作制度、土壤条件、气候条件和作物种类综合考虑。

播深是保证作物发芽生长的主要因素之一。播的太深，种子发芽时所需要的空气不足，幼芽不易出土。但覆土太浅，会造成水分不足而影响种子发芽。

播后压实度可增加土壤紧实程度，使下层水分上升，使种子紧密接触土壤，有利于种子发芽出苗。适度压实，在干旱地区及多风地区是保证全苗的有效措施。

几种主要作物播种的农业技术要求见表 3-0-1。

表 3-0-1　几种主要作物播种的农业技术要求

项　目	作物名称							
	小麦	谷子	玉米		大豆	高粱	甜菜	棉花
播种方法	条播	条播	穴播	精播	精播	穴播	精播	穴播
行距/cm	12～25	15～30	50～70	50～70	50～70	30～70	45～70	40～70
播量/(kg/hm^2)	105～300	4.5～12	30～45	12～18	30～45	4.5～15	4.5～15	52.5～75

续表 3-0-1

项目	作物名称							
	小麦	谷子	玉米		大豆	高粱	甜菜	棉花
播深/cm	3～5	3～5	4～8	4～8	3～5	4～6	2～4	3～5
株(穴距)/cm			25～50	15～40	3～10	12～30	3～5	18～24
穴粒数			3±1	1	1	5±1	1	5±2

二、播种机的性能要求

(1)排量稳定性　指排种器的排种量不随时间变化而保持稳定的程度,可用于评价条播机播量的稳定性。

(2)各行排量一致性　指一台播种机上各个排种器在相同条件下,排种量的一致程度。

(3)排种均匀性　指从排种器排种口排出种子的均匀程度。

(4)播种均匀性　指播种时,种子在种沟内分布的均匀程度。

(5)播深稳定性　指种子上面覆土层厚度的稳定程度。亦可用播深合格率作评价指标。

(6)种子破碎率　指排种器排出种子中,受机械损伤的种子量占排出种子量的百分比。

(7)穴粒数合格率　单粒精密播种时,设 t 为平均粒距,则 $1.5t \geqslant$ 粒距 $> 0.5t$ 为合格;粒距 $\leqslant 0.5t$ 为重播;粒距 $> 1.5t$ 为漏播。合格粒距数占取样总粒距数的百分比即为粒距合格率。

任务 1　播种机的调整与使用

一、目的要求

1. 了解播种机的构造。
2. 掌握播种机主要部件的使用与调整方法。
3. 掌握播种质量的检查方法。
4. 会对播种机进行维护。

二、材料及用具

播种机、随机各种工具、秧苗和秧盘。

三、实训时间

6 课时。

四、结构

播种机主要由种箱、肥箱、排种器、排肥器、输种管、开沟器、覆土器、划印器、机架、深浅调整机构以及传动链轮等部分组成。

五、工作原理

通过传动系统带动排种器、排肥器，按要求使一定量的种子、肥料从种肥箱进入排种器和排肥器，排到由开沟器开好的种沟和肥沟里，随后由覆土器覆土，镇压器压实种床，完成播种作业。

六、内容及操作步骤

(一)谷物条播机调整

1. 播量计算

根据农业技术规定的亩播量(1 亩＝666.7 m^2)，计算播种机行走轮转动一定圈数后，每个排种器应排出的种子量(g)，其计算公式为：

$$G=\frac{BQ\pi D(1+\delta)n}{666.7}$$

式中：G——全部排种量，kg；

Q——亩播量，kg/亩；

B——工作幅宽，m；

D——播种机行走轮直径，m；

δ——行走轮滑移系数，按 0.05～0.1 计算；

n——试验时行走轮转动圈数；

666.7——每亩的平方米数，m^2。

2. 播量的调整

通过改变传动比或调整排种器实现播量的调整。在调整时，必须注意使用同一幅内的各个排种器播量一致，要求误差不超过±4%。

3. 播量试验

首先支起播种机，使行走轮能自由转运，在种子箱内加入一定量的种子，在各输种管下用容器接好，初步调整排种器预定工作长度，结合传动机构，转动行走轮2～3圈，使种子充满排种器，并倒净落入容器中的种子，重新放好容器；按计算好的圈数（一般为20～25圈）均匀转动行走轮，收集各种排种器所排出的种子，称其重量，视其是否与计算值相符。如不合要求，重新调整后再作试验，直至符合要求为止。

4. 田间试播

由于播种机排种量调试与田间实际作业时的条件不完全相符，所以试验后还应进行田间试播，对播种量进行校核。校核方法如下：

首先确定试播地段的长度，并按下式计算出该长度范围内的应播种子量：

$$q = \frac{BQL}{666.7}$$

式中：q——试播地段长度应播种子量，kg；

B——亩播量，kg/亩；

Q——工作幅宽，m；

L——试播地段长度，m。

然后，在种子箱内装入一定量的种子，将表面刮平，用笔在种子箱侧壁上做出标记，再加入按上式计算出的应播种子量，刮平后进行试播；播完预定长度后停机，将种箱内的种子刮平，检查种子表面是否与所做标记相符，若不符，应对播量进行校正后再次试验，直到相符为止。

5. 行距的调整

条播机的行距调整是通过改变开沟器的数目和相邻开沟器的安装距离来实现的，进行行距调整时，应将播种机水平地支离地面，按照下式计算出应安装的开沟器数目：

$$N = \frac{L - b_1}{b} + 1$$

式中：N——开沟器数，取整数，小数点后舍去；

L——开沟器梁的有效长度，cm；

b_1——开沟器拉杆安装宽度，cm；

b——要求行距，cm。

找出播种机的中心线，并在开沟器梁的相应位置做上标记，从开沟器梁中间开始向两侧顺序安装开沟器。N 为单数时，在梁的中心线处安装第一个前列开沟器；N 为偶数时，在梁的中心线左右两侧半个行距处各安装一个开沟器，再按行距向两侧逐次安装。前后列开沟器必须互相错开安装。对于开沟器拉杆已变形的旧播种机，必须在开沟器固定后，将其落下，检查实际行距并进行校正。

6. 播种深度的调整

机具不同，播种深度调整方法也不同。有的播种机靠改变升降手柄的位置调整播深；有的播种机通过调整开沟器与镇压轮的相对位置调整播深，如将镇压轮向下调，则开沟器入土浅，播深减小。

进行播深调整时，要注意各开沟器的播深是否一致，若不一致，则通过改变单个开沟器的上下安装位置，使播深趋于一致。

（二）穴播机的调整

1. 排种量调整

穴播机排种时主要是控制每穴种子粒数和穴距，可通过选用具有不同槽孔数和不同规格槽孔的排种盘或改变排种轴的传动比来进行调整。传动比按下式计算：

$$i=\frac{\pi D(1+\delta)}{SZ}$$

式中：i——传动比；

D——地轮直径，cm；

δ——地轮滑移系数，$\delta=0.05\sim0.13$；

S——计划穴距，cm；

Z——排种盘的槽孔数。

当传动比和穴距已知时，可按上式算出排种盘槽孔的数目，选择槽孔数目与计算孔数相等的排种盘。当排种盘槽孔数和穴距已知时，可根据上式求得传动比，适当选用传动的主、从动轮，使轮系传动比与计算所得传动比相等。

调整后，将开沟器升起，在松软的地面上试播，若穴距和每穴粒数符合要求，则调整合适，否则重新进行调整。

2. 行距调整

测量并调整各开沟器间距，使之符合行距要求。中耕作物行距调整范围为10～70 cm。

3. 开沟器深度调整

滑刀式开沟器通过改变限深板的位置进行调节；锄铲式开沟器改变开沟器柄的安装位置即可调节开沟深度。

（三）划印器臂长的调整

如图 3-1-1 所示，划印器臂长与播种机行走方法、联结台数及驾驶员的划印目标有关，采用梭式播法时，划印器臂长可用下式计算：

$$L_{左、右}=(n+1)B-\frac{C}{2}$$

式中：$L_{左}$——左划印器到播种机中心线的距离；

$L_{右}$——右划印器到播种机中心线的距离；

n——播种机的台数；

B——播种机的工作幅宽；

C——划印目标距拖拉机中心线的 2 倍。

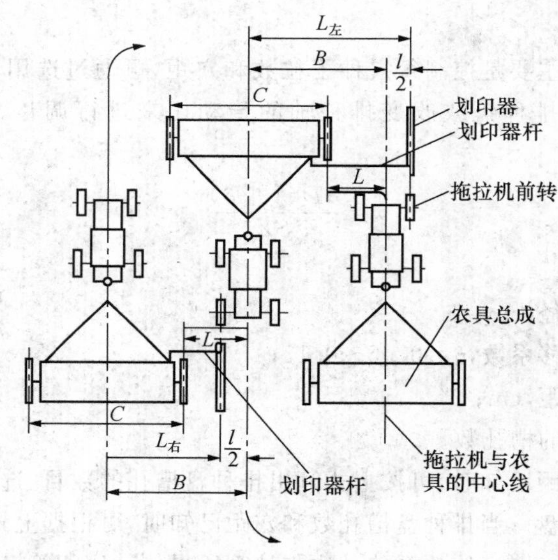

图 3-1-1 划印器臂长计算

实践中，也可不计算而用绳子测定划印器臂长，如图 3-1-2 所示，首先确定划印目标，并以此为标志，平行于前进方向划一延长线与播种机主梁在地面上的投影线相交于 A 点，再找出播种机最外侧开沟器向外半个行距处 $D_{左}A$、$D_{右}A$ 为半径画半圆与投影线交 $C_{左}$、$C_{右}$ 点，则 $C_{左}$、$C_{右}$ 点即为所求左、右划印器圆盘的划线位置。

（四）播种质量的检查

1. 行距检查

拨开相邻两行的覆土，测量其种子幅宽中心线是否符合规定行距，其误差不得

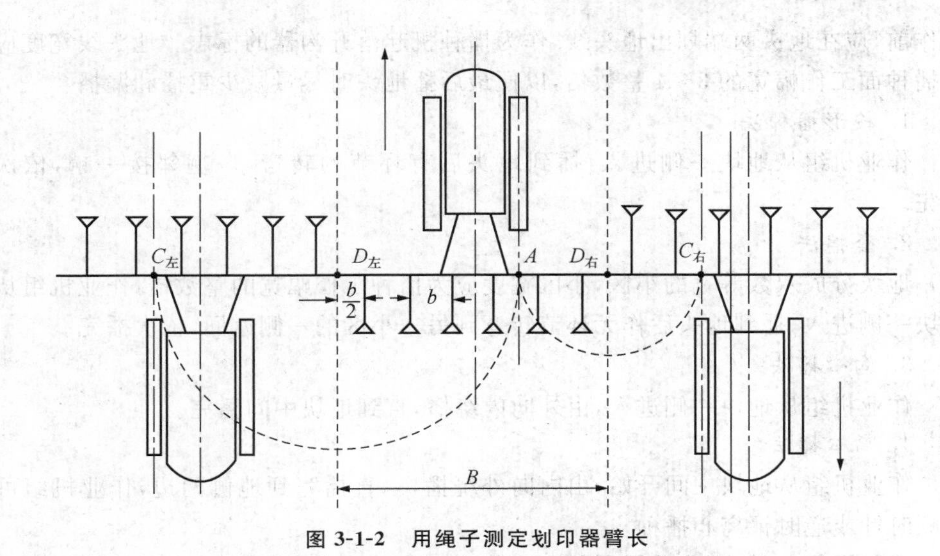

图 3-1-2　用绳子测定划印器臂长

大于 2.5 cm。

2. 覆土深度检查

在播种区内按对角线方向选取测定点(不少于 10 个测点),拨开覆土,贴地表平放一直尺,用另一尺测量出已播种子到地表直尺的垂直距离,并计算出多个测定点的平均值,该值与规定覆土深度的误差不得大于 0.5～2 cm。

3. 穴距和每穴粒数检查

每行选 3 个以上测定点,每个测定点的长度应为规定穴距的 3 倍以上;拨开各测定点覆土,逐穴检查种子粒数并测量穴距。每穴种子粒数与规定粒数相比,±1 粒为合格,穴距与规定穴距相比±5 cm 为合格。精密播种机要求每穴 1 粒,穴距±0.2 cm 为合格。

4. 断条率和空穴率的检查

(1)条播断条率的检查　条播小麦或谷子时,两粒种子间距大于 10 cm 时为断条;条播玉米、大豆、棉花等作物时,两粒种子间距大于计划株距 1.5 倍时为断条。

(2)穴播空穴率的检查　穴播(含单粒点播)时,两穴(粒)间的株距大于计划株距的 1.5 倍时,为空一穴,大于计划株距的 3 倍时为空两穴,依此类推。空穴率是指空穴与总检查穴数的百分比。

七、作业方法

播种机播种时的行走方式一般用梭形播种法、套播法、向心播法、离心播法。

工作前，应在地头两端划出地头线，作为播种机起落开沟器的标志。地头线宽度应取播种面工作幅宽的3～4整数倍，以便最后播地头时尽量减少重播和漏播。

1. 梭形播种法

作业机组从地块一侧进入，播到地头后有环节的转弯，一趟邻接一趟，依次播完。

2. 套播法

地块分成双数等宽的小区，小区宽度应为播种工作幅宽的整数倍，作业机组从地块一侧进入，播到地头后作无环节转弯到另一小区的一侧返回，依次播完。

3. 向心播法

作业机组从地块一侧进入，由外向内绕播，直到地块中间播完。

4. 离心播法

作业机组从地块中间开始，由内向外绕播，一直播完到地侧两边，作业机组可以顺时针或逆时针离心播种。

播种机作业时，不论采用哪种方法都要预先考虑好如何播地头。一种方法是在播最后一个行程前，先把一侧地头播好，待最后一个行程播完后，再播另一侧地头。另一种方法是在地块两侧留出与地头等宽的地带先不播种，待地块里面播完后，再绕播地头和两侧预留部分。

八、注意事项

(1)工作前要检查播种机的技术状态，传动链张紧度应符合要求，地轮轴、排种轴等应转动灵活；各部位应连接可靠，不漏种；要确定合适的加种点和每次加种量，一般加种点应高于地头，尽量避免在播种行程中加种。

(2)播种时应尽量避免停车；必须停车时，应在起步时在开沟器前1 m范围内撒些种子后再开始工作；开沟器未升起时严禁倒退或转弯；地头转弯时，必须把开沟器、划印器升起，并降低拖拉机行走速度。

(3)播种时应确保直线行驶，以防漏播与重播；更换不同的种子时，必须将种子箱清扫干净。

(4)播种过程中禁止进行调整、修理和润滑工作；悬挂播种机在运输状态下严禁坐人；工作部件和传动部件黏土或缠草过多时，应停车清理。

(5)驾驶员与农具手之间应规定联络信号，当农具手发出开车信号之后，驾驶员才能开动拖拉机；当工作中农具手发出停车信号时，驾驶员必须立即停车，以便及时排除故障，防止事故的发生。

(6)种子箱内的种子在作业中不要全部播完，至少应保留足以盖满全部排种器的一定量的种子，以防断播。

九、维护与保养

（一）班次维护与保养

（1）每天工作后，应清理机器上的泥土、杂草等物，特别注意将传动系统清理干净；检查各部件是否处于良好状态，紧固各连接螺钉；向各润滑点加注润滑油。

（2）作业后及时清扫肥料箱内残存肥料，防止腐蚀机件；盖严种箱和肥箱，必要时用苫布遮盖；落下开沟器，将机体支稳。

（二）存放维护与保养

（1）作业季节结束后，清除种子箱、排种箱和排肥器内的残留种子及肥料，用水将肥料箱冲净并擦干，箱内涂上防锈油。

（2）检查主要零件的磨损情况，必要时予以更换；圆盘式开沟器应卸开进行清洗与保养后再装好；各润滑部位加注足够的润滑油；在链条、链轮等易锈部位涂上废机油或黄油，以防锈蚀。

（3）把输种管、输肥管卸下，单独存放；橡胶输种管卸下后，管内要填一木棒或干沙等，避免挤压、折叠变形。

（4）掉漆处重新涂漆。

（5）开沟器须分解，用柴油清洗后重新装配并注油。

（6）播种机应放在干燥通风库房内或棚内保管，若在露天存放时，应有遮盖物。存放时，应将机架支撑牢固，将开沟器、覆土器用木板垫起，支离地面，不与土地直接接触，橡胶轮应避免长期受压和日晒。

十、常见故障及排除方法

播种机常见故障及排除方法见表 3-1-1。

表 3-1-1　播种机常见故障及排除方法

故障名称	产生原因	排除方法
漏播	1. 排种器、输种管堵塞 2. 输种管损坏 3. 槽轮损坏 4. 地轮镇压轮打滑或传动不可靠	1. 清除种子中杂物，清除输种管管口黄油或泥土 2. 修复更换 3. 更换槽轮 4. 检查排除

续表 3-1-1

故障名称	产生原因	排除方法
不排种	1. 链条断开 2. 弹簧压力不足,离合器不结合 3. 轴头连接处轴销丢失或剪断	1. 检查各处有无阻卡 2. 更换损坏零件 3. 更换损坏零件
不排肥	1. 大锥齿轮上开口销剪断 2. 肥料箱内肥料架空 3. 进肥或排肥口堵塞	检查排除
开沟器堵塞	1. 圆盘转动不灵活 2. 圆盘晃动,张口 3. 土质黏 4. 润滑不良 5. 工作中后退	1. 增加内外锥体间垫片 2. 减少内外锥体间垫片,调整锁紧螺母 3. 清除泥土 4. 注润滑油 5. 清除泥土
开沟器升不起来或升起后又落下	1. 滚轮磨损严重 2. 卡铁弹簧过松 3. 双口轮与轴连接键丢失 4. 月牙卡铁回转不灵	更换零件

十一、考核方法

序号	考核任务	评分标准(满分 100 分)			
		正确熟练	正确不熟练	在指导下完成	不能完成
1	指出各零部件的名称、作用	5	4	3	1
2	播量的计算	10	8	6	4
3	播量的调整及试验	10	8	6	4
4	穴播机排种量的调整	10	8	6	4
5	穴播机行距调整	10	8	6	4

续表

序号	考核任务	评分标准(满分 100 分)			
		正确熟练	正确不熟练	在指导下完成	不能完成
6	穴播机开沟器的调整	10	8	6	4
7	划印器臂长的调整	5	4	3	1
8	播种质量行距的检查	5	4	3	1
9	播种质量覆土深度的检查	5	4	3	1
10	播种质量穴距和每穴粒数的检查	5	4	3	1
11	断条率和空穴率的检查	5	4	3	1
12	作业方法	5	4	3	1
13	保养及使用注意事项	5	4	3	1
14	常见故障及排除方法	5	4	3	1
15	工具的选择与使用	5	4	3	1
总分	优秀:>90 分　良好:80～89 分　中等:70～79 分　及格:60～69 分　不及格:<60 分				

任务 2　免耕播种机的使用与维护

一、目的要求

1. 了解免耕播种机的结构。
2. 掌握免耕播种机的调整方法。
3. 熟练掌握免耕播种机的正确使用方法。
4. 懂得免耕播种机的维护与保养方法。
5. 掌握免耕播种机常见的故障现象、产生原因及排除方法。

二、材料及用具

免耕播种机、装拆工具。

三、实训时间

6 课时。

四、免耕播种机的结构

如图 3-2-1 和图 3-2-2 所示，为 2bycf-4 型玉米免耕施肥播种机及 2bycf-3 型玉米免耕精量播种机的总体结构图。主要结构有：

图 3-2-1 2bycf-4 型玉米免耕施肥播种机

图 3-2-2 2bycf-3 型玉米免耕精量播种机

(1)悬挂装置 主要由上悬挂板、斜拉板和下悬挂板组成。

(2)万向节 主要由花键节叉、方轴节叉、方轴套管节叉、十字轴组成。

(3)齿轮箱总成 主要由箱体、齿轮轴、锥齿轮、直齿轮、花键轴、轴承和箱盖等组成。箱盖设有加油孔，箱体设有油位观察孔，箱底设有放油孔。

(4)旋耕刀轴总成 主要由旋耕刀具和左、右刀轴组成。

(5)排种(肥)链传动 镇压轮做驱动轮，经两侧单、双链轮和链条分别传递到排种轴和排肥轴，带动排种、排肥轴转动。

(6)种、肥箱总成 主要由种子箱、肥料箱、排种器、排种轴、排肥器、排肥轴和播量调节手轮组成。

(7)种、肥开沟器 播种开沟器采用圆管尖角型，施肥开沟器采用滑刀型，开沟器前后排列，每组形成 1 行化肥和 2 行种子。开沟器间有防堵塞板，开沟器置于旋转刀具之间，以防止缠绕和堵塞。

(8)镇压器 采用两组镇压轮，镇压轮上有刮泥板，轮轴上有驱动链轮，两侧扇形板装有限位螺钉。

五、免耕播种机的工作过程

免耕播种机是在未耕翻的土壤上一次完成破茬开沟或浅耕、碎土、开沟、播种、施肥、覆土、镇压等多道工序的机具。一般是在播种机的基础上加上切断作物残茬和破土开沟的部件。旋耕碎土装置的动力由拖拉机的齿轮箱的动力输出齿轮带动，拖拉机机动力输出齿轮将动力传给旋切离合器，再经离合器轴将动力传至侧边链条箱，最终带动旋切刀转动。排种装置的动力则由拖拉机地轮轴上的链轮带动，地轮轴上的链轮通过链条传至排种箱的链轮，排种轴上的链轮经排种离合器将动力传至排种轴上。

免耕播种机工作时，旋切刀具一边随机组前进，一边旋转，完成切土、碎土和抛土的功能，被旋切刀抛起的土块受到罩壳的撞击而破碎；与此同时，种子箱的种子经排种器、输种管落至排种头，排种头分开后抛的土流，按一定的宽度下种。在旋切刀抛起的土块及橡胶挡泥板的共同作用下，土块对排种头落下的种子进行覆盖。播种后较为疏松的土壤再经镇压轮镇压，使土壤与种子结合更加紧密。

六、内容及操作步骤

（一）免耕播种机的安装

1. 刀具的安装

刀轴旋转方向与拖拉机轮胎转动方向一致，安装刀具时，要保证刀刃先入土，切忌反装。

（1）根据种植作物所需的行距，确定犁刀与镇压轮的数量。

（2）把犁刀和镇压轮安装成组。

（3）在犁刀梁上安装限位板，紧固螺丝。

（4）将双犁刀圆盘安装在双犁刀固定架上。

（5）把犁刀梁与双犁刀固定架连接稳固。

（6）犁刀圆盘两侧安装防尘帽，以防灰尘进入。

（7）将大、中、小 3 种型号的弹簧套在一起，安装在弹簧支架上。

注意：根据播种行数，确定每组犁刀的安装位置。当播种行数为奇数时，先在机架中央固定安装一组，之后按所要求相同行距安装其余几组。当行数为偶数时，先找出机架中心线位置，再将行距分为左右各半处，先固定安装两组，随后将其余几组按所要求相同行距安装固定。

2. 镇压轮的安装

将镇压轮的一端与连接犁刀的支架对接，然后用螺栓连接紧固。将弹簧一端连接支板，另一端与镇压轮上的拉杆连接，连接好以后，拽出拉杆，插入销轴固定。将这一组犁刀与镇压轮推入免耕播种机的机架下，与免耕播种机连接。

3. 种、肥开沟器的安装

要求施肥开沟器在前，播种开沟器在后，用 2 个螺栓和 1 个卡子固定。根据农艺要求调整其上下位置，保证播种和施肥深度。

4. 万向节的安装

万向节两头有两个大小不同的内花键，其中小孔与拖拉机动力输出轴相接，大孔与播种机的动力输入轴相接，安装后两头花键节叉应在一个平面内。

(二)免耕播种机的调整

1. 排种、排肥部件的调整

(1)免耕播种机的排种量的调整是通过播量调节杆来实现的。种箱上有刻度盘，播量调节杆所在位置数字越大，则排种量越大。

(2)播小籽部分调整。免耕播种机设有小种箱，用于播种小粒种子。松开排种调节器总成上的螺栓，然后沿逆时针方向转动调节手轮，调节手轮转动圈数越多，排种量越大，调节手轮上的刻度越大，排种量就越大。

(3)排肥量的调整。排肥量的调整是通过调整排肥变速箱上的滑移齿轮实现的。调整滑移齿轮前，先拔出排肥变速箱上的插环，抽出齿轮轴承。变速箱上有两个滑移齿轮拉杆，按照拉杆上的刻度对照说明书上的排肥量调整表，就可以得到所需要的排肥量。确定排肥量以后，再推回齿轮轴承，插下插环即可。

2. 机具水平调整

升起机具，使犁刀和开沟器离开地面，查看犁刀的刀尖和开沟器的底部是否水平一致，不一致时，调节拖拉机后悬挂左右拉杆和中央斜拉长度来调整。

3. 播种施肥深度的调整

(1)改变拖拉机后悬挂上拉杆的长度和两组镇压轮两侧摇壁上限位销的位置，可同步改变播种和施肥深度，同时也同步改变耕深。

(2)分别改变种、肥开沟器的安装高度，可分别调整播种和施肥深度。

4. 镇压器的调整

通过同时改变两组镇压轮两侧摇臂上限位销的位置实现镇压压力的调整，上限位销越向下移，镇压压力越大，反之则越小。

(三)免耕播种机的检查

免耕播种机在使用之前，要做如下检查：

(1)检查紧固部件是否牢固，各传动部件是否转动灵活，润滑是否良好。

(2)检查播种量、施肥量是否符合要求。

(3)检查排种、排肥器转动是否自如，排肥、排种管道是否畅通。

(4)开沟器行距是否正确。

(5)种子是否清洁、干燥，不得夹杂秸秆、石块，以防堵塞排种口，影响排种量。

(6)种子箱内的种子不得少于种箱容积的 1/5。

七、免耕播种机的使用

(1)将播种机的牵引架与拖拉机连接。连接时，调整牵引架上的调节杆来控制牵引架的高度，免耕播种机与拖拉机接合后，用插销固定。播种机与拖拉机挂接后，不得倾斜，工作时应使机架保持水平状态。

(2)将液压油管与拖拉机连接，拧开开关。

(3)启动拖拉机，调整开沟器上方的弹簧，通过调整弹簧的松紧度，使开沟器与地面接合，然后紧固弹簧上的螺丝，固定位置。

(4)行走前，升起播种机机身，把机架支腿升起来。

(5)机具与具有力、位调节液压悬挂机构的拖拉机配套使用时，应采用位调节，并将其手柄置于提升位置，严禁使用力调节，以免损坏机具，位调节手柄向下移动，机具下降，反之上升。

(6)播种开始时，应边起步边缓慢降下播种机，以免泥土堵塞导种管和导肥管。

(7)作业时，要安排人随时观察排种、排肥和其他传动部件的工作情况，发现故障时停车，及时排除。

(8)播种速度控制在 10 km/h 左右。

(9)试播。先在地头试播 10～20 m，观察播种机的工作情况，达到农艺要求后再进行正式播种。

(10)播种机组在工作行程中，要尽量避免停车，必须停车时，为防止出现缺苗断条现象，应将播种机升起，后退一定距离，再继续播种。下降播种机时，要在拖拉机缓慢前进时降下。

八、维护与保养

(一)班次作业后的维护与保养

(1)检查并拧紧各部位的紧固件。

(2)检查齿轮箱油位并保持规定油面。

(3)轴承和万向节加注黄油，链条及各转动部位加注滑润油。

(4)清除机具上的秸秆和泥土。

(5)检查各部件有无损坏，及时更换和修复损坏零件。

(二)作业周期后的维护与保养

(1)更换齿轮油，检查齿轮磨损情况，必要时调整或更换。

(2)检查油封和垫圈是否有效。

(3)检查轴承的磨损情况,必要时调整或更换;检查紧固件、刀具、种肥箱及护板等部件的锈蚀磨损情况,并及时处理。

(4)检查链传动部件和各运动零件磨损情况,必要时调整或更换。

(5)彻底清除种肥箱内的种子和化肥,清除机具上的泥土污物,加润滑油。

(6)机具长期不用时,要存放在室内通风干燥处,链轮、链条及其他外露件应涂防锈油。

九、常见故障及排除方法

免耕播种机常见故障及排除方法见表 3-2-1。

表 3-2-1 免耕播种机常见故障及排除方法

故障现象	故障原因	排除方法
整体排种器不排种	1. 种子箱缺种 2. 传动机构不工作,驱动轮滑移不转动	1. 加满种子 2. 检修、调整传动机构,排除驱动轮滑移因素
单体排种器不排种	1. 排种轮卡箍,键销松脱转动 2. 输种管或下种口堵塞	1. 重新紧固排种轮 2. 清除输种或下种口杂物
播种量不均匀	1. 作业速度变化大 2. 刮种舌严重磨损 3. 外槽轮卡箍松动,工作幅度发生变化	1. 保持匀速作业 2. 更换刮种舌 3. 调整外槽轮工作长度,固定好卡箍
播种深度不够	1. 开沟器弹簧压力不足 2. 开沟器拉杆变形,使入土角变小	1. 调紧弹簧,增加开沟器压力 2. 校正开沟器拉杆,增大入土角
种子破碎率高	1. 作业速度过快,使传动速度过高 2. 排种装置损坏 3. 排种轮尺寸、形状不适应 4. 刮种舌离排种轮太近	1. 降低作业速度并匀速作业 2. 更换排种装置 3. 换用合适的排种轮(盘) 4. 调整好刮种舌与排种轮距离
漏播	1. 输种管堵塞、脱落,输种管损坏 2. 土壤湿黏,开沟器堵塞 3. 种子不干净,堵塞排种器	1. 检查,排除 2. 在土壤条件合适的条件下播种 3. 将种子清选干净

续表 3-2-1

故障现象	故障原因	排除方法
开沟器堵塞	1. 播种机下降过猛 2. 土壤太湿 3. 开沟器入土后倒车	1. 停车,清除 2. 适墒播种 3. 作业中禁止倒车
覆土不严	1. 覆土板角度不对 2. 开沟器弹簧压力不足 3. 土壤太硬	1. 正确调整覆土板角度 2. 调整弹簧,增加开沟器压力 3. 增加播种机配重
行距不一致	1. 开沟器配置不正确 2. 开沟器固定螺栓松动 3. 作业组件限位板损坏	1. 正确配置开沟器 2. 重新紧固开沟器螺栓 3. 更换限位板
邻接行距不正确	1. 划印器臂长度不对 2. 机组行走不直	1. 校正划印器臂的长度 2. 机组走直
排肥方轴不转动	1. 肥料太湿,肥料过多 2. 肥料颗粒过大,造成堵塞	1. 清理螺旋排肥器 2. 敲碎大块肥料

十、考核方法

序号	考核任务	评分标准(满分 100 分)			
		正确熟练	正确不熟练	在指导下完成	不能完成
1	指出各零部件的名称、作用	5	4	3	1
2	刀具的安装	10	8	6	4
3	镇压轮的安装	10	8	6	4
4	万向节的安装	5	4	3	1
5	种子开沟器的安装	5	4	3	1
6	肥料开沟器的安装	5	4	3	1
7	排种量的调整	10	8	6	4
8	排肥量的调整	10	8	6	4
9	机具的水平调整	10	8	6	4
10	镇压器的调整	5	4	3	1

续表

序号	考核任务	评分标准(满分 100 分)			
		正确熟练	正确不熟练	在指导下完成	不能完成
11	播种深度、施肥深度的调整	5	4	3	1
12	免耕播种机的使用	5	4	3	1
13	免耕播种机的维护及保养	5	4	3	1
14	常见故障及排除方法	5	4	3	1
15	工具的选择与使用	5	4	3	1
总分	优秀:>90 分　良好:80～89 分　中等:70～79 分　及格:60～69 分　不及格:<60 分				

任务 3　气吸式精量播种机的使用与维护

一、目的要求

1. 了解气吸式精量播种机的结构。
2. 理解气吸式精量播种机的工作原理。
3. 掌握气吸式精量播种机的调整方法及正确使用与维护方法。
4. 熟练掌握气吸式精量播种机的常见故障及排除方法。

二、材料及用具

精量播种机一台、装拆工具。

三、实训时间

6 课时。

四、气吸式精量播种机的结构

如图 3-3-1 所示,是气吸式精明播种机的整体结构图,主要由主梁、上悬挂架、下悬挂架、2 个划印器、风机、种肥箱、地轮、开沟器、覆土镇压机构等组成。2 个划印器安装在主梁的两侧,上悬挂架和下悬挂架固定在主梁的两端,风机安装在上悬挂架上,种肥箱通过支架固定在主梁上。施肥开沟器安装在主梁上,播种开沟器通过仿形机构装配在主梁上,覆土镇压机构安装在排种开沟器的后部。本机可在未耕翻的麦茬地上直接进行破茬开沟施肥、播种，也可以在玉米地经秸秆还田后进行圆盘开沟播种、覆土、镇压等工序。节省时间，效率高，阻止水土流失、抗旱抗涝，增加土壤有机质，改善土壤结构，还可以节省大量工时、种子、能源，增加产量。

图 3-3-1　气吸式精量播种机的结构

五、气吸式播种机的工作原理

气吸式播种机工作是由高速风机产生负压，传给排种单体的真空室。排种盘回转时，在真空室负压作用下吸附种子，并随排种盘一起转动。当种子转出真空室后，不再随负压，靠自重或在刮种器作用下落在沟内。其工作质量可以用空穴率、重播率来评价。在播种机气吸体上，通过更换不同的排种盘和不同传动比的链轮，即可精密播种玉米、大豆、高粱、小豆及甜菜等多种作物。气吸式播种机可单行、双行作业，通用性强，并能一次完成侧施肥、开沟、播种、覆土和镇压作业。

六、内容及操作步骤

（一）气吸式播种机的调整

1. 播种机与拖拉机的挂结

播种机采用三点悬挂方式与拖拉机连接。挂结时，先挂下悬挂点，后挂上悬挂点。调整上悬挂杆长度，使机架在工作状态下处于水平状态。插下安全销，拉紧限位链。提升机具使地轮离地，不可以用改变上拉杆长度的方式来调整开沟器的深度。用万向节把拖拉机的动力输出轴和风机大带轮连接起来，注意插好安全销，挂好动力输出轴挡，在水平状态先使风机低速试运转，观察风机状态是否正常。

2. 调整株距

根据农艺的具体要求，做出合适的调整。通过更换链轮位置来改变排种的转数或增减排种盘的孔数来调整株距。

3. 调整排种粒数

首先，将排种器中弧型板的固定螺栓松开，转动刮种器，同时启动风机，转动地轮，使排种盘下种，观察吸种情况，当达到要求后，再将刮种器固定。

4. 调整种、肥深度

松开固定播种开沟器的螺栓，通过开沟器柄上的长孔来调整开沟器深度，达到要求后将螺栓紧固。松开固定施肥开沟器的 B 形卡丝，上下移动开沟器，达到要求后，将其固定好。

5. 调整施肥量

旋转丝杆，松开螺栓，可改变排肥轮的工作长度，由此通过调整排肥轮的工作长度来调整施肥量。需要增加施肥量时，增加排肥轮的工作长度，反之则缩短。初调时，由小逐渐增大。注意将各行排肥量调整一致，调好后，锁紧螺栓。其次，可通过调整活门位置来调整施肥量。排肥活门有 2 个位置，可根据肥料的颗粒大小和流动情况来调整，活门完全打开，排肥量增大。

6. 划印器臂长度的调整

划印器用于在地面上划出一条小沟，作为播种机驾驶拖拉机下行的基准。将螺栓松开，移动调节杆到合适的位置后，拧紧螺栓固定。改变圆盘与前进方向的角度，则可以改变划行的深度。划印器臂的长度确定后，必须进行试播，并进行必要的校正，直到确认行距准确无误后，再进行正式播种。

（二）气吸式精密播种机的使用

1. 播前准备工作

（1）种子准备　需要精选不含杂质、发芽率达到 95％以上的种子。根据实际情况，可进行种子药剂处理，但应该严格禁止使用粉剂拌种，以防药力失效和堵塞排种盘的吸种孔。

（2）化肥准备　化肥应选用流动性好的颗粒肥，要求肥料无杂质、无潮结现象。

2. 作业播种

作业前，提升机具。使播种机离开地面，风机空转 3～5 min，观察有无异常现象和声音，运转正常方可进行作业。发现问题应及时排除。播种时，落下机具的速度不能过快，以免损坏机具。工作部件入土后，严禁倒退、转弯。作业到地头后应停车，首先升起划印器，然后提升机具。作业时，拖拉机液压分配器手杆应处在浮动位置。播种过程中，如遇到故障，必须切断动力，防止造成人员损伤。运输时，应将机具提升至最高点。

七、维护与保养

（1）及时清除各工作部件上的泥土。

（2）按照说明书的要求润滑各传动部件。

（3）每次作业后应及时检查各紧固件是否松动，零部件是否损坏、变形，传动皮带、链轮张紧是否适宜及刮种器固定是否牢固等。

（4）每次作业季节后，应检查各轴承间隙、齿轮啮合间隙是否标准。

（5）作业完毕后，清除机具表面泥土和杂物，将土壤工作部件、螺栓连接件表面及各调整部件涂上防锈油，各传动部件注满黄油或机油，放松各部弹簧，将排种器和排肥器清理干净，卷起排肥管和气吸管，不要折叠。

(6)架起主梁，使地轮不承受负荷，存放在平坦、干燥、防雨、防雪的地方。

八、常见故障及排除方法

气吸式精量播种机常见故障及排除方法见表 3-3-1。

表 3-3-1　气吸式精量播种机常见故障及排除方法

故障现象	故障原因	排除方法
排种量不稳定	1. 吸气管路有破损 2. 吸风机两侧轴承磨损严重 3. 拖拉机转速降低或动力输出轴故障 4. 传动系统如三角传动带陈旧、摩擦严重、拉长、松弛等造成风机转速下降 5. 排种盘变形、锈蚀或种室变形等使排种盘与种室接触不严密，产生漏气，一部分种子不被吸附 6. 种子清选不好，混有杂物，将排种盘孔堵塞，造成漏播 7. 选用的排种盘型号不当，孔眼或条孔过小	1. 更换 2. 修复或更换 3. 排除故障，提高转速 4. 更换 5. 校正或更换 6. 清选种子 7. 更换适宜的排种盘
完全不播种	方轴、轴套、伞齿轮、万向节、排种器等严重磨损、变形	修复、校正或更换
播种深度不符合要求	1. 开沟器磨损，入土困难 2. 深浅调节丝杠和调节螺母磨损严重 3. 拉力弹簧减弱	1. 修复开沟器 2. 更换或修复 3. 更换弹簧或改变其挂接点
不排种	1. 种子量不足 2. 吸气管脱落 3. 吸气管堵塞 4. 排种器不密封 5. 传动失灵 6. 刮种器位置不对	1. 补充种子 2. 重新安装吸气管 3. 疏通吸气管 4. 修复 5. 修复 6. 调整刮种器至合适位置
开沟器入土过浅或过深	1. 镇压轮深度调节板插销位置不当 2. 开沟器弹簧调整不当	1. 调整镇压轮深度调节板插销位置 2. 调整开沟器弹簧

九、考核方法

序号	考核任务	评分标准(满分 100 分)			
		正确熟练	正确不熟练	在指导下完成	不能完成
1	指出各零部件的名称、作用	5	4	3	1
2	播种机与拖拉机的挂结	10	8	6	4
3	株距的调整	10	8	6	4
4	排种粒数的调整	10	8	6	4
5	播种深度的调整	10	8	6	4
6	施肥深度的调整	10	8	6	4
7	施肥量的调整	10	8	6	4
8	划印器臂的调整	10	8	6	4
9	播种机播前准备工作	10	8	6	4
10	气吸式精量播种机的使用方法	5	4	3	1
11	气吸式精量播种机的保养与维护	5	4	3	1
12	常见故障及排除方法	5	4	3	1
总分	优秀:>90 分　良好:80～89 分　中等:70～79 分　及格:60～69 分　不及格:<60 分				

任务 4　插秧机的构造观察与调整

一、目的要求

1. 了解水稻插秧机的构造。
2. 掌握插秧的技术要求。
3. 掌握水稻插秧机主要部件的使用和调整方法。

二、材料及用具

2ZT-935 型、2Z-6 型水稻插秧机，随机各种工具，秧苗和秧盘。

三、实训时间

6 课时。

四、结构

如图 3-4-1 所示，插秧机工作部件主要由万向节，工作传动箱，秧箱、移箱机构，送秧机构和分插机构等组成。

图 3-4-1　插秧机的总体结构图

五、工作原理

发动机分别将动力传递给插秧机构和送秧机构，在两机构的相互配合下，插秧机构的秧针插入秧块抓取秧苗，并将其取出下移，当移到设定的插秧深度时，由插秧机构中的插植叉将秧苗从秧针上压下，完成一个插秧过程。同时，通过浮板和液压系统，控制行走轮与机梁的相对位置和浮板与插针的相对位置，从而能在秧田不平时，使得插秧深度基本一致。

六、内容及操作步骤

(一)插秧机对秧苗的要求

(1)对机插秧洗根大苗的要求　洗根大苗根的长度要小于 80 mm，秧茎粗壮，直立有劲，组织稍微硬化。秧苗长度一般为 200～350 mm，从秧田拔出后应将根上的泥洗净，防止因分秧困难而造成伤秧和勾秧。

(2)对带土小苗的要求　秧块上的秧苗数必须合适、分布均匀，它直接影响插秧时每穴的株数和均匀度，也是造成漏插的重要原因。因此，要求育秧时一定掌握好播量，均匀撒播。带土苗移栽的关键在于带土，泥土厚 18～28 mm；铲秧要求泥厚 15～25 mm。采用工厂化盘式育秧可获得土层质量、秧苗密度和均匀度良好的带土苗，最适用于机插。带土小苗适合的高度为 100～180 mm。

(二)插秧机对水田整地的要求

不论机插大苗还是机插小苗都要求浅插,就是要求插秧时田面有3 cm左右的浅水层。因为水层过深插秧会漂秧,过浅田面不平整,有些田无水分增加滑动阻力,降低插秧质量。要求田面平整、泥土细烂,并且整地后需经一昼夜以上的沉淀,以免拥泥,影响机插质量。适合机插的水田泥脚深度要小于350 mm,过深将使机插秧地轮下陷打滑,甚至无法行走。

(三)插秧机主要部件的调整

(1)取秧量的调整　取秧量的大小,取决于分离针伸进秧门的深度。可通过改变摆杆上端点在链箱后盖上的固定位置来调整。把分离针旋转到秧门位置的上方,然后松开摆杆固定在链箱后盖上的螺母,拧紧调节手轮,用取秧量标准块校正分离针尖部进入秧门的深浅来调整取秧量的多少。利用取秧量标准块将各分离针调整一致,拧紧锁紧螺母。

(2)插秧深度的调整　插秧深度可通过调节螺杆,改变栽植部分(链箱)与秧船的相对高度,进行调整。转动插秧深浅调节手柄,改变链箱与秧船底板之间的距离。距离越小,插秧越深,反之则越浅。

(3)穴距的调整　插秧株距由农业技术要求决定,株距的大小决定于插秧机的前进速度。多数插秧机通过改变前进的速度来调整穴距,即变动变速操纵杆的位置,而保持分插机构每分钟插秧次数不变。还有少数插秧机更换变速箱内的主动齿轮(随机附有不同齿数的主动齿轮),达到插秧机前进速度的改变。

(4)由插大苗换插小苗的调整　插大小苗两用插秧机在由大苗改插带土小苗时,应换用插带土小苗的秧爪,并装上推秧器,同时卸掉阻秧毛刷,将钢丝帘上端条向内倾。有的插秧机还需要更换秧门。按照说明书的规定调整移箱器的棘轮或滑块等安全装置,使其按插小秧要求进行移箱。

(5)分离针与秧门侧间隙的调整　分离针与秧门侧间隙应为1.25～1.75 mm。此间隙可用移动栽植臂固定在曲柄上的左、右位置来调整。调整时,松开栽植臂曲柄在链轮轴间的夹紧螺母和摆杆与栽植臂的固定螺母,左右移动栽植臂,使分离针与秧门两侧间隙均匀,并在摆杆与栽植臂连接处增减插垫,使栽植臂与机器前进方向平行,且运动自如,符合要求后紧固螺栓与螺母。调整时注意取秧量的变化,需用取秧量标准块校正。

(6)分离针与秧箱侧壁间隙的调整　分离针与秧箱侧壁间隙应为1.0～1.5 mm。此间隙可用改变驱动臂在移箱轴上的固定位置来调整。用手拧动万向节轴,当秧箱处于两端点检查上述间隙。若不符合要求,可松开驱动臂在移箱轴上的固定螺栓，左右调整秧箱位置，调整后锁紧固定螺栓。

七、插秧机田间作业方法

如图 3-4-2 所示，一般采用梭形行走方法。

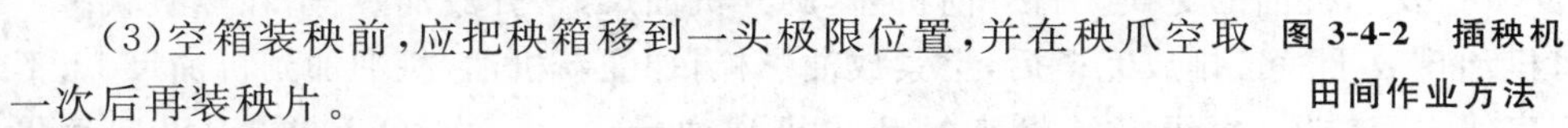

图 3-4-2 插秧机田间作业方法

八、注意事项

(1)在插秧机作业前，机手应对插秧机进行全面的检查和维护保养，使之保持良好的技术状态，投入插秧作业。

(2)启动机器前，要把主离合器和插秧离合器手柄放在分离位置上，在拉动启动手柄时，要注意防止发生身体碰伤的事故。

(3)空箱装秧前，应把秧箱移到一头极限位置，并在秧爪空取一次后再装秧片。

(4)向秧箱装入秧片时，要让秧片能自由滑下。必要时，可在秧箱与秧片间注水以利润滑。切不可用手推压，以避免秧片变形，影响插秧质量。

(5)当秧片插到接近送秧轮时，应及时装秧；装秧时，应使接头处对齐，不留空隙，也不准推压，以免接头处拱起。当秧片不能全部装入秧箱时，可将秧片尾部卷起放入秧箱内，切不可让其自由挂在箱外。

(6)操作插秧机时，变挡不允许猛推硬挂，挂挡后应平稳结合离合器，防止损坏零件。

(7)插秧过程中，装秧手应看护好插秧质量，发生故障或需要时应停车排除故障或进行调整。

(8)对好的作业小区，条件允许，应采用越埂作业，以减少插秧机回转空行程。同时，在通过田埂、水沟时，要低速缓慢通过。如通过高埂时，应挖低填平，确认安全后缓慢通过。

(9)装秧手和驾驶员应密切配合，安全作业。

(10)插秧作业时，机手不得用脚去清理行走地轮、行走传动箱间的杂物和泥土。

(11)插秧机转弯时不允许插秧，栽植臂应停在离地面一定高度(15 cm)的位置上，为此应先将定位离合器手柄放在“离”的位置，然后再换主变速手柄，以达到定位分离。

(12)长时间停插时，应将剩余秧片取出，清洗秧箱、秧门，清除送秧轮等处缠绕的秧根。

(13)当最后一个待插田的幅宽小于该项机工作幅宽时，应在插倒数第二趟时，拿掉相应的秧箱里的秧苗，以保证最后一趟用全工作幅宽插秧。

（14）作业中不要靠压秧箱，严禁用手触碰秧叉。

（15）工作中，船板挂链应处于放松状态，机重由秧船支撑，严禁船板在高吊状态下作业。

（16）陷车时不许抬工作传动部分，应抬船板，必要时，可在地轮前加一个木杠，使插秧机头自行爬出。

九、维护与保养

（一）日常保养

（1）发动机油的更换。打开前机盖，旋开机油尺，松开放油螺栓，在热机状态下将机油排放干净。排放完毕后，上紧放油螺栓，加注新机油，机油加到机油尺上、下刻度线中间位置，每天必须检查发动机机油油量。第一次 20 h 更换，以后每隔 50 h更换。

（2）齿轮箱油的更换。必须在热机状态下才能放油。旋开注油塞，松开检油螺栓，松开放油螺栓，放出齿轮油。排放干净后，拧紧放油螺栓。把机器放平，再在注油口处加入干净的齿轮油，直到螺栓口处出油为止。基本为 3.5 L。齿轮油可每个作业期更换一次。

（3）驱动链轮箱的加油。把机体前端提高，松开侧浮板支架，取出油封，注入 300 mL 齿轮油，装好油封，正确固定好侧浮板支架。

（4）插植部传动箱的加油。打开三个注油塞，每个注油口加注 1∶1 混合的黄油和机油约 0.2 L，每 3～5 d 加一次。

（5）侧支架和每个插植臂同样也要加入 0.2 L 1∶1 混合的黄油和机油。每天加入一次。

（6）摇动曲柄销需要注入黄油，四个摇动曲柄销的加油方法一致。

（7）新机器凡是有黄色标志的地方就要抹上黄油，尤其要注意的是：导轨滑块处、棘轮处、上导轨处、油压阀臂运转部、主浮板支架连接处、油压仿形及各黄色标志处。

（8）每天作业结束后应将插秧机用水清洗干净以利于第二天作业。

（9）每天应检查是否有螺栓丢失，如有应当及时补充，防止影响其他部件的正常使用。

（二）入库维修保养

（1）发动机在中速状态下，用水清洗，应完全清除污物。清洗后不要立刻停止运转,而要继续运转 2～3 min,以免水进入空气滤清器。

(2)打开前机盖,关闭燃油滤清器,松开油管放油,排放完毕后安装好油管,松开汽化器的放油螺栓,应完全放出汽化器内的汽油,以免汽化器内氧化、生锈和堵塞。

(3)为了防止汽缸内壁和气门生锈,打开火花塞,往火花塞孔注入新机油 20 mL左右,检查火花塞,如有积碳,用砂纸消除,将电极间隙调整在 0.6～0.7 mm 即可。安装好火花塞,将启动器拉动 10 转左右;安装好前机罩。

(4)连接主离合器,缓慢地拉动反冲式启动器,并在有压缩感觉的位置停下来。

(5)为了延长插植臂内弹簧的寿命,插植叉应放在最下面的位置,即压出苗的状态。

(6)主离合器手柄和插植离合器手柄为“断开”状态,油压手柄为“下降”状态,信号灯开关为“停止”状态下保管。

(7)清洗干净的插秧机应罩上机罩,并存放在灰尘、潮气少,无阳光直射的场所,防止风吹雨淋及阳光暴晒。

十、常见故障及排除方法

插秧机的故障主要发生在送秧和插秧机构部分,其常见故障见表 3-4-1。

表 3-4-1 插秧机常见故障及排除方法

故障现象	故障原因	排除方法
传动不正常	万向节销轴折断	更换销轴
栽植臂不工作	1. 秧门有异物 2. 链条活节脱落 3. 安全离合器弹簧力不足	1. 排除异物 2. 重新装好 3. 加垫调整或更换
栽植臂体内进泥	油封损坏	更换
栽植臂体内有敲击声	缓冲胶垫损坏或漏装	更换或补装胶垫
推秧器不推秧或推秧缓慢	1. 推秧杆弯曲 2. 推秧弹簧力不足或损坏 3. 推秧拨叉生锈 4. 栽植臂体内缺油 5. 秧叉变形 6. 推秧器与秧叉间隙不当	1. 校正 2. 更换 3. 保养 4. 注油 5. 校正 6. 校正

续表 3-4-1

故障现象	故障原因	排除方法
秧箱横移有响声	导轨和滚轮缺油或磨损	注油或更换磨损零件
纵向送秧失灵	1. 棘轮齿磨损 2. 棘爪变形或损坏 3. 送秧弹簧力不足或损坏 4. 送秧凸轮与送秧轴连接销脱落	1. 更换 2. 更换 3. 更换 4. 装销
秧箱两边有剩秧	1. 秧箱驱动臂夹子松动 2. 滑套、螺旋轴、指销磨损	1. 紧固 2. 更换
插秧离合器连接后不能插秧	1. 离合器拉线没有调整好 2. 株距调节手柄不在指定的挡位上	1. 调整离合器拉线 2. 株距调节手柄放在指定的挡位上
苗箱不能左右移动	横向移送齿轮啮合不良	调整横向移送变速杆
支架内部有异常声响	链条张紧松动	调整链条张紧装置
漂秧(浮苗)	1. 苗箱秧苗块水分不足 2. 插秧深度过浅 3. 表土过硬 4. 秧苗盘根不良 5. 插秧田块水太深	1. 给苗箱秧苗块浇水 2. 增大插秧浓度 3. 减慢插秧速度,下压手把 4. 选用盘根良好的秧苗 5. 放水至 1～2 cm
插植叉带回秧苗	1. 苗床土水分不足 2. 插植叉动作不良或变形 3. 插植叉与秧针间隙过大 4. 插秧田水不足	1. 给苗床浇水 2. 校正或更换插植叉 3. 减小插植叉与秧针间隙 4. 给插秧田灌水
插秧姿势不良	1. 苗箱水分不足 2. 稻田水多 3. 插植叉动用不良或变形 4. 橡胶导板伸缩不良及变形 5. 秧针严重性磨损或变形 6. 稻田土太软	1. 给苗箱浇水 2. 给稻田放水 3. 校正或更换插植叉 4. 检修橡胶导板 5. 校正或更换秧针 6. 稻田放水沉淀,推迟插秧或将浮板灵敏度向软的一方调节,降低插秧速度
穴株数多	1. 水分过多 2. 播种量过大 3. 秧针穴株数调节不良	1. 晾晒苗箱 2. 减少播种量 3. 调节秧针穴株数

续表 3-4-1

故障现象	故障原因	排除方法
缺秧	1. 播种量少，密度不均匀或出苗不齐 2. 苗床土太浅，秧苗拱起或秧苗溃散掉落 3. 苗床土太厚，引起取苗不畅或纵向滑动不畅 4. 取苗口调整不良，夹土或夹秧根 5. 秧针、推秧器严重磨损或变形或有异物 6. 苗床和稻田均为黏土且水量偏少 7. 秧苗块过宽	1. 增加取苗量并减少横向传送次数 2. 缩小压苗器间隙 3. 调大压苗器间隙，给秧苗浇足水 4. 清理取苗口，调整间隙 5. 校正或更换秧针、推秧器、排除异物 6. 苗床浇足水，稻田放水深1～3 cm 7. 减少秧苗块宽度至 28 cm
穴株数不均匀	1. 播种密度不均 2. 秧苗滑动不良 3. 送苗辊上缠有秧根	1. 选秧苗均匀的苗床 2. 放压苗器，给苗箱浇水 3. 清除送苗辊上的秧根
秧针碰取苗口	1. 秧针穴株数调节不良 2. 取苗口间隙调整不良 3. 摇动曲柄紧固螺母松动 4. 秧苗变形 5. 苗箱支架调整不良	1. 调整秧针穴数 2. 调整取苗口间隙 3. 紧固螺母 4. 校正或更换秧针 5. 调整苗箱左右支架
插秧深度不一致	1. 3 个浮板固定架孔位置不一致 2. 液压阀松动	1. 调整 3 个浮板固定架孔位置，使其位置一致 2. 检修
液压仿形不良	1. 液压钢丝调节不良 2. 苗支架拉绳调整不良 3. 传动皮带打滑 4. 液压油量不足	1. 调整液压钢丝 2. 调整苗支架拉绳 3. 调整皮带张紧度 4. 补充液压油量
秧苗不滑动	1. 苗箱水分不足 2. 苗幅过宽 3. 送苗辊上缠绕秧苗根	1. 给苗箱加水 2. 将苗箱适当竖向抖动 3. 清除缠绕秧根

续表 3-4-1

故障现象	故障原因	排除方法
秧粘在秧针上	1. 苗土黏性强,缺水 2. 黏土稻田里缺水 3. 阻拦棒位置不对 4. 插植叉压出缓慢	1. 给秧苗浇水 2. 稻田里加 2～3 cm 深水 3. 调整阻拦棒位置 4. 往插植臂上加油
浮板压土	1. 自动液压感应器的调节与土地硬度不匹配 2. 装在插秧机上的秧苗太多 3. 大田地表土太软	1. 将感应器调节杆往“软土”方向移动,直至故障消除 2. 卸下一部分秧苗 3. 放水沉淀后使表土变硬
浮板浮起	液压感应器的调节与土地硬度不匹配	将感应器调节杆往“硬土”方向移动,直至故障消除
插秧装置上下振动	1. 感应器调节杆过于偏向“软土”位置 2. 行走速度太快 3. 田间凹凸不平处太多 4. 中心浮板压在土块上	1. 将感应器调节杆往“硬土”方向移动,直至底 2. 降低发动机转速 3. 减慢插秧速度 4. 调整液压固定位置

十一、考核方法

序号	考核任务	评分标准(满分 100 分)			
		正确熟练	正确不熟练	在指导下完成	不能完成
1	指出各零部件的名称、作用	5	4	3	1
2	取秧量的调整	15	10	5	2
3	插秧深度的调整	15	10	5	2
4	穴距的调整	15	10	5	2
5	由插大苗换插小苗的调整	10	8	6	4

续表

序号	考核任务	评分标准(满分 100 分)			
		正确熟练	正确不熟练	在指导下完成	不能完成
6	分离针与秧门侧间隙的调整	10	8	6	4
7	分离针与秧箱侧壁间隙的调整	10	8	6	4
8	作业方法	5	4	3	1
9	保养及使用注意事项	5	4	3	1
10	常见故障及排除方法	5	4	3	1
11	工具的选择与使用	5	4	3	1
总分	优秀:>90 分　良好:80～89 分　中等:70～79 分　及格:60～69 分　不及格:<60 分				

任务 5　抛秧机的使用与调整

一、目的要求

1. 了解抛秧机的结构。
2. 能够根据当地农业技术要求,对抛秧机进行调整。
3. 掌握抛秧机的维护方法。

二、材料及用具

抛秧机、秧苗、装拆工具。

三、实训时间

6 课时。

四、结构

如图 3-5-1 所示，水稻抛秧机主要由动力部分、行走部分和抛秧工作部分组成。动力部分配用的多为小型汽油机或柴油机。行走部分可与机动插秧机或水田耕整机的行走机构通用，或更换少量零部件即可。主要由齿轮减速箱、驱动轮、船体组成。船体用来支撑抛秧机工作部分和平整田面。抛秧工作部分，主要由传动装置、抛秧装置、喂秧斗、储秧箱及机架等组成。

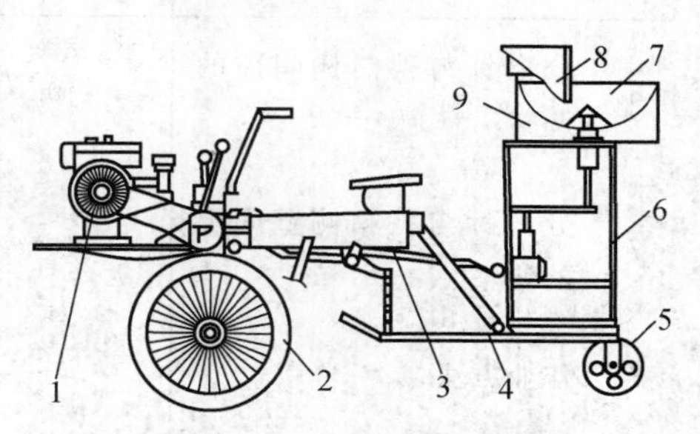

图 3-5-1 水稻抛秧机的结构

1. 动力部分 2. 驱动轮 3. 传动部分 4. 船板 5. 行走轮 6. 机架 7. 抛秧盘 8. 喂秧斗 9. 护罩

五、工作原理

如图 3-5-2 所示，当驾驶员操作抛秧机在田间匀速前进时，抛秧盘也作匀速旋转。喂秧手将秧苗连续、均匀地喂入抛秧盘。秧苗因自身重力作用沿锥面下滑至抛秧盘底面，在离心力和刮土板的作用下甩向抛秧盘边缘，最后从抛秧盘边缘斜向以一定的速度抛出。借助秧苗抛出时的动能及自身重力，像踢出的毽子一样，降落于田面的泥浆层，达到预期的入土深度，形成稳定、均匀的植株。

六、内容及操作步骤

1. 喂秧斗位置的调整

喂秧斗的位置决定了抛秧带所处的范围。试抛秧时，若抛秧带偏向机器左方，应将喂秧斗左移，反之，喂秧斗应移向机器右侧，确保抛秧带始终在机器前进的正后方，即喂秧口固定不动，喂秧斗左、右移动，可实现抛秧位置左、右移动，如图 3-5-3 所示。

2. 抛秧宽度的调整

喂秧斗的喂秧口所处位置与喂秧带的位置相对应。喂秧范围(喂秧段宽度)占喂秧口的比例大小决定了抛秧带的宽度，比例大，则抛秧宽度大。若全幅抛秧，应在整个喂秧口喂秧。这样即可满足不同抛秧幅度的需要。调整时，将喂秧口沿喂秧斗外圆的径向方向向里移动，抛秧宽度增加，反之，抛秧宽度减小。

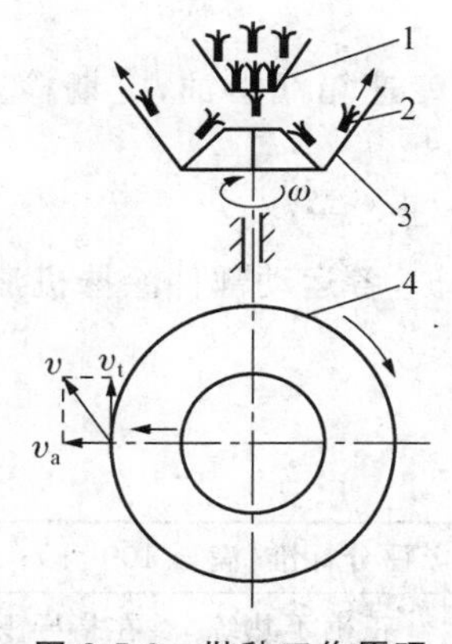

图 3-5-2　抛秧工作原理

1. 喂秧斗　2. 秧苗　3. 抛秧盘　4. 刮土板

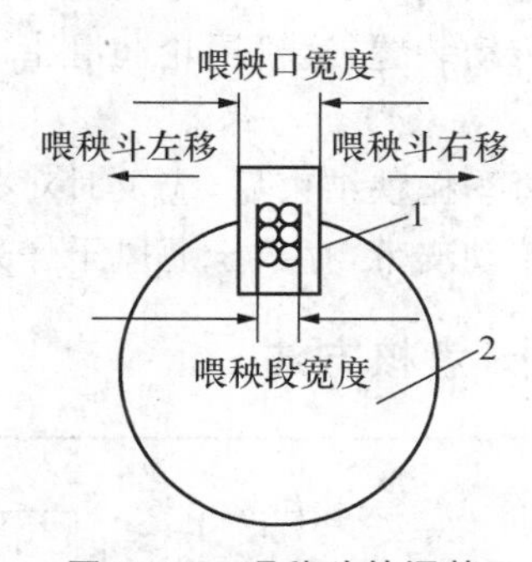

图 3-5-3　喂秧斗的调整

1. 喂秧口　2. 喂秧斗

3. 抛秧密度的调整

抛秧密度与机器的行进速度及喂秧量有关。喂秧量一定,机器速度越快,抛秧密度越小。机器速度一定,喂秧量越大,抛秧密度越大。工作时,驾驶员应控制抛秧机的行进速度,保持匀速行驶,喂秧手应均匀连续喂秧,以确保合理的栽植密度。初次使用时应在田头试抛秧,掌握合适的喂秧量。

七、作业方法

抛秧机田间作业一般采用梭形作业法。最后一个行程不足抛秧机底盘宽度时,应由人工补抛。

八、抛秧机的使用注意事项

(1)抛秧前先按农艺要求整理田面,将待抛秧苗运往田边。

(2)按使用要求,检查、调整各工作部件,确认无异常时,方可投入使用。

(3)按柴油机的使用操作要领,启动柴油机,正式抛秧前,先进行试抛秧,并进行必要的调整,以确保抛秧质量。

(4)应利用使用前、后及工作中装秧的空隙,及时清理黏附在抛秧盘内的泥土及其他杂物,以保证抛秧质量。

九、维护与保养

1. 班次维护与保养

每班工作前后须检查发动机曲轴箱润滑油,不符合要求时应添加或更换。

2. 定期维护与保养

定期检查、添加行走轮传动箱齿轮油及变速箱润滑油，定期检查并添加主轴、万向传动装置、运输尾轮润滑脂。

3. 存放维护与保养

每季抛秧结束后，应及时对整机进行维护，各运动部件涂抹机油以防生锈 放松各传动皮带，存放于通风干燥处。

十、考核方法

序号	考核任务	评分标准(满分 100 分)			
		正确熟练	正确不熟练	在指导下完成	不能完成
1	指出各零部件的名称、作用	10	8	6	4
2	喂秧斗位置的调整	20	15	10	5
3	抛秧宽度的调整	20	15	10	5
4	抛秧密度的调整	20	15	10	5
5	使用注意事项	10	8	6	4
6	抛秧机的保养	10	8	6	4
7	工具的选择与使用	10	8	6	4
总分	优秀：＞90 分　良好：80～89 分　中等：70～79 分　及格：60～69 分　不及格：＜60 分				

任务 6　钵盘育秧播种机组的使用与维护

一、目的要求

1. 了解钵盘育秧播种机组的构造。
2. 熟悉钵盘育秧播种机组的正确使用和调整方法。

二、材料及用具

(1)钵盘育秧播种机组一台。
(2)专用装拆工具一套。

三、实训时间

6 课时。

四、结构

钵盘育秧播种机组结构如图 3-6-1 所示。

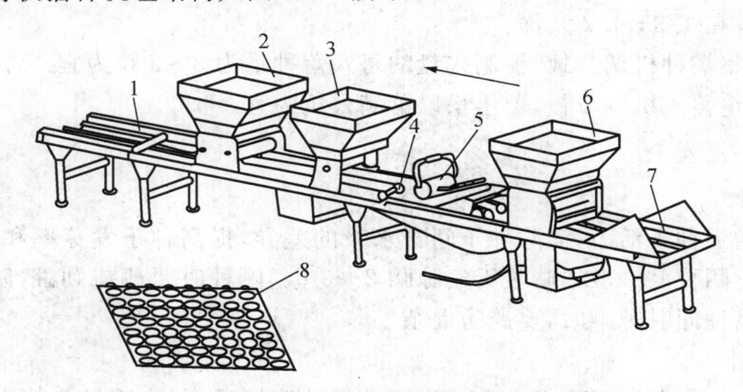

图 3-6-1 半自动钵盘育秧播种机组的结构

1. 后机架 2. 覆土机 3. 播种机 4. 喷水装置 5. 刷土辊 6. 铺土机 7. 前机架 8. 育秧盘

五、工作过程

钵盘育秧机工作过程如下：人工放盘→充土→洒水→播种→覆土→人工取盘。育秧时，首先将富含有机质的苗床土进行暴晒、消毒、粉碎、过筛、酸化处理，与肥料拌匀；按育秧的农艺要求，在清洗、晒干、消毒处理过的育秧钵盘上铺好苗床土；对稻种进行选种、消毒、浸种、催芽；将破壳后的稻种，用播种机精量均匀地播种在苗床上，覆盖面土后送入育秧室或育秧棚育苗。为保证秧苗粗壮、出苗均匀，育秧期间应密切注意育秧温室环境（光、温、水、肥、气）的变化。

六、内容及操作步骤

（一）准备工作

（1）备足秧盘。一般每亩用 561 孔的秧盘 45 片或 438 孔的秧盘 55 片左右。

（2）备好营养土（泥）。用壮秧剂 1 包平均分成两份，一份与 5 kg 过筛的细土充分拌匀后，撒在 10～14 m^2 的床面上；另一份与 75～85 kg 干细土混合拌匀后，装入秧盘孔中，然后浇透水，待播；采用营养泥的则是把一份壮秧剂撒施在平整的床面上，另一份和 150 kg 的稀泥拌匀装入秧盘中，待沉实后播种。

(3)摆好秧盘。旱地秧床在摆盘前要浇透水，秧盘摆放要整齐、靠紧、钵体要入土，不能悬空。

(4)运行前，先开启机器试运转，仔细检查各机具的技术状况，确认无异常后，方可投入使用。

(5)播种前先向播种机组添加少量土、种子，调整铺土机开度调节板，使秧盘每穴落土厚度在 1/3～1/2 穴深。

(6)调整播种机调节板，控制穴盘的每穴落种量为 3～5 粒为宜。

(7)调整覆土机调节板，覆土量以落满穴坑为宜。

(二)种子处理

1. 晒种

为了增强种子活力，消除种子间含水量的差异，提高种子发芽率和发芽势，播种前应进行晒种。一般选晴暖天气晾晒 2～3 d。晒种时要薄摊勤翻，防止弄破稻壳。几个品种同时晾晒时，要严防混杂。

2. 选种

用 50 kg 清水加食盐 10～11 kg，充分搅拌溶解后，制成质量分数为 16.7%～18.3%的盐水溶液，将脱芒稻种漂选后，用清水洗净盐分。大量选种过程中，溶液浓度逐渐变稀，要经常补充食盐 。对精选程度较高和发芽较好的稻种也可免选。

3. 浸种消毒

为将附着在种皮上的病菌杀死，消除恶苗病、稻瘟病、白叶枯病等通过种子传播带来的危害，浸种时要配合药剂进行消毒。水面要高出种面，保持水温 10℃以上 5～7 d，每天搅拌一次，一浸到底。

4. 催芽

催芽后播种出苗快，成秧率高，秧苗整齐。用催芽器或土法催芽，催芽温度应控制在 28～32℃，时间 24～36 h，以芽长 1 mm 左右为准。为防止烧芽或产生酒糟气味，在整个催芽过程中 ，必须经常检查、翻动，发现温度超过 35℃时，应立即松堆摊晾，降低堆温，并用清水洗净。

(三)整地作床

1. 苗棚规格

小棚高 0.5～1.0 m，两侧不低于 0.2 m；中棚高 1.5 m，宽 3～4 m；大棚高 2.0～2.5 m，宽 5～6 m。

2. 整地做床

将育苗地浅翻 5～10 cm，再耙细整平。强碱性土壤最好用 500 倍酸化水浇透，使其 pH 降到 5.5 左右，以防秧苗后期返碱发病。

3. 盘土准备

每盘用土量约 2.2 kg，用黏性壤质旱田土或水田与山黄泥，按容积 1∶1 比例混合，混合后用 0.5 cm 网眼筛过筛，再与床土调制混拌均匀，将 pH 调到 5 左右，有条件的农户也可用浓硫酸直接调节床土 pH 到 5 左右，再按苗期需肥比例混合氮、磷、钾及微肥。

（四）播种

1. 播种时间

播种的最早期限为 5 d，平均气温达到 7℃的时间；中西部盐碱区及小井稻区日平均气温 8℃较好，东北中部大体上以 4 月 10—15 日为宜。

2. 播种量

每钵体播催芽后的籽粒 2～4 粒。应用播种器，每盘用干种量：420 钵 20～40 g，435 钵 25～45 g。播种时，严格控制用种量，做到精播、匀播，先在盘孔中装一定量的营养土，然后再进行播种，杂交稻每孔保证 1～2 粒，常规稻 2～3 粒，最后填满孔中的土。如果赶着移栽，还可加盖拱膜，以缩短秧龄。

3. 播种方式

（1）简易播种器播种　把简易塑料钵盘平置于母板上，将配置好的床土装盘并用压土板压至 2/3 钵高，然后用配套播种器播种，播后覆土至与上口平。特别值得注意的是各钵孔间不能存留浮土，以免串根，影响移栽质量。这种作业方法简单，效率低。适合小面积的育秧作业。

（2）播种机播种　这是用一种钵盘育苗播种机，主要由机架、电动机、减速器、秧盘输送机构、传动机构、接秧盘架、铺土器、排种器、覆土器等组成。

（五）秧田管理

1. 秧床的管理

播种盖土后，用旱秧灵喷雾防除杂草、肥水管理采用干湿交替的灌水方法，看苗情墒情浇水，保持土壤湿润为宜，控制疯长，在起苗 5 d 前，看苗情适当施“送嫁肥”。秧田管理的关键是调控膜内的温湿度，出苗前保温保湿，一叶期控湿控温，二叶期开始通风炼苗、降湿促根，三叶期保温控湿、炼苗控高、增肥促蘖。

2. 病虫害的防治

苗床小秧病虫害一般有苗稻瘟、立枯病、青枯病、稻飞虱、螟虫等，要坚持预防为主，综合防治的原则，用乐果、富士一号各防治一次，把秧苗期发生的各类病虫害消灭在苗床内，减少菌源和虫源，在移栽 5 d 前再喷一次“送嫁药”。

(六)使用注意事项

(1)作业时应检查钵盘的技术状况,对有破损、穴盘深浅不一,未经消毒的钵盘应更换。

(2)铺土机送料应均匀连续,刷土应平整,压土紧度合适。

(3)检查播种的空穴率,必要时应补种,以确保出苗均匀。

(4)控制喷水装置喷水量与覆土机的覆土高度,做到湿润适宜,覆土均匀。

(5)将播种后的钵盘及时送入育秧室或育秧棚育苗。

(6)密切监控育秧室的温度、湿度条件,保证出苗及时、粗壮、均匀。

(7)防烧芽,壮秧剂(包括化肥)不过量、营养土要拌匀。

(8)防出苗不齐,湿润秧床湿播旱育一定要待泥沉实后播种。

(9)防串根,播种后秧盘上的泥土要清除干净,秧田清水不上畦。

(10)防秧苗徒长,用壮秧剂育秧,或用烯效唑浸种,适时喷施多效唑。

七、维护与保养

(1)工作前,检查各传动件润滑油,必要时应添加或更换。

(2)每班作业完毕,清理表面杂物,检查、固定各连接螺栓。

(3)定期检查各工作部件的工作技术状况,若有异常应及时排除。

(4)皮带老化变长、开度调节板及导流板的橡胶严重磨损后应及时更换。

八、考核方法

钵盘育秧播种机组的使用与维护考核标准

序号	考核任务	评分标准(满分100分)			
		正确熟练	正确不熟练	在指导下完成	不能完成
1	指出各零部件的名称、作用	10	8	6	4
2	使用前的准备工作	20	15	10	5
3	使用及注意事项	20	15	10	5
4	保养与维护	20	15	10	5
5	常见故障及排除方法	20	15	10	5
6	工具的选择与使用	10	8	6	4
总分	优秀:>90分　良好:80～89分　中等:70～79分　及格:60～69分　不及格:<60分				

任务 7　地膜覆盖机的使用与维护

一、目的要求

1. 了解地膜覆盖机的构造。
2. 熟悉地膜覆盖机的正确使用和调整方法。

二、材料及用具

(1)地膜覆盖机一台。
(2)拖拉机一台。

三、实训时间

6 课时。

四、结构

(一)简易覆膜机

简易覆膜机主要由开沟器、挂膜架、地膜卷辊、压膜轮和覆土器等组成,如图 3-7-1 所示。

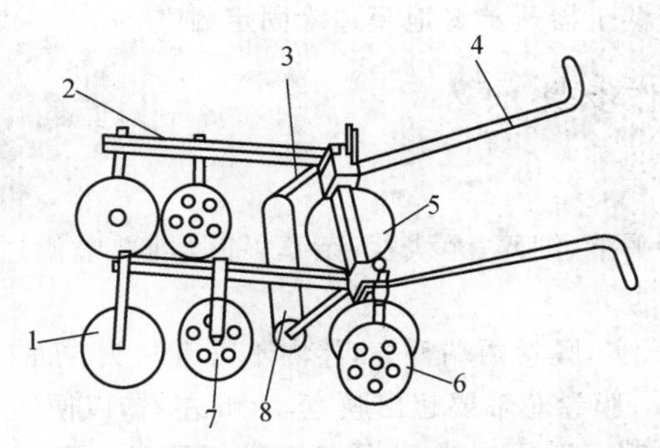

图 3-7-1　简易覆膜机的结构

1. 覆土圆盘　2. 机架　3. 挂膜架　4. 手柄　5. 开沟器　6. 限深轮　7. 压膜轮　8. 膜卷辊

（二）旋耕覆膜机

旋耕覆膜机主要由旋耕机、限深轮、起垄器、整形器、挂膜架、压膜轮、畦面镇压轮和覆土器等组成，其结构如图 3-7-2 所示。

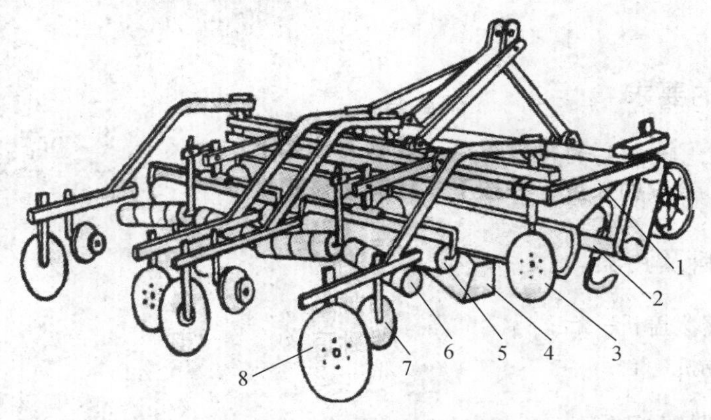

图 3-7-2 旋耕覆膜机的结构

1. 机架 2. 旋耕机 3. 起垄器 4. 整形器 5. 膜卷辊 6. 畦面镇压轮 7. 压膜轮 8. 覆土器

五、工作过程

旋耕覆膜机的工作过程：工作时，拖拉机牵引机组前进，动力输出轴驱动旋耕机刀齿进行旋耕，旋耕刀齿后抛的土壤被起垄器和整形器起垄成畦并整形，随后膜卷辊铺膜，畦面镇压轮将畦面压实并使薄膜紧贴土壤，两侧压膜轮滚压膜边，使薄膜横向拉紧，最后由覆土器覆土将地膜边缘固定封严。

六、内容及操作步骤

（一）准备工作

(1)铺膜地块要平整、细碎、无残茬、杂草；铺膜前要喷洒适量的农药和化学除草剂，以防止病虫草害。

(2)地膜卷应紧、实，膜卷两端整齐，卷内不得有断头、扭曲和折叠；地膜幅宽要比畦面宽 20～30 cm；膜卷芯轴要超出膜宽 3 cm 左右，以便装卡。

(3)按照使用说明书要求对地膜覆盖机进行调整。两开沟器的开沟深度应一致，其内侧距离应小于地膜幅宽 20～30 cm；两压膜轮间距与两开沟器间距相同，并在同一条直线上；覆土器位于压膜轮外侧，要保证两膜边都有足够的覆土量。

(4)正式覆膜前要进行试膜，调整铺膜机达到良好的铺膜质量后，再投入正常作业。

(二)地膜覆盖质量的技术要求

(1)地膜贴合率[覆后地膜可接受光照部分(采光面)和膜下架空高度大于2 cm 的部分的面积之差与采光面面积的比]大于95%。

(2)采光面利用率(实测露膜宽度的平均值与农艺要求数值的比)大于95%。

(3)皱折率(覆后地膜采光面上测定中起皱部分展平后的面积同起皱面积之差与测定面积之比)小于5%。

(4)漏覆土程度(地膜两侧的无土及覆土厚度、宽度不符合具体农艺要求部分的长度与测定长度的比值)不超过1%。

(三)调整

(1)整形器的调整　封闭整形器左右侧板的距离应等于畦宽，不符合要求可调整左右侧板。

(2)挂膜架的调整　挂膜架靠圆锥顶尖卡紧薄膜卷芯轴，卡得过紧，易把薄膜拉断；卡得过松，易造成薄膜纵向拉力不足，薄膜起皱，同时膜卷易震动脱落。调整时必须使夹紧力适当，可松开紧固螺钉进行调整，且挂膜架的左右位置应保证膜卷与整形器中心线重合。

(3)畦面镇压辊的调整　调整镇压辊的上下位置或弹簧张力，可以改变镇压辊对畦面的压力。

(4)压膜轮的调整　压膜轮的压紧力可通过改变压力弹簧的紧度来调整，并注意左右两轮压力一致。压膜轮的横向位置应使压膜轮压在薄膜边缘。

(5)开沟器和覆土器的调整　两者的安装宽度应与作畦宽度相适应。开沟深度或覆土量可通过改变入土深度或偏角大小来调整。

(四)作业技术操作要领

(1)机具从地头开始作业前，应将膜端头及两侧用土压实封严，两边压在压膜轮下。

(2)作业时，应保持直线行驶，注意机组前进速度要符合机具说明书的要求，不能忽快忽慢；人力牵引作业，两人行走要同步；畜力牵引作业要有专人牵管牲畜。

(3)作业中机手和辅助人员要随时注意作业质量和机组工作情况，发现问题及时处理。

(4)辅助人员应注意封压膜边，如有漏盖土的部位应及时盖土，并在覆好的膜面隔一定的距离在膜面上横向盖一些土，以防大风翻膜。

(5)机具作业到地头调头换行时,要切断地膜并封埋端头。

(五)使用注意事项

(1)机组进入每畦地头后,先拉展地膜铺在畦面上,将膜端和两侧压上适量的土,压膜轮压到地膜两边,然后开始作业。

(2)作业中,辅助人员要跟车随行,监视覆膜情况,每隔一定距离在膜面上用土压一条横带,防止地膜被风吹起。

(3)作业到地头后,要先在膜端压上适量的土,然后切断地膜,以免膜下灌风;有风时要避免顶风作业,以防膜下灌风鼓膜。

(4)作业时,机组不得倒退,并保持匀速、直线前进。

(六)地膜覆盖机的技术维护

(1)每班作业前要给各转动部件和升降丝杆加注黄油或机油一次,并及时检查、紧固各部件螺栓。

(2)作业季节结束,应将各零部件清理干净,润滑部位注满黄油;将与土壤接触的各工作部件表面涂上防锈油。

(3)将机具停放在通风干燥的库房内;压膜轮要单独存放,以防挤压变形。

七、常见故障及排除方法

地膜覆盖机常见故障及排除方法见表 3-7-1。

表 3-7-1 地膜覆盖机常见故障及排除方法

故障现象	故障原因	故障排除
膜面呈现皱纹	1. 斜向皱纹,左右压膜轮压力、高度或前后安装位置不一致 2. 纵向皱纹,机组作业前进速度过快,左右压膜轮压力过小,膜卷转动不灵或膜面压辊压力太大 3. 横向皱纹,机具前进速度太慢,左右压膜轮压力过大,膜卷芯管未顶实或膜面压辊压力过小	1. 调整压膜轮的安装位置 2. 保持机组直行,速度适中,调整压膜轮压力和膜卷的转动 3. 保持机组直行,速度适中,调整压膜轮、膜卷和膜面镇压轮

八、考核方法

地膜覆盖机的使用与维护考核标准

序号	考核任务	评分标准(满分 100 分)			
		正确熟练	正确不熟练	在指导下完成	不能完成
1	指出各零部件的名称、作用	10	8	6	4
2	整形器的调整	10	8	6	4
3	拉膜架的调整	10	8	6	4
4	畦面镇压辊的调整	10	8	6	4
5	压膜轮的调整	10	8	6	4
6	开沟器和覆土器的调整	10	8	6	4
7	使用前的准备工作	10	8	6	4
8	使用及注意事项	10	8	6	4
9	保养与维护	10	8	6	4
10	常见故障及排除方法	10	8	6	4
总分	优秀:>90 分　良好:80～89 分　中等:70～79 分　及格:60～69 分　不及格:<60 分				

习题三

1. 播种作业的技术要求有哪些?
2. 播种机的性能要求有哪些?
3. 谷物条播机如何进行播量计算及调整?
4. 如何进行田间试播?
5. 如何调整谷物条播的行距?
6. 如何调整穴播机的排种量?
7. 如何调整穴播机的行距?

8. 如何调整穴播机开沟器深度？

9. 划印器臂长的计算方法有哪几种？如何进行计算？

10. 如何检查播种机作业质量？

11. 播种机的作业方法有哪些？

12. 使用播种机时应注意哪些事项？

13. 如何对播种机进行保养？

14. 产生漏播的原因有哪些？如何排除？

15. 播种机工作时，不排种、不排肥的原因有哪些？如何排除？

16. 开沟器堵塞的原因有哪些？如何排除？

17. 开沟器升不起来或升起来又落下的原因有哪些？如何排除？

18. 简要说明免耕播种机的工作过程。

19. 免耕播种机的刀具如何安装？

20. 免耕播种机的镇压轮如何安装？

21. 免耕播种机的种肥开沟器如何安装？

22. 免耕播种机的万向节如何安装？

23. 免耕播种机的种肥部件如何调整？

24. 免耕播种机如何进行水平调整？

25. 如何对免耕播种机镇压器进行调整？

26. 如何调整免耕播种机的施肥深度？

27. 如何正确使用免耕播种机？

28. 如何对免耕播种机进行维护与保养？

29. 免耕播种机工作时，出现整体排种器不排种的故障原因有哪些？如何排除？

30. 免耕播种机工作时，出现单体排种器不排种的故障原因有哪些？如何排除？

31. 免耕播种机工作时，出现播量不均匀的故障原因有哪些？如何排除？

32. 免耕播种机工作时，出现播深不够的故障原因有哪些？如何排除？

33. 免耕播种机工作时，影响种子破碎率的因素有哪些？如何排除？

34. 免耕播种机出现漏播时，应检查哪些项目？如何排除？

35. 免耕播种机出现覆土不严时，应如何排除？

36. 免耕播种机出现行距不一致时，应如何排除？

37. 免耕播种机出现邻接行距不正确时，应如何排除？

38. 免耕播种机出现排肥方轴不转动时，应如何排除？

39. 简要说明气吸式精量播种机的工作过程。
40. 如何调整气吸式精量播种机的株距？
41. 如何调整气吸式精量播种机的排种粒数？
42. 如何调整气吸式精量播种机的施肥量？
43. 如何调整气吸式精量播种机划印器臂长度？
44. 如何正确使用气吸式精量播种机？
45. 如何对气吸式精量播种机进行维护和保养？
46. 插秧机对秧苗有哪些要求？
47. 插秧机对水田整地有什么要求？
48. 如何调整插秧机的取秧量？
49. 如何调整插秧深度？
50. 如何调整插秧穴距？
51. 当插秧机由插大苗转为插小苗时，应如何进行调整？
52. 如何调整插秧机分离针与秧门间隙？
53. 如何调整插秧机分离针与秧箱侧壁间隙？
54. 使用插秧机时应注意哪些事项？
55. 如何对插秧机进行维护与保养？
56. 当插秧机栽植臂不工作时，应检查哪些项目？如何排除？
57. 当插秧机推秧器不推秧或推秧缓慢时，应如何排除？
58. 当插秧机离合器连接后不能插秧时，应如何排除？
59. 当插秧机发生苗箱不能左右移动故障时，应如何排除？
60. 当秧苗出现浮秧（漂秧）时，应如何排除？
61. 当插秧机工作时，插植叉带回秧苗，应如何排除？
62. 当插秧穴株数不均匀时，应如何解决？
63. 当秧苗不滑动或秧苗粘在秧针上时，应如何解决？
64. 当插秧装置上下振动时，应如何解决？
65. 简要说明抛秧机的工作过程。
66. 如何调整抛秧机喂秧斗的位置？
67. 如何调整抛秧机的抛秧宽度和抛秧密度？
68. 使用抛秧机时应注意哪些事项？
69. 如何对抛秧机进行维护与保养？
70. 简要说明钵盘育秧机组的工作过程。
71. 钵盘育秧机组工作时，应注意哪些事项？

72. 如何对钵盘育秧机组进行维护与保养?
73. 简要说明地膜覆盖机的结构。
74. 简要说明地膜覆盖机的工作过程。
75. 简要说明地膜覆盖机的作业质量。
76. 如何对地膜覆盖机整形器进行调整?
77. 如何对地膜覆盖机挂膜架进行调整?
78. 如何对地膜覆盖机畦面镇压辊进行调整?
79. 如何对地膜覆盖机的压膜轮进行调整?
80. 如何对地膜覆盖机的开沟器、覆土器进行调整?
81. 简要说明地膜覆盖机的作业技术要领。
82. 使用地膜覆盖机时应注意哪些事项?
83. 当膜面出现皱纹时,应如何解决?

项目四 中耕机械

任务 中耕机械的使用与维护

一、目的要求

1. 了解中耕机的作用。
2. 掌握中耕机的结构。
3. 掌握中耕机的调整方法。
4. 掌握中耕机的使用与维护方法。
5. 掌握中耕机常见的故障及排除方法。

二、材料及用具

中耕机、装拆工具。

三、实训时间

6 课时。

四、结构

如图 4-1-1 所示，中耕机主要由机架、地轮、仿形机构、除草铲、松土铲、培土铲、施肥箱、传动部件、划印器等部分组成。

图 4-1-1 中耕机的结构

五、中耕作业要求

(1)能够满足不同行距的要求，调整方便。

(2)行走直，不摆动，不伤作物根系及幼苗。

(3)杂草出净率高，表土松碎，土壤位移小。

(4)中耕深浅一致，调整方便。

(5)仿形性好，不堵塞，不黏土，不缠草，不漏耕。

六、内容及操作步骤

(一)中耕机的调整

1. 机架的水平调整

机架工作中，前后、左右是否水平，将影响机具的入土角和工作部件入土深度。因此，在作业时，必使机架处于水平状态。

(1)机架左右水平调整　首先，通过地轮调整螺杆，保证机架左右高度一致；其次，伸长或缩短悬挂机构左右拉杆来实现机架左右水平。

(2)机架前后水平调整　通过伸长或缩短悬挂机构的中央拉杆来调整机架前后水平。如机架后倾，可缩短中央拉杆，如机架前倾，可伸长中央拉杆。

2. 机架高度调整

在正常情况下，起垄、趟地作业机架中心距地面高度为 725 mm；深松起垄、深松起垄施肥、垄沟深松作业，机架中心距地面高度为 600 mm。可通过伸长或缩短地轮装置上的调节螺杆进行调整。螺杆伸长，机架升高；螺杆缩短，机架降低。

3. 行距调整

行距指相邻两组工作部件犁铧尖之间的距离，作业时必须一致。

将机具放在平坦场地或将犁升起，使犁尖离开地面，以中间一组为基准，按照所要求的行距，左右依次移动调节支臂在机架上的位置，然后将卡丝固定的螺母拧紧。调整行距后，地轮中心线与对应的工作部件中心线一致。

4. 耕深调整

(1)犁铧耕深的调整　可通过移动仿形轮柄在仿形轮柄裤的位置即可调整耕深，注意顶丝头要顶入铧柄窝孔内，以防串动，上串耕深增加，下串耕深则变浅。

(2)深松深度的调整　如深松部件装在主梁上，可通过调节梁架高度调整耕深，机架高度增加，耕深变浅，反之耕深变深；如深松部件安装在铧柄裤上，可通过调整桦柄在深松裤中的安装位置调整耕深。

5. 排肥量的调整

松动排肥链轮紧固螺钉，然后转动排肥量调节套，改变槽轮工作长度，达到要求后，将螺钉拧紧，注意排肥口开度应一致。

6. 分土板开度调整

调整分土板开度可改变垄形及培土高度。作业时，可根据农艺要求和土地条件进行调整，其方法是调整分土板连接板的孔位。

7. 划印器的调整

用中耕机进行平地起垄或搅麦茬作业时，需要安装划印器，并根据行距和链轨压印部位调整划印器的长度，以保证邻接行距准确。

(1)划印器长度的调整　可将固定卡丝松动，按要求长度移动划印器方管在梁管内的位置，将卡丝拧紧。

(2)划印器钢丝长度的调整　将起落手柄置于中间位置，钢丝绳与起落臂连接，再将左右划印器抬到与机架平行的位置，最后将钢丝绳另一端与划印器拉环用钢丝绳卡丝紧固。

8. 护苗器的调整

(1)通过改变护苗板左右支板固定的销孔位置来调整护苗带的宽窄。调整时，应保持两个支板固定的销孔位置相对应，以免使护苗板偏向一侧。

(2)护苗板高度的调整，可通过护苗板支板上的孔和护苗板转动架上的孔进行调整。向上移，则护苗板升高，向下移，则护苗板降低。

(3)护苗板前后位置的调整，可移动固定在犁辕上的护苗板转动架进行调整。

(二)中耕机使用

1. 准备

(1)工作前必须检查发动机及变速箱内的润滑油是否充足。

(2)检查各传动部件是否转动灵活，如有运动不灵活或卡滞现象应予以排除。

(3)检查各紧固件是否松动，如松动必须及时进行紧固。

(4)按技术要求，检查各项调整是否正确。

(5)初次使用，必须试耕和进行操作实验。通过试耕，操作人员可进一步掌握操作业方法，并验证各项调整是否正确，方可进行正常作业。

2. 作业

(1)驾驶员启动发动机后，逐步加大油门，慢慢接合离合器，中耕机平稳运转后再起步投入作业。

(2)为防止埋苗，作业时要留出护苗带。

(3)中耕机作业时，行走路线要直。

(4)操作中,驾驶员要注意观察中耕机深度、行走速度、护苗带的预留和作业质量,如不符合质量标准时,应及时停车进行调整,特别应注意趟地作业应与播种作业相对应。

(5)工作中应经常注意检查悬挂轴固定螺母是否松动,插销是否脱落,以防脱挂损坏机具。

(6)随时检查各连接件的连接情况,发现故障及时排除。

(7)及时清除犁铧组件、地轮、仿形轮上的泥土和杂草,防止托堆堵塞。

七、注意事项

(1)使用机具前要详细阅读说明书。

(2)工作部件要边走边落缓慢入土。

(3)转弯时,工作部件必须完全出土时方可转弯。

(4)发生故障时,必须停车修理。

八、中耕机的维护与保养

(1)及时清除工作部件上的泥土、缠草。

(2)润滑部位要及时加注润滑油或涂润滑脂。

(3)每班作业后,全面检查各部位螺栓是否松动,如有松动,及时紧固。

(4)施肥作业完成后,要彻底清除各部件黏附的肥料。

(5)每班作业后,及时检查各部件,是否有变形、裂纹、严重磨损等现象,及时校正、更换或修复。

(6)每季作业后,彻底清理各部件,放在通风、干燥、防雨处存放。

九、常见故障及排除方法

中耕机常见故障及排除方法见表 4-1-1。

表 4-1-1 中耕机常见故障及排除方法

故障现象	故障原因	排除方法
接合不对	1. 划印器长度调整不对 2. 拖拉机行走不直	1. 调整划印器 2. 注意直线行走
划印器升降不灵	1. 钢丝绳太松 2. 棘爪、棘轮磨损 3. 顶柱偏位	1. 调整钢丝绳长度 2. 检修或更换棘爪、棘轮 3. 重新安装

续表 4-1-1

故障现象	故障原因	排除方法
划印不清	1. 土壤太硬 2. 圆盘支杆方向安反或角度太小	1. 加配重 2. 重新调整
垄沟内无座土	1. 耕深不够 2. 分土板张口角度大	1. 加大耕深 2. 缩小分土板张口角度
垄帮内无浮土	1. 土壤含水量大 2. 铧子过小	1. 不适合中耕 2. 更换大铧子
培墒度不够	1. 分土板张开宽度过小 2. 铧子小 3. 车速低	1. 调整分土板 2. 更换大铧子 3. 提高车速
工作部件入土性能差	1. 工作部件磨损 2. 机架前后不水平	1. 磨刃或更换新铧 2. 调整中央拉杆
各铧耕深不一致	耕深调整不一致	重新调整
没有刮除垄帮杂草	1. 铧子过小 2. 刃口不锋利 3. 铧子缠草	1. 更换大铧子 2. 磨刃或更换新铧子 3. 清除杂草
压苗、埋苗	1. 拖拉机行走不直 2. 行距不对 3. 护苗板调整不对 4. 铧子过大	1. 注意直线行走 2. 重新调整行距 3. 重新调整护苗板 4. 更换小铧子
仿形轮不转	1. 含油轴承缺油 2. 含油轴承磨屑过多 3. 刮泥板与轮缘过近 4. 仿形轮缠草	1. 注油 2. 清除磨屑 3. 调整刮泥板的位置，加大间隙 4. 清除杂草

十、考核方法

序号	考核任务	评分标准(满分100分)			
		正确熟练	正确不熟练	在指导下完成	不能完成
1	指出各零部件的名称、作用	5	4	3	1
2	机架的水平调整	10	8	6	4
3	耕深的调整	10	8	6	4
4	机架高度的调整	10	8	6	4
5	施肥量的调整	10	8	6	4
6	分土板开度的调整	10	8	6	4
7	划印器的调整	10	8	6	4
8	护苗器的调整	10	8	6	4
9	使用及注意事项	10	8	6	4
10	保养与维护	10	8	6	4
11	常见故障及排除方法	5	4	3	1
总分	优秀:>90分　良好:80～89分　中等:70～79分　及格:60～69分　不及格:<60分				

习题四

1. 中耕机由哪几部分组成?
2. 简要说明中耕机作业要求。
3. 如何调整中耕机机架的水平?
4. 如何调整中耕机的耕深?
5. 如何调整中耕机机架高度?
6. 如何调整中耕机的施肥量?
7. 如何调整分土板的开度?

8. 如何调整划印器？
9. 如何调整护苗器？
10. 如何正确使用中耕机？
11. 如何对中耕机进行维护与保养？
12. 当划印器不能升降、划印不清时，应如何解决？
13. 当中耕机无法刮除垄帮杂草时，应如何解决？
14. 当中耕机工作时出现压苗或埋苗，应如何解决？
15. 当中耕机仿形不转时，应如何解决？

项目五　排灌机械

任务1　水泵的选型配套、安装与使用维护

一、目的要求

1. 会对离心(水)泵进行正确的选型和配套。
2. 熟悉离心(水)泵的安装和使用方法。
3. 掌握离心(水)泵的简单维护保养技能。

二、材料及用具

离心泵、附件及配套电动机(或动力机)4套,安装工具4套。

三、实训时间

6课时。

四、结构

如图5-1-1所示,离心泵主要由叶轮、泵体、密封装置、泵轴和轴承等组成。叶轮的作用是将动力机的机械能传给水,变成水的动能和势能。泵体为蜗壳形结构。装上叶轮后,四周形成一个由小到大的蜗形流道。泵轴是将动力机的动力传递给叶轮,

图5-1-1　离心泵的结构

1. 电机　2. 连接盖　3. 连轴器(直联无此项)　4. 泵体　5. 泵出水口　6. 泵进水口　7. 止回阀瓣　8. 叶轮　9. 放水栓　10. 底盘

使叶轮旋转。轴承起支撑泵轴的作用。

五、工作原理

如图 5-1-2 所示，启动前将泵壳、进水管内充满水，当动力机带动叶轮高速旋转时，叶轮中心的水在离心力的作用下甩向四周，沿箭头方向流向出水管；水甩出后，叶轮中心形成低压(真空)，水源的水在大气压的作用下，冲开底阀沿进水管吸入叶轮内部。此时，若叶轮继续旋转，低处的水便源源不断地被输送到高处。

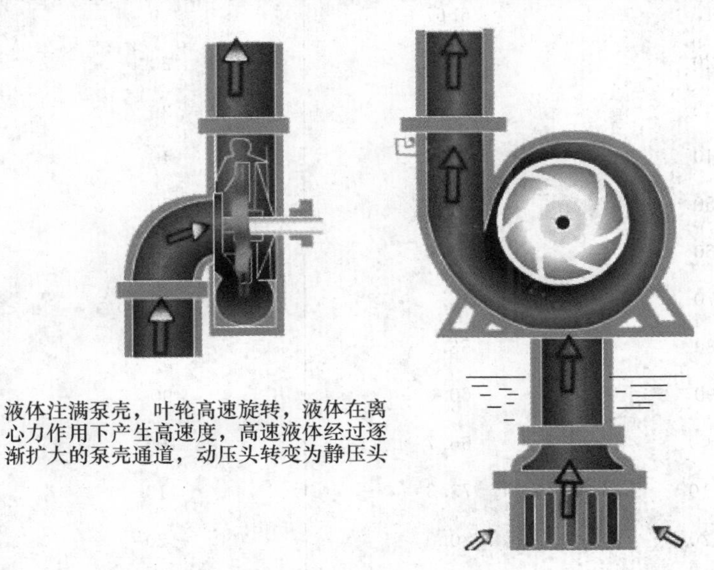

图 5-1-2 离心泵工作原理图

六、内容及操作步骤

(一)水泵的选型

生产中可依据流量、扬程两个参数来进行水泵的选型。

(1)水泵流量的确定 灌溉用泵的流量按下式计算：

$$Q=\frac{MA}{Tt\eta_{渠}}$$

式中：Q——应选水泵的流量，m^3/h。

M——每亩一次最大灌水量，m^3/亩。灌水深度与灌水量的换算见表 5-1-1。

A——受灌面积，亩。

T——轮灌天数，即一次灌水所能维持的天数。

t——水泵每天计划工作的时间，h。与配套动力机的工作特性有关。电动机每天最多工作 22 h，内燃机按 20 h/d 计算。

$\eta_{渠}$——灌区渠道有效利用系数，一般可在 0.7～0.9 内选取。

表 5-1-1 每亩一次灌水量与灌水深度的换算表

灌水深度/mm	每亩一次灌水量/(m^3/亩)	每亩一次灌水量/(m^3/亩)	灌水深度/mm
10	6.67	10	15
20	13.3	20	30
30	20.0	30	45
40	26.7	40	60
50	33.3	50	75
60	40.0	60	90
70	46.7	70	105
80	53.3	80	120
90	60.0	90	135
100	66.7	100	150
110	73.3	110	165
120	80.0	120	180
130	86.7	130	195
140	93.3	140	210
150	100.0	150	225

(2)水泵扬程的确定 应根据水源水位的高低与所需的实际扬水高度，测出实际扬程，并根据地形、管路布置估算损失扬程。两项之和即为水泵的总扬程。

①实际扬程的确定可由仪器测得，也可用简易方法测量，或从当地有关部门的地形图中查得。

简易测量扬程的方法如图 5-1-3 所示：

先在水源水面 O 处立一标杆，然后自杆一定高度 A 点向斜坡拉一细绳，将等腰三角板的底边靠向细绳，并在三角板底边中部吊一小锤，上下移动细绳的另一端，当小吊线通过三角板的顶点时，表明细绳已水平，记下 OA 高度。接着将标杆

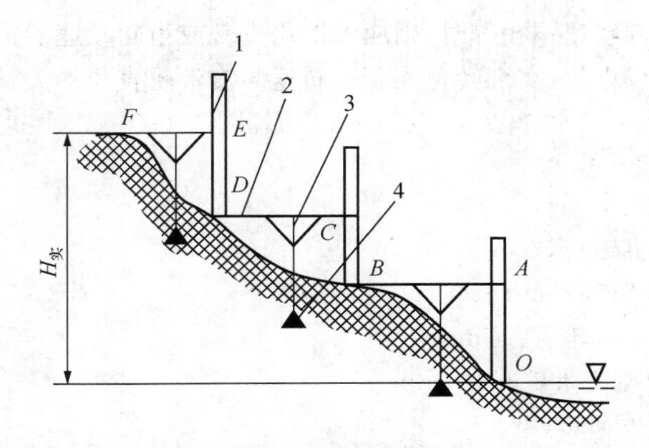

图 5-1-3　实际扬程的简易测量方法

1. 标杆　2. 细绳　3. 等腰三角板　4. 吊锤

移至细绳与斜坡交点 B 处，按同样方法测量，直至拟定出上水池水面或出水管出口为止。将 OA、BC、DE 等值相加，即为实际扬程。

②损失扬程应通过计算确定。对小型排灌站，可按表 5-1-2 估算。

表 5-1-2　管路扬程损失率（$h_{损}/H_{实}$）估算表　　%

扬程/m	管径/mm			备　注
	≤200	250～300	>350	
<10	30～50	20～40	10～25	直径在 350 mm 以上时，不包括底阀损失
10～30	20～40	15～30	5～10	
>30	10～30	10～20	3～10	

（二）水泵的配套

1. 动力机的选配

（1）动力类型的选配　与水泵配套的动力机主要有电动机、内燃机，可根据条件配套。

（2）动力机功率的确定　动力机功率即水泵的配套功率，一般在水泵铭牌或水泵性能表上标出。

（3）动力机与水泵转速的配套　动力机在额定转速下运行时，水泵也应达到额定转速。若水泵的转速过高或过低，均不能保证正常工作。

（4）传动方式的选择　若动力机额定转速与水泵额定转速相符，且采用电动机为水泵动力，可采用联轴器直接传动，此时传动效率最高。当以内燃机作动力，或动力机转速与水泵转速不相等时，则应考虑用皮带或齿轮减速器传动，通过换装不同直径的皮带轮或齿轮，实现转速配套。转速与皮带轮直径的关系由下式确定：

$$\frac{\eta \times n_{动}}{n_{泵}} = \frac{D_{泵}}{D_{动}}$$

式中：η——传动效率，%；

$n_{动}$——动力机转速，r/min；

$n_{泵}$——水泵转速，r/min；

$D_{泵}$——水泵皮带轮直径，mm；

$D_{动}$——动力机皮带轮直径，mm。

2. 管路及附件的选择

水管直径直接影响水泵的损失扬程。直径越小损失扬程越大；直径越大，损失扬程越小。为减少损失扬程，又节省资金，一般进水管直径比水泵进水口直径大50 mm，出水管直径可等于水泵出水口直径。

扬程较高且固定安装的排灌站可选用铸铁管、水泥管或钢管。流动抽水选择用橡胶管。

附件的选择，既要保证水泵安全运行，又要尽量减少管路损失。如高扬程水泵，出水管需设逆止阀。大口径离心泵及用真空泵引水的水泵，出水管路必须安装闸阀。另处，不论是进水管或出水管路都应尽量减少弯头，尽量缩短管长。

（三）水泵的安装

1. 水（离心）泵的安装

（1）安装位置与安装高度的确定　选择地面平坦、地基坚实、靠近水源和离水面近的位置作为水泵的安装地点，保证水泵使用时不塌陷，且操作、检查、维修方便。靠近水源，可以避免产生汽蚀现象，但必须注意在洪水季节时，水泵不被淹没。

水泵的安装高度应适当，即从水面到离心泵中心线的垂直距离，不能超过铭牌所标的允许吸上真空高度（允许吸程）。或条件限制，必须安装在较高位置时，则应根据水泵的允许吸上真空高度、吸水损失、枯水季节的水位等因素，核算出水泵的最大安装高度，防止发生汽蚀现象。

（2）水泵的安装基础　固定基础用钢盘混凝土浇筑而成，临时基础则用硬杂木做成。可根据具体情况选择。

（3）水泵和动力机的连接　动力机转向和水泵上箭头所指的转向要相同。用联轴器直接连接时，两轴必须同心，两联轴器端面有间隙，否则将产生震动，缩短泵的使用寿命。检查方法如图 5-1-4 所示。

将直尺靠在联轴器外圆，检查上、下、左、右四个方向，若直尺与联轴器外圆无

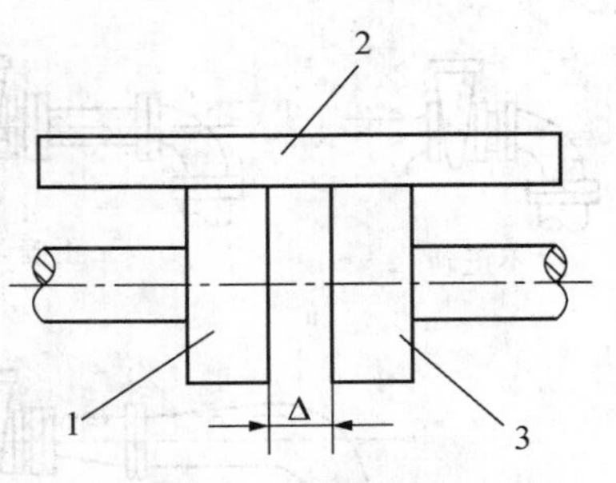

图 5-1-4　用直尺检查两轴同心度

1、3. 联轴器　2. 直尺

缝隙，表明已同心；否则，可通过增减泵或动力机底座间的垫片予以调整。

若为带传动，两带轮中心线必须在同一直线上才能保证两轴平行，以免带滑脱。按图 5-1-5 所示进行检查。若两带轮宽度相等，可用一细线紧靠主动皮带轮的 A 点，将细线逐渐靠近另一皮带轮并拉紧，细线与皮带轮 A，B，C，D 同时接触，则两轴已平行，两轮中心线重合，如图 5-1-5 a 所示。若两带轮宽度不等，可将细线与宽皮带轮靠紧，用钢尺量出窄带轮 C，D 两点至细线距离，

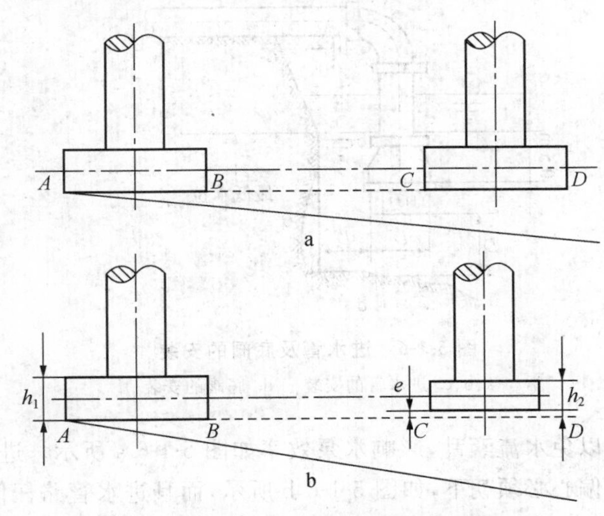

图 5-1-5　带轮的拉绳检查校正法

a. 两轮宽度相同　b. 两轮宽度不同

若相等且等于两带轮宽度差的一半，则两轴已平行，两带轮中心线重合，如图所示 5-1-5 b 所示。

2. 进水管及底阀的安装

如图 5-1-6 所示，安装进水管时应注意：尽量缩短管长，减少弯头；管路支承必须牢靠，不可将水管重量压在水泵上；各接头处必须有密封胶垫；带有底阀的进水管应垂直安装，如图 5-1-6 d 所示。若因地形限制，需要倾斜安装时，与水平面的夹角应大于 45°，以免底阀关闭不严，给下次启动带来困难。同时，底阀距沟底、沟壁的距离应等于或大于底阀直径，如图 5-1-6 d 所示。弯头与水泵进水口之间须有一段长度约为

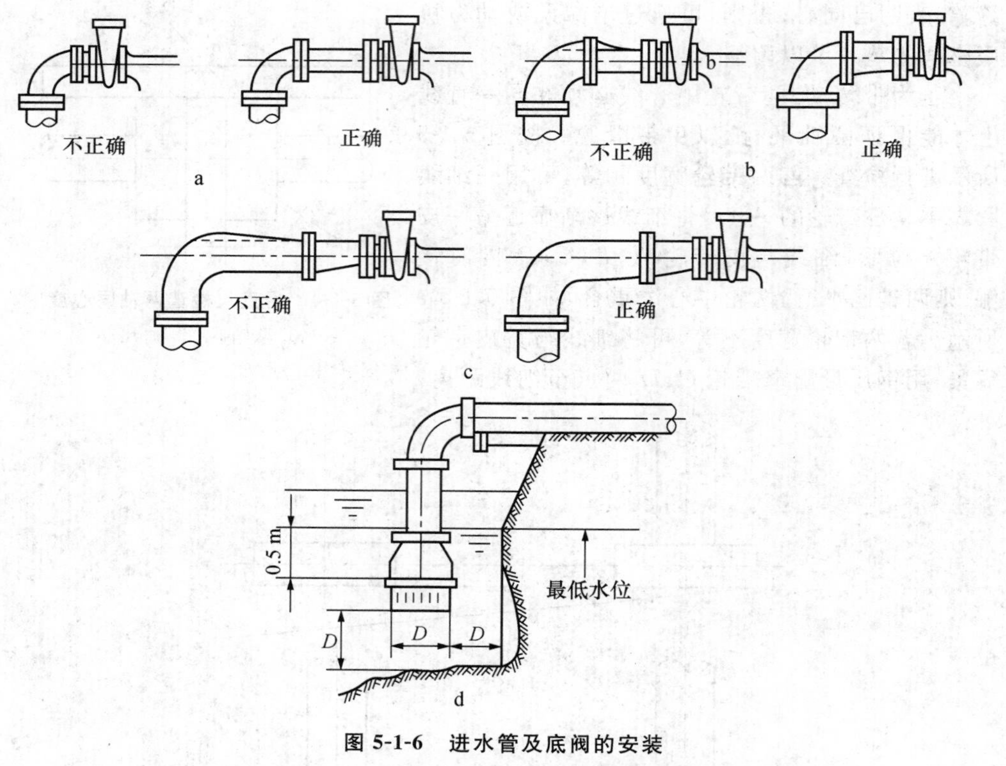

图 5-1-6 进水管及底阀的安装

a、b、c. 进水管的安装 d. 底阀的安装

直径 3 倍的直管，以免水流紊乱，影响水泵效率如图 5-1-6 a 所示。进水管路必须装变径管时，变径管偏心必须朝下，如图 5-1-6 b 所示，而且进水管路任何部分，均不能高于水泵进口的上边缘，防止管内存气，影响吸水，如图 5-1-6 c 所示。

（四）水泵的使用

1. 启动前的检查与准备

(1)检查水泵机组连接是否可靠，连接螺母、螺栓有无松动或脱落。

(2)转运部分是否灵活。转动联轴器或皮带轮，检查叶轮旋转是否灵活，泵体内有无不正常声音，判断转向是否正确。

(3)检查填料松紧是否合适，润滑油面是否合适。

(5)向吸水管及泵体内充满清水，将空气排干净后再启动。有闸阀的水泵，启动前应将闸阀关闭。

(6)启动后，待水泵转速正常，再慢慢打开闸阀，一直调节到所需的流量为止。

闸阀关闭运转时间不要超过 3 min,以免水泵发热而损坏零件。

2. 水泵的运行

(1)经常听水泵和动力机的声音是否正常,若有杂音,立即停机排除。

(2)注意轴承温度,以不烫手为合适,一般不超过 50℃。

(3)检查填料压盖螺母的松紧度,不能太松或太紧,每分钟控制在 15～20 滴为宜。

3. 水泵的停车

先慢慢关闭闸阀,并逐渐降低动力机转速,再停机。长期停车旋转的水泵和寒冷的冬季,要将泵体及管路内的水排干净。

(五)水泵流量与扬程的调节

当水泵的流量、扬程大于实际需要时,为保证水泵继续在高效率状态下工作,并降低功率消耗,对消耗的流量、扬程可用如下方法进行调整:

1. 降速调节

根据流量与转速成正比,扬程与转速平方成正比,可采用降低转速(不超过额定转速的 50%)的方法降低水泵的流量与扬程。

2. 换用小叶轮

水泵出厂时配有 2～3 个不同直径的叶轮,当不宜用降速调节时,可换用小直径叶轮,水泵流量、扬程、功率消耗都会下降。

3. 节流调节

通过改变闸阀开度调节水泵流量,这是一种不经济的调节方法,一般仅用于减少功率消耗,防止动力机超负荷。

七、注意事项

(1)对装有监视仪表(如真空表、压力表、电压表、电流表等)的水泵,检查各仪表工作是否正常。

(2)注意水泵机组是否有不正常的响声和振动,检查机组温度是否正常。

(3)检查填料松紧程度,若有异常应调整或更换。

(4)注意水源水面的变化及水泵出水情况。若水位下降过多,吸入空气,或因吸程过高水泵不上水时,应及时停机,待水位回升或采取其他措施。若出水量突然减少,多是水泵或底阀被杂物堵塞,须及时排除。

八、维护与保养

(1)每班工作结束后,检查紧固件连接螺栓,清洗、擦拭水泵机组外表。

(2)定期更换润滑油。用机油润滑的水泵,每工作 500 h 更换一次,新水泵每一次工作 100 h 更换;采用润滑脂润滑的水泵,每工作 1 500 h 更换一次。

(3)及时调整填料紧度,必要时更换。

(4)长期停用的水泵,应放尽泵内的水,擦去水渍、铁锈;在各配合处及各螺栓涂抹机油,存放于干燥处。

九、常见故障及排除方法

水泵常见故障及排除方法见表 5-1-3。

表 5-1-3 水泵常见故障及排除方法

故障现象	故障原因	排除方法
水泵不出水	1. 充水不足或空气未排尽 2. 总扬程超过规定 3. 进水管路进气 4. 水泵转向不对 5. 水泵转速太低 6. 叶轮严重损坏 7. 填料严重漏气 8. 叶轮螺母及键脱出 9. 吸程太高 10. 进水口被堵塞,底阀不灵活或锈住	1. 继续充水或抽气 2. 改变安装位置,降低总扬程 3. 堵塞漏气部位 4. 改变旋转方向 5. 提高水泵安装位置 6. 更换叶轮 7. 更换填料 8. 修复紧固 9. 降低水泵安装位置 10. 消除堵塞,修复底阀
水泵出水量不足	1. 进水管淹没,水深不够,泵内吸入了空气 2. 进水管路接头处漏气,漏水 3. 进水管路或叶轮有水草、杂物 4. 输水高度过高 5. 功率不足或转速不够 6. 减漏环、叶轮磨损 7. 填料漏气 8. 吸水扬程过高	1. 增加进水管长度 2. 重新安装接头,堵塞漏气、漏水 3. 清除水草、杂物 4. 降低输水高度 5. 更换动力机械或提高水泵转速 6. 修理或更换 7. 旋紧压盖或更换填料 8. 调整吸水扬程

续表 5-1-3

故障现象	故障原因	排除方法
水泵在运行中突然停止出水	1. 进行管路堵塞 2. 叶轮被吸入杂物打坏 3. 进水管口吸入大量空气	1. 清除堵塞 2. 更换叶轮 3. 加深淹没深度
功率消耗过大	1. 转速过高 2. 泵轴弯曲,轴承磨损 3. 填料压得过紧 4. 流量与扬程超过使用范围 5. 直连传动,轴心不准或传动带过紧 6. 进水口底阀太重,使进水功率消耗增大	1. 降低转速 2. 修理或更换 3. 重新调整 4. 调整流量、扬程使其符合使用范围 5. 校正轴心位置,调整传动带紧度 6. 更换底阀
水泵有杂声、振动	1. 基础螺母松动 2. 叶轮损坏或局部堵塞 3. 泵轴弯曲,轴承磨损过大 4. 直连传动两轴心没有对正 5. 吸程过高 6. 泵内有杂物	1. 旋紧螺母 2. 更换叶轮或消除杂物 3. 校正或更换 4. 重新调整 5. 降低安装位置 6. 清除杂物
轴承过热	1. 润滑油不足 2. 轴装配不当或泵轴弯曲 3. 传动带过紧 4. 轴承损坏	1. 加油或更换符合标准的油 2. 重新装配或校正泵轴 3. 适当放松传动带紧度 4. 更换轴承

十、考核方法

序号	考核任务	评分标准(满分 100 分)			
		正确熟练	正确不熟练	在指导下完成	不能完成
1	指出各零部件的名称、作用	5	4	3	1
2	水泵与电机的配套选型	15	10	5	2

续表

序号	考核任务	评分标准(满分 100 分)			
		正确熟练	正确不熟练	在指导下完成	不能完成
3	安装位置与安装高度的确定	15	10	5	2
4	水泵和动力机的连接	15	10	5	2
5	进水管及底阀的安装	15	10	5	2
6	水泵流量与扬程的调节	15	10	5	2
7	水泵的使用及注意事项	5	4	3	1
8	保养与维护	5	4	3	1
9	常见故障及排除方法	5	4	3	1
10	工具的选择与使用	5	4	3	1
总分	优秀:>90 分　良好:80～89 分　中等:70～79 分　及格:60～69 分　不及格:<60 分				

任务 2　潜水电泵的使用与维护

一、目的要求

1. 熟悉潜水电泵的安装和使用方法。
2. 掌握潜水电泵的简单维护方法。

二、材料及用具

潜水泵。

三、实训时间

6 课时。

四、结构

如图 5-2-1 所示,是潜水电泵的结构图。潜水电泵主要由立式电动机、水泵和密封装置三大部分组成。

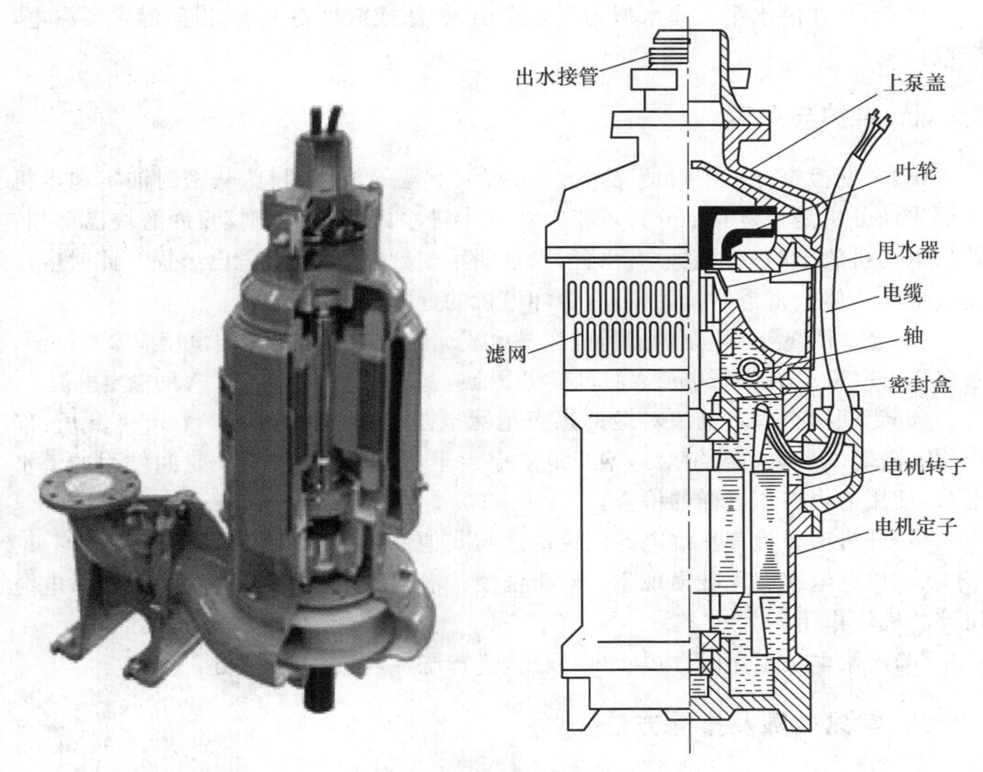

图 5-2-1　潜水电泵的结构

五、工作原理

潜水电泵是将密封防水性能良好的电动机与水泵组合在一起，潜入水中工作的排灌机械。

六、注意事项

(1)有条件时，使用前用 500 V 或 1 000 V 的摇表检查电机转子绕组的绝缘电阻，电阻 0.5 MΩ 时，须驱赶绕组潮气，并检查电缆是否有破损。

(2)潜水电泵应用绳或铁索悬挂于水中，不可横放着地。固定应结实可靠。其潜水深度宜在水位以下 1～2 m 范围内，最深不超过 10 m，深井潜水电泵除外。

(3)开机后，若出水量小或不出水，可能是水泵叶轮反转，此时应切断电源，将三相电源线中的任意两根对换，即可实现潜水电泵的换向。

（4）不要在潜水泵工作水域附近洗东西、游泳或放牲畜下水，以防潜水泵漏电，造成事故。

七、维护与保养

（1）定期检查电机密封情况。方法是：上下盖的放油螺钉，从密封油室和电机内部放油分析是否含有水分。若密封油室中进水，说明第一副动、静磨块已磨损；若从电动机放出的油中也含有水分，则说明第二副动、静磨块也已磨损。此时应修复或更换整体式密封盒。否则，有烧坏电机的危险。

（2）经常检查潜水电泵的运行电压与电流。用电压表测量三相电压应基本一致，且在 340～420 V，用钳形电流表测量三相电流应基本一致，且为 0.51 A 的额定电流。

（3）定期检查潜水电泵对地的热态绝缘电阻。在正常连续运行 4～6 h 后，停机用高阻表测量电机绕组对地绝缘电阻应大于 0.5 MΩ。对于长时间停用的潜水电泵，使用前也应作这样的检查。

（4）开机前要检查热继电器的灵敏度与其他保护装置的工作是否正常。

（5）检查电缆有无破损现象。对于油浸式潜水电泵，要注意电泵的渗油对电缆橡胶的破坏作用。

（6）潜水电泵不用时，应从水中取出，进行维护，存放于干燥处。

八、常见故障及排除方法

潜水电泵常见故障及排除方法见表 5-2-1。

表 5-2-1 潜水电泵常见故障及排除方法

故障现象	故障原因	排除方法
不能启动	1. 电源电压过低 2. 电缆线电压降过大 3. 电源缺相 4. 电机定子绕组烧坏 5. 水泵叶轮卡住	1. 调整电压到 340～420 V 2. 更换较精的电缆线 3. 更换熔断的熔丝、断裂的导线或损坏的铜铝过渡件等 4. 更换绕组 5. 拆开导向件，清除杂物

续表 5-2-1

故障现象	故障原因	排除方法
突然停转	1. 开关跳闸或熔丝烧断 2. 出线盒进水，相线烧断 3. 定子绕组损坏 4. 叶轮卡住	1. 查出短路、过载等导致电流过大的原因，消除故障 2. 重新装配控线盒，调整垫圈位置，拧紧螺母 3. 更换绕组 4. 清除杂物
漏油	密封胶圈密封不良	更换密封圈
出水量小	1. 电压偏低 2. 叶轮气隙太小 3. 叶轮损坏或叶轮腔内有杂物 4. 扬程太小 5. 出水管损坏	1. 适当调高电压 2. 减少垫片 3. 更换叶轮或清除杂物 4. 调整水泵的扬程范围 5. 更换出水管

九、考核方法

序号	考核任务	评分标准(满分 100 分)			
		正确熟练	正确不熟练	在指导下完成	不能完成
1	潜水电泵的结构	25	20	15	10
2	潜水电泵的正确使用	50	30	20	10
3	潜水电泵的保养与维护	25	20	15	10
总分	优秀：>90 分　良好：80～89 分　中等：70～79 分　及格：60～69 分　不及格：<60 分				

任务3 喷灌机的使用

一、目的要求

1. 了解喷灌系统的结构。
2. 掌握喷灌管路的布置方法、喷头的选择及喷灌系统的调整方法。
3. 掌握喷灌系统的使用及维护方法。

二、材料及用具

喷头、喷松、固定式喷灌系统。

三、实训时间

6课时。

四、结构

(一)固定式喷灌系统

如图5-3-1所示,固定式喷灌系统由动力机与水泵组成固定泵站,干管、支管全部埋入地面冻土层以下;支管上每隔一定距离装有竖管,伸出地面,用于安装喷头。操作方便,但一次性投资大,用于经常灌溉的场所。

图5-3-1 固定式喷灌系统

(二)半固定式喷灌系统(图5-3-2)

动力机、水泵、干管固定不动,支管辅于田间可以移动、搬迁。干管每隔一定距离高出水栓,向支管供水。

（三）移动式喷灌系统

如图 5-3-3 所示，移动式喷灌系统由动力机、水泵、输水管道、喷头安装成一体，装在小车或拖拉机上，沿田间水渠移动作业。机动灵活，使用方便，投资少，但沟渠占地较多。

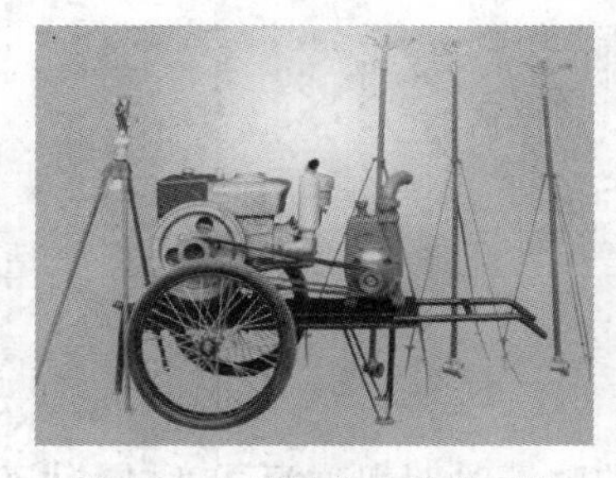

图 5-3-2　半固定式喷灌系统

图 5-3-3　移动式喷灌系统

五、工作过程

喷灌是将水源的水以一定的压力送往田间，然后通过喷头把水喷向空中，呈雨滴状散落于地面浸润土壤。这种方法省水，有利于土壤团粒结构的保持，对地形的适应性强，但投资高，维护要求较高。

六、内容及操作步骤

（一）管路系统的布置

布置管路系统时，要综合考虑水源位置、现有水利系统、地形、地势、主要风向、风速、作物布局和耕作方向等因素，在技术和经济上进行比较，得出最佳方案。管道布置的一般原则：

（1）干管尽量布置在灌区中央。其方向在坡地应沿主坡方向，在经常有风地区应沿主风方向。埋入土层深度应在 60 cm 以下，冻土层深的地方，埋入深度还应相应增加。

（2）支管的布置应与干管垂直，尽量与耕作方向一致；在坡地上应沿等高线布置。

（3）竖管按喷头的组合形式布置，一般高出地面 1.2～1.5 m，特殊情况下，如喷灌的作物过高、风力过大等，可以适当加长或缩短。

（4）泵站布置在整个喷灌系统的中心，最好接近水源，以减少输水的水头损失。

（二）使用前检查

（1）喷头各接头处连接是否可靠。

（2）旋转空心轴转动是否灵活。

（3）摇臂弹簧松紧是否合适。

（4）流道内有无异物。

（5）拨动换向杆，观察换向杆机构是否可靠。

（三）喷头的选择

根据不同土质和作物对喷灌工作压力、射程及雾化质量的要求，选择合适的喷头。

（四）喷灌机的调整

喷灌作业应按作物的生长规律掌握好合理的喷灌时期和喷灌强度，同时还要密切注意风向、气温、水质等自然条件的变化，以提高喷灌效果。

如图 5-3-4 所示，以摇臂式喷枪为例，主要调节以下任务：

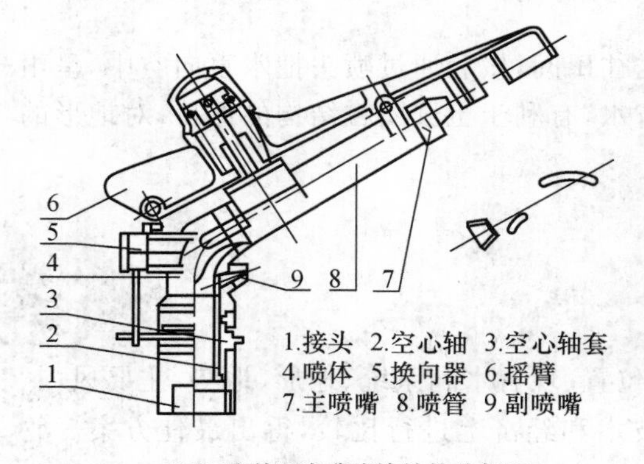

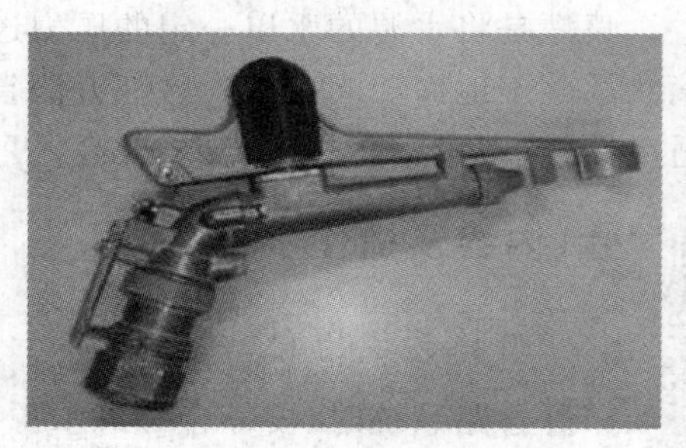

图 5-3-4 喷枪的结构

1. 喷孔大小调整

更换备用喷嘴来调整喷孔口径大小。喷孔口径改变后，喷枪的喷水量、射程、水滴直径均发生相应变化。因此，喷孔口径的大小，应根据喷枪的工作压力和当地对射程、水滴直径的具体要求而定。

2. 喷枪转速调整

喷枪旋转速度的快慢，通过摇臂弹簧的扭紧程度和导流板的上、下位置来调整。摇臂弹簧扭力大、导流板吃水深度大（向下调），摇臂对喷管肋敲击力增大，旋转速度相应地加快。

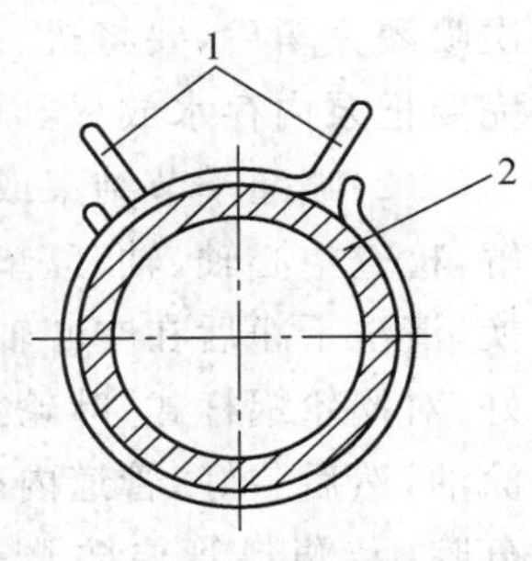

图 5-3-5　扇喷灌扇面角的调整

1. 限位环　2. 空心轴套

喷枪喷灌时的旋转速度应适中，旋转速度越快，对射程的影响也越大。但旋转速度过慢，容易造成局部积水和产生径流，喷枪旋转速度的调整原则是不产生径流的前提下，以旋转慢一些为好。一般小喷头 1～2 r/min，中喷头 3～4 r/min，大喷头 5～7 r/min 为宜。

3. 扇面角大小及方位调整

如图 5-3-5 所示，改变轴套上套装的两个限位销的位置，可以调整扇面角的大小及方位。两个限位销之间的夹角和方向，决定了喷枪旋转喷灌时的两个极限位置，即决定了扇面喷灌的范围和方向，要根据地块的实际需要进行调整。

七、注意事项

(1)检查各连接件是否紧固可靠，有无松动现象，如有则需要紧固，以免影响工作的可靠性。

(2)检查流道内有无异物堵塞。流道内有异物会使喷水量减小，不但影响射程和喷头转动速度，严重时喷头不转。

(3)检查各转动部分是否转动灵活，轻松。

(4)检查喷头各可调整部位（如 PY 系列喷头的摇臂弹簧、反转钩等）松紧程度是否合适，限位装置是否在规定使用位置等。

(5)水泵启动后，3 min 未出水，应停机检查。

(6)水泵运行中若出现不正常现象，如杂音、振动、水量下降等，应立即停机，要注意轴承温升，其温度不可超过 75℃。

(7)观察喷头工作是否正常，有无转动不均匀，过快或过慢，甚至不转动的现象。

(8)应尽量避免引用泥沙含量过多的水进行喷灌，否则容易磨损水泵叶轮和喷头的喷嘴，并影响作物的生长。

(9)为了适用于不同的土质和作物，需要更换喷嘴，调整喷头转速时，可以拧紧或放松摇臂弹簧来实现。

八、维护与保养

(1)在运行期间，要随时检查喷灌系统的各个部位，注意及时维护和保养。每次喷灌完毕后，要将机、泵、喷头擦洗干净，转动部位应及时加油除锈，冬季每次用完要把泵内存水放尽，以防冻裂。

(2)喷灌季节结束或长期不用时，要对喷灌系统进行全面检查，喷头应拆卸分解，检查空心轴、轴套、垫圈等转动部件是否有异常磨损，损坏部件应及时修理或更换，清洗干净后在空心轴、轴套、摇臂弹簧、摇臂轴以及扇形机构等处涂油，然后装好；对蜗轮蜗杆式(叶轮式)喷头则应清洗检查后，在蜗杆、齿轮及空心轴、轴套等处涂油，然后装好；管道内存水应放空，防锈层脱落应修补，移动软管应冲洗干净后充分晾干，塑料管要防止暴晒，全部设备整理完毕后，应放在通风、干燥的库房中保存。

九、常见故障及排除方法

喷灌机常见故障及排除方法见表 5-3-1。

表 5-3-1 喷灌机常见故障及排除方法

故障现象	故障原因	排除方法
水舌性状异常	1. 喷头加工精度不够，有毛刺或损伤 2. 喷嘴内部损坏严重 3. 整流器扭曲变形 4. 流道内有异物阻塞	1. 喷头打磨光滑或更换喷嘴 2. 更换喷嘴 3. 修理或更换 4. 拆开喷头，清除异物
射程不够	1. 喷头转速太快 2. 工作压力不够	1. 调小喷头转速 2. 按设计要求调高压力
喷头转动部位漏水	1. 垫圈磨损、止水圈损坏或安装不当 2. 垫圈中进入泥沙，密封端面不密合 3. 喷头加工精度不够	1. 更换或重新安装 2. 清洗空心轴 3. 修理或更换
摇臂式喷头不转动或转动慢	1. 空心轴与轴套之间间隙太小 2. 安装时轴套拧得太紧 3. 空心轴与轴套间被进入泥沙堵塞	1. 车大或打磨加大间隙 2. 适当拧松轴套 3. 拆开清洗干净，重新安装

续表 5-3-1

故障现象	故障原因	排除方法
摇臂张角太小或甩不开	1. 摇臂与摇臂轴配合过紧，阻力太大 2. 摇臂弹簧压得太紧 3. 摇臂安装过高，导水器不能切入水舌 4. 水压力不足	1. 适当加大间隙 2. 适当调松 3. 调低摇臂的位置 4. 应调高水的工作压力
叶轮式喷头叶轮空转，喷头不转	1. 换向齿轮没搭上 2. 叶轮轴与小涡轮之间的连接螺钉松脱或销钉脱落 3. 大涡轮与轴套之间定位螺钉松动	1. 扳动换向拨杆使齿轮搭上 2. 拧紧 3. 拧紧
叶轮式水舌正常但叶异常	1. 涡轮、齿轮或空心轴与轴套间锈死 2. 涡轮、蜗杆或齿轮缺油，阻力过大 3. 定位螺钉拧得太紧，大涡轮产生偏心 4. 叶轮被异物卡死	1. 清洗干净后加油重新装好 2. 加注润滑油使转动正常 3. 将定位螺钉适当松开 4. 清除异物

十、考核方法

序号	考核任务	评分标准(满分 100 分)			
		正确熟练	正确不熟练	在指导下完成	不能完成
1	指出各零部件的名称、作用	5	4	3	1
2	管路系统的布置	10	8	6	4
3	喷头的选择	15	10	5	2
4	喷头的安装	10	8	6	4
5	喷孔大小的调整	15	10	5	2
6	喷枪转速调整	15	10	5	2

续表

序号	考核任务	评分标准(满分 100 分)			
		正确熟练	正确不熟练	在指导下完成	不能完成
7	扇面角大小及方位调整	15	10	5	2
8	使用注意事项	5	4	3	1
9	保养与维护	5	4	3	1
10	常见故障及排除方法	5	4	3	1
总分	优秀:＞90 分　良好:80～89 分　中等:70～79 分　及格:60～69 分　不及格:＜60 分				

习题五

1. 简要说明水泵的工作原理。
2. 如何确定水泵的扬程?
3. 水泵与动力机如何配套? 如何连接?
4. 如何确定水泵的安装位置和安装高度?
5. 水泵使用时应注意哪些事项?
6. 如何调节水泵流量?
7. 如何调节水泵扬程?
8. 水泵不出水的原因有哪些? 如何排除?
9. 水泵出水量不足的原因有哪些? 如何排除?
10. 水泵运行中突然停止出水的原因有哪些? 如何排除?
11. 导致水泵功率消耗过大的因素有哪些? 如何解决?
12. 水泵工作时有杂声、振动,应如何解决?
13. 水泵轴承过热时,应如何解决?
14. 潜水泵由哪几部分组成?
15. 使用潜水泵时,应注意哪些事项?
16. 如何对潜水泵进行维护和保养?
17. 潜水泵不能启动的原因有哪些? 如何解决?
18. 导致潜水泵工作时突然停止转动的因素有哪些? 如何解决?

19. 导致潜水泵漏油的因素有哪些？如何解决？
20. 潜水泵出水量小时，应如何解决？
21. 简要说明固定式喷灌系统的结构。
22. 简要说明半固定式喷灌系统的结构。
23. 简要说明移动式喷灌系统的结构。
24. 如何选择喷头？
25. 如何调整喷孔大小？
26. 如何调整喷枪转速？
27. 如何调整扇面角大小及方位？
28. 使用喷灌系统时应注意哪些事项？
29. 如何对喷灌系统进行维护和保养？
30. 当喷头水舌性状异常时，应如何解决？
31. 当喷头射程不够时，应如何解决？
32. 当喷头转动部位漏水时，应如何解决？
33. 导致摇臂式喷头不转动或转速缓慢的因素有哪些？如何排除？
34. 当摇臂张角太小或摇臂甩不开时，应如何解决？
35. 当叶轮式喷头空转或喷头不转时，应如何解决？

项目六　植保机械

任务 1　喷雾机的使用与维护

一、目的要求

1. 熟悉喷雾机使用的方法。
2. 掌握喷雾机的简单维护方法。
3. 熟练掌握喷雾机的安全操作规程。

二、材料及用具

人力喷雾机两台，常用工具两套。

三、实训时间

6 课时。

四、结构

目前农村使用最广泛的是手动喷雾器。手动喷雾器种类很多，构造也不尽相同。按动力可分为手动与机动两类。如图 6-1-1 所示，为背负式手动喷雾结构图，它主要由药液箱、活塞式液泵、空气室、胶管、开关、喷管和喷头等组成。

如图 6-1-2 所示，为担架式机动喷雾机，主要由药液桶、混药器、喷枪、空气室、调压阀、活塞泵等组成。

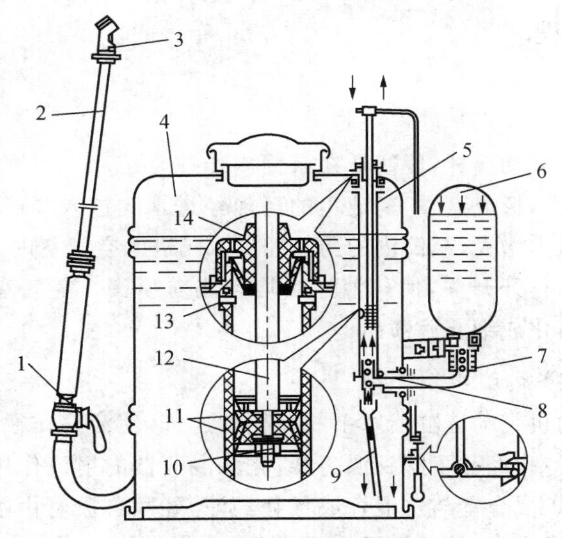

图 6-1-1　手动背负式喷雾器

1. 开关　2. 喷杆　3. 喷头　4. 药液箱　5. 唧筒　6. 空气室　7. 出水球阀　8. 进水球阀　9. 吸水管　10. 固定螺母　11. 皮碗　12. 活塞杆　13. 毡圈　14. 泵盖

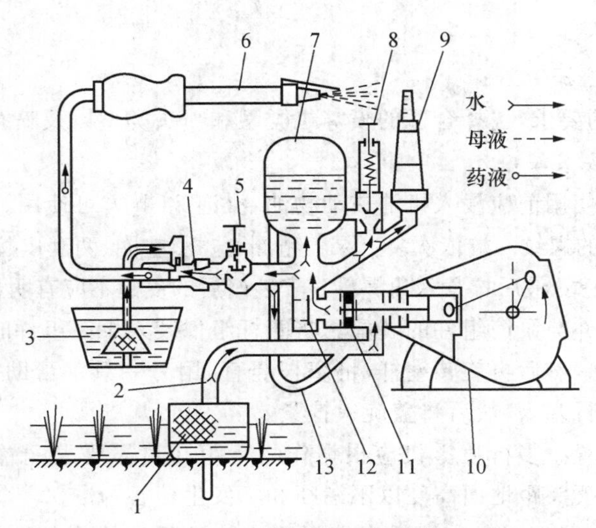

图 6-1-2　担架式机动喷雾机

1. 进水滤网　2. 进水管　3. 药液桶　4. 混药器　5. 截止阀　6. 喷枪　7. 空气室　8. 调压阀　9. 压力表　10. 活塞泵　11. 活塞　12. 排水阀　13. 回水管

五、工作过程

（一）手动背负式喷雾器的工作原理

工作时，上下掀动摇杆，使塞杆在泵筒内作往复运动。当塞杆上行时，泵筒内皮碗下方容积增大，形成真空，药液箱的药液经进水阀进入泵筒。塞杆下行时，皮碗下容积减少，压力增大，泵筒内的药液经出水阀进入空气室内，其内空气被压缩，对药液产生压力，打开开关，使药液连续均匀流向喷头。空气室对药液起稳压作用，喷头将药液雾化成细雾滴喷出。

（二）机动喷雾机的工作原理

工作时，发动机带动三缸活塞泵的曲柄和连杆，使活塞作往复运动，将水吸进泵内，再泵到空气室，经截止阀到混药器，凭借混药器的射流作用，将母液(原药与水 1：4 配制)吸入混合室与水混合成稀释药液，经喷雾胶管由喷枪喷出。当要求雾化程度较高和近距离喷洒时，须取下喷枪换装喷头。

六、内容及操作步骤

（一）机具的准备

1. 机具的选择

根据作业的要求，选择合适的喷雾机类型和喷头类型以及喷孔尺寸。

2. 机具的安装

(1)新皮碗使用前应浸入机油或动物油，浸泡 24 h 方可使用。

(2)在塞杆的螺纹一端依次装上泵盖毡圈、毡托、垫圈、两套皮碗托和皮碗，6 mm 厚垫圈和弹簧垫圈，最后拧紧六角螺母。安装好后的皮碗不应有明显的变形。

(3)塞杆组件与泵筒组件的装配。将塞杆组件装入泵筒组件时，应将皮碗的一边斜放在泵筒内，然后再旋转塞杆，将塞杆竖直，用另一只手帮助把皮碗边沿压入泵筒内，不能强行塞入，然后将盖旋入拧紧。

(4)喷头配置。多行喷雾机应根据作物行距和喷雾要求配置喷头；向下喷射时，喷头间距和喷头距地面高度以不漏喷和不发生药害为准。

(5)喷头的组装。首先，要适当选择喷头片孔径和垫圈的数目。喷头片孔径大，则流量大，适用于较大作物；反之，则流量减小，雾滴细，适用于作物苗期。喷头片下垫片多，则涡流室变深，药液涡流作用减弱，离心力和雾化锥角变小，雾滴粗。所以，选择垫圈数量要适当，喷头片和垫圈位置不能装错，否则影响喷雾质量。

3. 机具的检查

检查喷雾机各连接部件是否紧固，开关是否灵活，压力表、安全阀是否正常；各接头是否漏水，管路是否畅通。

(二)喷药量和行走速度的确定

为了不造成药害并达到防治目的，实际施药量应符合每亩施药量的规定。因每亩施药量受手动喷雾器和担架式机动喷雾机单位时间喷药量和作业速度的影响，所以，必须在田间实测出单位时间喷药量和确定行走速度。

1. 单位时间喷药量的测定

测定时，使发动机达到额定转速，喷雾机达到喷雾要求的压力，用容器盛接从喷头喷出的药液(清水代替)，并测定喷药时间。根据容器内的药液量和喷药时间，计算出单位时间喷药量(kg/min)。若为多行喷头，可单独测一个喷头的喷药量再乘以喷头总数即可。

2. 作业速度的确定

根据要求的单位面积用药量和测定出的单位时间喷药量，用下式计算出作业速度：

$$v=\frac{666.7\times 60\times Q_1}{1\,000\times B\times Q}$$

式中：v——作业速度，km/h；

Q_1——单位时间喷药量，kg/min；

B——有效喷幅，m；

Q——要求的单位面积用药量，kg/亩。

若计算的作业速度在实际作业时难以满足，则可以通过适当改变药液深度或更换喷头片来调节喷药量，并调整作业速度以符合实际作业情况。有的喷雾机可以通过调量开关直接改变喷药量，相应也要调整作业速度。

(三)试喷

正式作业前，要用清水进行试喷，以检查喷雾机是否有堵塞、渗漏，喷头配置和喷雾质量以及每亩施药量是否符合要求，发现问题及时解决。试喷符合要求后，按一定比例配好药液，放入药液桶，正式作业。水泵充足的地方，可将进水滤网放入稻田或沟渠里。

(四)药液配制

各种农药都有自己的特点和使用范围，由于药剂的有效成分不同，对病菌、害虫、杂草的作用和效力也不同，同时病菌、害虫、杂草的种类繁多，作物品种和生长情况也不同，对药剂的反应也不一样。因此，配制药液应按照农药使用说明书的规定进行。如果农药是可湿性粉剂，应先调制糊状，过滤；如果农药是乳剂，则先放清水后加原液至规定浓度，再搅拌，过滤。

七、田间作业方法

如图 6-1-3 所示，田间作业行走路线和喷药方法是根据风向来定的。从下风向开始喷洒。一般采用梭形作业法，按规定的作业速度匀速行走，以保证单位面积上的施药量。最好在无风或微风的天气作业，风速不能过大。

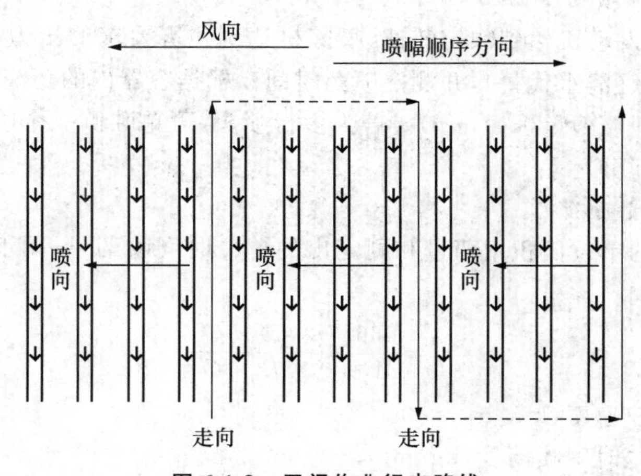

图 6-1-3　田间作业行走路线

在地头空行时，要关闭喷药开关，并使汽油机低速运转。转移地块时，应将发动机熄火；如果转移时间很短也可不熄火（小于 2 min），但必须先卸压，并关闭截止阀，以保持液泵内不脱水，保护液泵。

八、注意事项

(1)喷药应在无风的晴天进行，阴雨天或将要下雨时不宜施药，以免药液被雨水冲失。如在有风时喷药，应注意风向，一般应在上风头向下处喷药，如风速很大，则应停止喷药。

(2)喷药应注意均匀、适量，如喷药过多，则浪费药剂；喷药太少，则效果不好。一般都是针对性喷雾，直接对准作物的茎叶全部喷施即可。

(3)工作前，操作者应先扳动摇杆，每分钟扳动 18～25 次为宜，使空气室压力达到 3～4 atm(1 atm＝101.325 kPa)，然后打开开关进行喷药。喷药时还要连续平稳地搬动摇杆，以保持空气室的正常压力和喷头的雾化质量。

(4)每次加注药液时，切勿超过桶身所示的水位线位置，空气室的药液超过夹环，即安全水位线时，应立即停止打气，以免空气室爆炸。

(5)操作者要防止药液接触身体，行走路线可以采取倒退打药、隔行打药等方法。

(6)任何时候都不要用手拎喷雾机连杆，以免损坏喷雾机的传动部分。

九、维护与保养

(一)班次维护与保养

(1)每次使用完毕，应把药液桶中剩余药液倒净，加入清水，扳动摇杆进行喷射，来清洗泵筒和管道内部，最后擦干。

(2)清除机器上的灰尘、残药和油污。

(3)检查和紧固各部位螺钉。

(二)入库维护与保养

(1)长期不用时，分别拆开喷杆、输液水管，将其垂直挂起，使其里面的流体排出。

(2)将喷洒各部件拆开清洗，用碱水清洗药箱和输药管，然后用清水洗净。

(3)橡胶件清洗后单独存放，不要弯曲。橡胶管切勿同油类接触，以免腐蚀变质。

(4)皮碗和各运动处应加润滑油。

(5)皮质垫圈应浸足机油，以免干缩硬化。

十、常见故障及排除方法

喷雾机常见故障及排除方法见表 6-1-1。

表 6-1-1 喷雾机常见故障及排除方法

故障现象	产生原因	排除方法
扳动摇杆感觉沉重	1. 皮碗扎住 2. 活动部位生锈 3. 出阀堵塞 4. 塞杆弯曲	1. 拆下整形并加油 2. 拆后打磨光滑并涂油 3. 洗刷玻璃球，清除杂物 4. 矫直塞杆
扳动摇杆感觉不到阻力	1. 皮碗干涸变硬或损坏 2. 进水阀中有杂物 3. 漏装玻璃球	1. 拆下浸油或更换新皮碗 2. 拆开清除杂物 3. 补装玻璃球

续表 6-1-1

故障现象	产生原因	排除方法
喷雾时，时断时续，并有水、气同时自喷头喷出	出水管裂缝或腐烂	焊接修复或更换新件
泵筒顶端漏水	1. 药液装得过满，超过泵筒上回水孔 2. 皮碗损坏	1. 倒出一些药液，使液面在水位线内 2. 更换新皮碗
喷不出雾	1. 喷头堵塞 2. 喷头斜孔堵塞 3. 滤网堵塞 4. 出水阀堵塞	清除杂物
雾化不良或不成圆锥状	1. 喷孔堵塞 2. 喷头片孔不圆或不正	1. 清除杂物 2. 更换新喷头片
喷杆处漏水、开关漏水或转不动	1. 开关帽松动 2. 密封圈损坏 3. 开关芯黏住	1. 拧紧开关 2. 更换密封垫 3. 拆下清洗，加油
其他接头处漏水	1. 螺帽松动 2. 垫圈干缩 3. 垫圈失落	1. 拧紧螺纹 2. 浸油或更换新垫圈 3. 装入新垫圈

十一、考核方法

序号	考核任务	评分标准(满分 100 分)			
		正确熟练	正确不熟练	在指导下完成	不能完成
1	指出各零部件的名称、作用	5	4	3	1
2	机具的准备	10	8	6	4
3	机具的安装	10	8	6	4
4	单位时间喷药量的测定	10	8	6	4

续表

序号	考核任务	评分标准(满分 100 分)			
		正确熟练	正确不熟练	在指导下完成	不能完成
5	作业速度的测定	10	8	6	4
6	药液配制	10	8	6	4
7	作业方法	10	8	6	4
8	使用注意事项	10	8	6	4
9	保养与维护	10	8	6	4
10	常见故障及排除方法	10	8	6	4
11	工具的选择与使用	5	4	3	1
总分	优秀:>90 分　良好:80～89 分　中等:70～79 分　及格:60～69 分　不及格:<60 分				

任务 2　弥雾喷粉机的使用与维护

一、目的要求

1. 熟悉弥雾喷粉机使用方法。
2. 掌握弥雾喷粉机的简单维护方法。

二、材料及用具

(1)弥雾喷粉机 3 台。
(2)安装工具 3 套。

三、实训时间

6 课时。

四、结构

如图 6-2-1 所示，是东方红-18 型弥雾喷粉机，主要由汽油机、机架、风机、药箱、喷管和喷头等组成，可以进行弥雾、喷粉、超低量等作业。

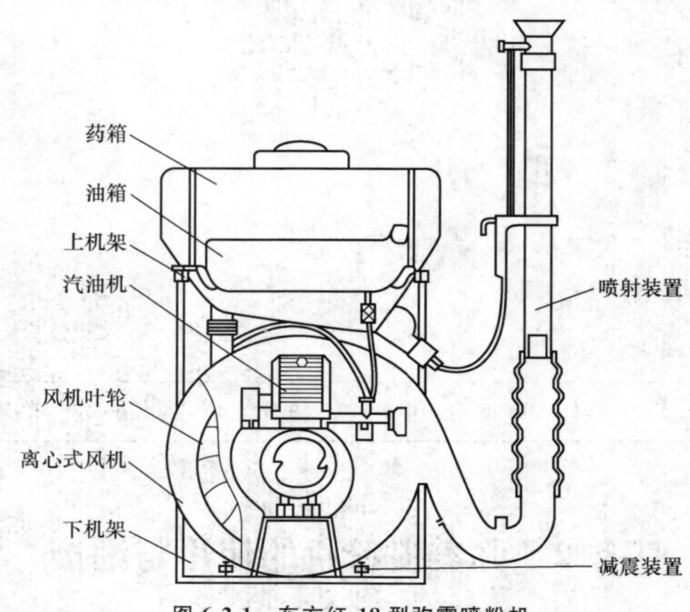

图 6-2-1　东方红-18 型弥雾喷粉机

五、工作过程

（一）弥雾工作

如图 6-2-2 所示，离心式风机在发动机带动下高速旋转(5 000 r/min)，产生高速气流，其中大部分经风机出口进入喷管，少部分气流经进风阀和送风加压组件进入药箱上部，对药液加压，加压后的药液经出液口、输液管和把手开关从喷头喷出，喷出的药液受喷管吹来的高速气流冲击，破裂成很细的雾滴，又被高速气流载送到远方，弥散沉降在作物上。

（二）喷粉工作

如图 6-2-3 所示，离心式风机高速旋转产生的高速气流，大部分经出口进入喷管，少部分经进风阀进入药箱内的吹粉管，然后从管壁上的小孔冲出，将箱底药粉吹松扬起，向压力低的出粉门推送。同时，从风机出来的大部分高速气流经弯管

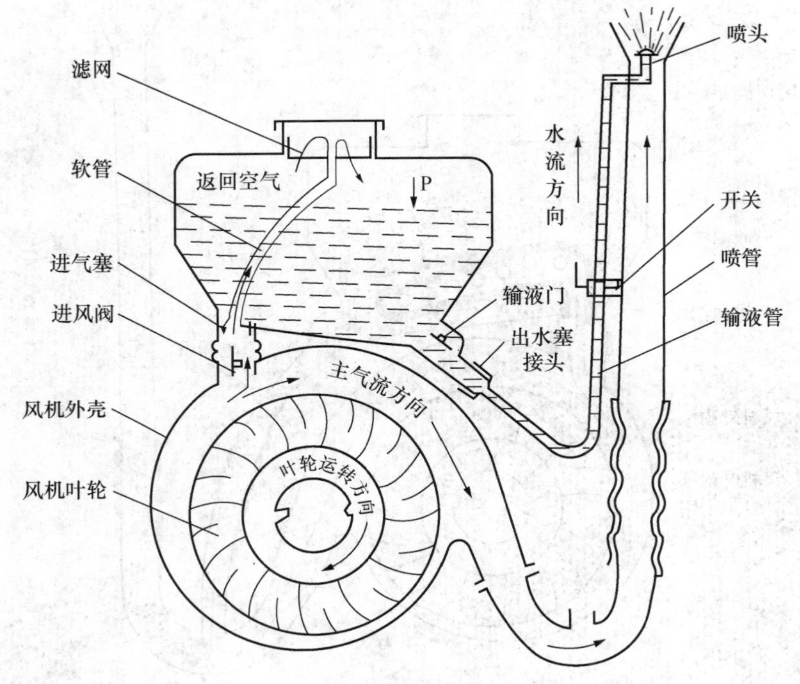

图 6-2-2　背负机弥雾工作过程

时，使输粉管内形成一定负压，在推动和吸力双重作用下，药粉迅速进入喷管，被高速气流充分混合后，从喷头喷出，扩散并沉降在作物上。

六、内容及操作步骤

（一）启动前的准备

（1）新的或长期封存的汽油机，启封时先除去气缸的机油，旋下火花塞，用启动绳拉曲轴数次，使机油从火花塞孔排出，擦干火花塞孔和电极上的机油，再检查火花塞是否跳火。试火花塞火花时，应将火花塞螺纹部位贴在缸盖上，拉动启动轮。禁止将火花塞贴住汽化器试火，以免着火烧坏机器。

（2）检查各螺钉、螺母是否牢固、正常。

（3）用手转动启动轮，检查气缸压缩力是否正常和各运动部件有无卡滞现象。

（4）严格按比例混合燃油，新汽油机最初转速的 50 h 内，汽油和机油的容积比为 15 : 1，以后为 20 : 1。此外，应注意让油通过油箱的滤网，以防杂质进入油箱。

（5）打开油开关，按下浮子室的启动加浓按钮，观察有无燃油从空气滤清器处

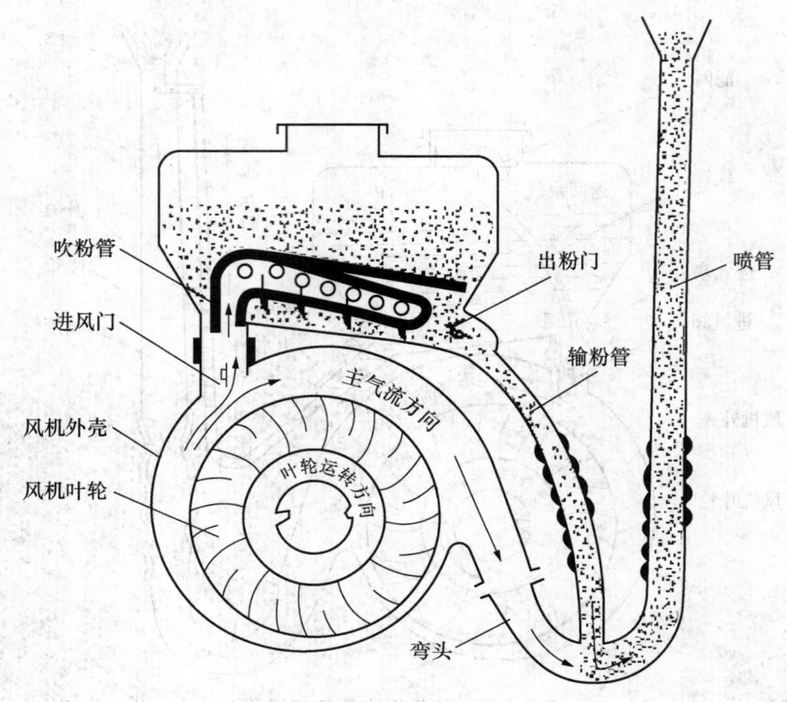

图 6-2-3 喷粉工作过程

流出。如未按加浓按钮前已溢油,可用起子柄轻轻敲击浮子室外壳,以端正针阀与浮子支架的连接及针阀与针阀座的配合。若仍有溢油,可把浮子支架向下弯曲,以调低浮子室油面的高度。

(二)启动

(1)将阻风门关闭 1/2～2/3(热机可不关闭),使混合气加浓。

(2)手油门全开或打开 1/2。

(3)按下启动加浓按钮,使汽化器溢油(热机可不按),以增加混合气浓度。

(4)左脚踩住背负机下机架,将启动绳顺时针地在启动轮上绕 2～3 圈。左手扶住汽油机,右手迅速用力拉动启动绳,拉绳时要注意固定汽油机,防止机器倒翻。必须防止启动绳绕在手上,以防曲轴反转时伤手。

(5)待汽油机启动后,逐渐开大阻风门,并妥善将手油门放在最低速运转位置,待运转 3～5 min,汽油机工作正常后再加速进行负荷工作。

(三)弥雾作业

1. 准备

按弥雾作业状态将机器安装好,药箱内加入清水试喷,无漏水现象且机器运转正常后,再换装药液。药液应缓慢加入,以免因加入过猛而使药液从滤网处外溢,进入风机壳内。药液要确保洁净无杂物。药箱盖必须拧紧。

2. 启动

工作时,先启动汽油机,然后背好机器,打开高速油门开关;待汽油机转速稳定后,再打开药液开关。工作中要随时左右摆动喷管,以控制喷幅和喷洒均匀。

3. 喷药量的确定

单位面积的喷药量取决于行走速度和单位时间喷量的大小。按下式计算:

$$Q=\frac{V\times 666.7}{A}$$

式中:Q——单位面积要求的喷药量,L/亩;

V——药箱有效容积,L;

A——一箱药液应喷洒的面积,m^2。

工作中,测得一箱药液喷洒的面积与计算结果不符时,应及时调整高速行走速度或药液开关的大小,直至相符为止,以防因药量过多造成药害或药量过少达不到防治效果。

在喷洒果树或高大作物时,须换上高射喷嘴,利用早上有上升气流时作业为宜。

(四)喷粉作业

(1)按喷粉作业状态将机器安装好,添加的药粉应干燥、纯净,无杂物且不结块。药粉加好后要拧紧药箱盖并打开风门,背好机器,当发动机稳定运转后,再调整风门进行作业。

(2)喷粉量的计算参照喷雾量的计算。作业时,如果一箱药粉所喷洒的面积与计算值不符时,可改变行走速度或调节粉门大小来进行调整。

大地块作业可使用机器配备的长塑料薄膜喷粉管。作业时,将长管一端与喷管口相接,另一端设一人配合工作;将长喷粉管按需要长度放开后,加油门至长喷管吹起即可 ,转速不宜过高;然后,调整粉门开始喷洒,并随时抖动喷管,防止喷管末端积粉,确保喷粉均匀。

(3)作业结束时,先关闭粉门,再减小油门并灭火。

(4)由于粉剂沉降的速度慢,当风速超过 3.5 m/s 或出现上升气流时,会影响药粉的沉降。因此，喷粉作业最好在早晨有露水、无风或风力微小的情况下进行。

（五）弥雾喷粉机的拆装

(1)从化油器上取下输油管，拔出粉门轴摇臂与粉门拉杆连接的开口销，旋下两夹带螺母，取下药箱。

(2)旋下紧固在汽缸盖上的螺钉，再旋下上机架的连接螺钉，将上机架连同油箱取下来。

(3)放下油门操纵杆上两支架和汽化器压盖螺母，旋下风机和机架上风机支撑组相连接的4个螺母，将风机连同汽油机一起取下来。

(4)旋下风机周围的12个螺钉，取下风机后盖。

(5)旋下紧固在轴端的螺母，将叶轮取下来。

(6)取下消音器，旋下汽油机后盖连接的螺钉，使汽油机和风机后盖分开。

七、注意事项

在实际使用过程中主要应注意以下几点：

(1)按说明书的规定将机具组装好，并检查各部件位置正确，螺栓紧固好，皮带及皮带轮运转灵活，松紧适度，防护装置罩好。

(2)按说明书上规定的牌号向曲轴箱内加入润滑油至规定油位，以后每次使用前都要检查，并按规定对汽油机进行检查及添加润滑油。

(3)启动发动机，低速运转10～15 min，若见有水喷出且无异常声响，可逐渐提高到额定转速，然后将卸压手柄按下，并按顺时针方向逐渐旋紧调压轮调高压力，使压力指示到要求的工作压力，通常2.5～3.5 MPa，然后紧固螺母。

(4)柱塞黄油杯应随时注满黄油，每使用2 h应将黄油杯向下旋转2～3圈。

(5)每天作业完成后，应在使用压力下，用清水继续喷洒2～5 min，清洗泵内和管路内残留的药液，防止内部残留药液腐蚀机体。

(6)卸下吸水滤网和喷雾胶管，打开出水开关，将卸压手柄按下，旋松调压手轮，使调压弹簧处于松弛状态，用手旋转发动机或泵，排除泵内存水，并擦洗机组外表污物。

(7)按使用说明书要求，定期更换发动机和柱塞泵曲轴箱内机油。如曲轴箱内太脏，可用柴油清洗内腔后再加机油。

(8)防治季节结束，机具长期存放时，应彻底排除泵体内积水，防止机件锈蚀以及天寒时被冻坏，并卸下三角皮带、喷枪、胶管、混药器、滤网等，清洗干净并晾干，尽量悬挂保存。放净汽油机内的燃油和机油。

(9)注意使用中的液泵不可脱水运转，以免损坏V形胶圈和柱塞，启动和转移时尤需注意。

(10)每次开机或停机前,应将卸压手柄扳起在卸压位置。

八、维护与保养

(一)班次维护与保养

(1)每班工作后,应清除药箱内残留的药液或药粉,并将机器上的灰尘、油污和药渍清扫干净。

(2)检查并紧固各连接部位的螺钉。

(3)喷粉作业后,必须清洗化油器和空气滤清器,且长喷管内不得有残存药粉。

(4)对各润滑部位进行润滑。

(二)存放维护与保养

(1)发动机部分按汽油机使用说明书进行保养。

(2)喷洒部件拆开清洗,将各部件上的灰尘、油污和残药清洗干净。

(3)用碱水或肥皂水清洗药箱、风机和输液管,并用清水洗净。

(4)风机晾干后,涂上黄油防锈。

(5)橡胶件清洗后单独存放,不得弯曲,塑料件不得挤压。

(6)维护后的机器置于阴凉、干燥、通风良好处保存。

九、常见故障及排除方法

弥雾喷粉机常见故障及排除方法见表6-2-1。

表6-2-1 弥雾喷粉机常见故障及排除方法

故障现象	故障原因	排除方法
不喷雾	1. 进风阀未开 2. 药液开关堵塞	1. 打开进风阀 2. 疏通药液开关
喷量少	1. 药箱不封闭 2. 发动机转速低 3. 过滤网进气孔堵塞	1. 封闭 2. 提高发动机转速 3. 疏通过滤网进气孔
药液进入风机	1. 进气塞与进气胶圈配合间隙过大 2. 进气胶圈腐蚀失效 3. 过滤网与进气塞间的软管脱落	1. 调整间隙 2. 更换胶圈 3. 重新装好软管

续表 6-2-1

故障现象	故障原因	排除方法
化油器漏油	1. 化油器平衡杠杆调得过高 2. 针阀处有杂物	1. 调低平衡杠杆，直到不漏油为止 2. 清除杂物
手把开关漏水	1. 开关压盖松动 2. 开关芯上的密封胶圈磨损失效 3. 开关芯锥面与壳体间密封不良	1. 拧紧压盖 2. 更换密封胶圈 3. 研磨使之配合紧密

十、考核方法

序号	考核任务	评分标准(满分 100 分)			
		正确熟练	正确不熟练	在指导下完成	不能完成
1	指出各零部件的名称、作用	5	4	3	1
2	准备工作	10	8	6	4
3	弥雾作业	20	15	10	5
4	喷粉作业	20	15	10	5
5	设备拆装	20	15	10	5
6	使用注意事项	10	8	6	4
7	维护与保养	5	4	3	1
8	常见故障及排除方法	5	4	3	1
9	工具的选择与使用	5	4	3	1
总分	优秀:＞90 分 良好:80～89 分 中等:70～79 分 及格:60～69 分 不及格:＜60 分				

习题六

1. 简要说明手动背负式喷雾器的工作过程。
2. 简要说明机动喷雾机的工作过程。
3. 简要说明喷雾机的安装过程。
4. 如何确定喷雾机的喷药量和行走速度?
5. 简要说明喷雾机的田间作业方法。
6. 使用喷雾机时应注意哪些事项?
7. 如何对喷雾机进行维护与保养?
8. 当喷雾机发生喷雾时断时续、水气同时从喷头喷出的故障时,应检查哪些项目? 如何排除?
9. 当喷雾机泵筒顶端漏水时,应如何解决?
10. 当喷雾机喷杆处漏水、开关处漏水或开关无法转动时,应如何解决?
11. 如果喷雾机喷不出雾,应检查哪些项目? 如何解决?
12. 简要说明弥雾工作过程。
13. 简要说明喷粉工作过程。
14. 弥雾喷粉机如何进行弥雾作业?
15. 弥雾喷粉机如何进行喷粉作业?
16. 简要说明弥雾喷粉机的拆装过程。
17. 弥雾喷粉机工作时,应注意哪些事项?
18. 如何对弥雾喷粉机进行维护与保养?

项目七　收获机械

任务1　立式割台收割机的调整与使用

一、目的要求

1. 了解立式割台收割机的构造。
2. 熟悉立式割台收割机的正确使用和调整方法。
3. 掌握立式割台收割机的常见故障及排除方法。

二、材料及用具

立式割台收割机一台、拖拉机一台、拆装工具。

三、实训时间

6课时。

四、结构

图7-1-1是立式割台收割机的结构图。立式割台收割机主要与小型拖拉机配套,割幅一般为1.2～1.4 m。由于它只收割作物,并将其铺放在田间晾晒,所以又称割晒机。立式割台收割机一般由拨禾装置、切割器、输送装置、传动系统和悬挂装置等组成,安装在小型拖拉机的正前方,与拖拉机成T形配置。

五、工作过程

如图7-1-2所示,工作时,左(或右)分禾器先插入谷物,将待割和暂不割谷物

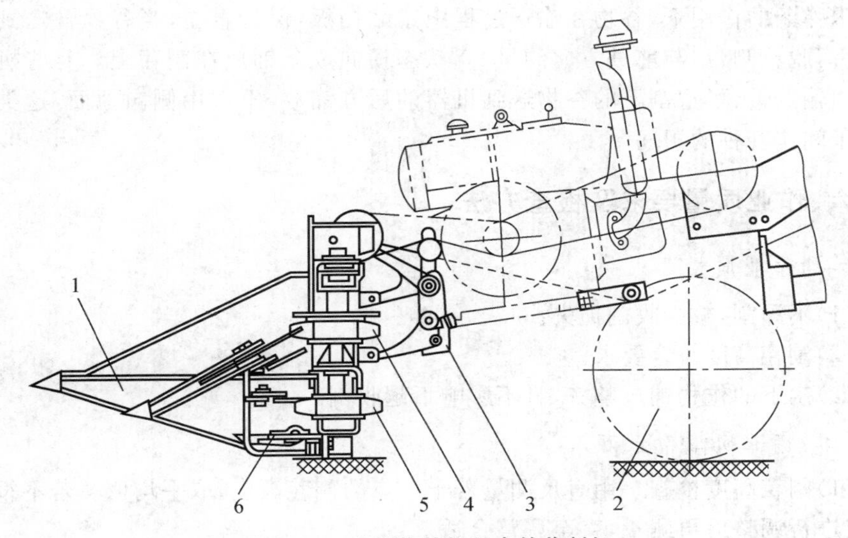

图 7-1-1　小型拖拉机配套的收割机

1. 分禾器　2. 拖拉机前轮　3. 悬挂装置　4. 上输送带　5. 下输送带　6. 切割器

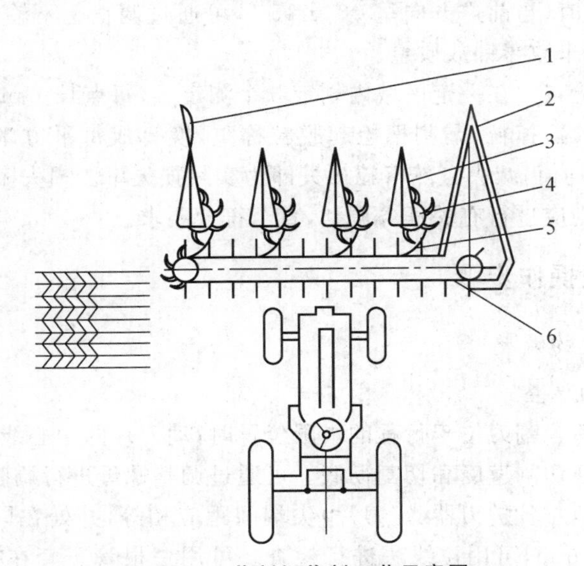

图 7-1-2　收割机收割工艺示意图

1. 左分禾器　2. 右分禾器　3. 扶禾器　4. 拨禾星轮　5. 压禾弹条　6. 输送带

分开，在机器前进和拨禾星轮拨送的共同作用下，待割谷物进入切割器被割断；同时，拨禾星轮和上下输送带拨齿相互配合，将割下的谷物向一侧输送，在机器前进和压禾弹条的作用下，谷物在输送过程中紧贴挡板，保持直立，当谷物输送到割台一端后，脱粒割台，与前进方向约呈90°状态横向成条铺放在割茬上。有些机型设有纵向输送带，可把割下的谷物送到机器的后方铺放，不占用侧向地面，这类机器多用于间作套种的田间。

六、作业质量要求及检查方法

(一)作业质量要求

(1)不漏割，减少收割损失。

(2)割茬高度符合要求。

(3)割下的作物铺放整齐，且不影响下趟收割。

(二)作业质量检查方法

(1)割茬高度检查　用直尺测量若干个点的割茬高度，取平均值。若不符合要求，应进行调整后再测量，直至调整合适。

(2)铺放质量检查　在一行程内等间隔取3～5个点用测角仪进行测量，若铺放角度超出范围时(与前进方向呈90°±15°)，可通过调整上下输送带的松紧度和拖拉机行驶速度来改善铺放质量。

(3)损失率检查　在一定区域内划定3个测定点，每点长1 m，宽为实际割幅，将测定点内的落粒、掉粒、漏割穗捡起脱粒称重，换算成每平方米的损失量，求出3个测定点的平均值，减去自然落粒损失即为实际损失率。损失率不大于1%为符合设计要求，否则应进行有关任务调整，直至符合要求。

七、内容及操作步骤

(一)收割机的调整

1. 切割器的调整

(1)对中调整　割刀位于行程的极限位置时，动刀片的中心线与定刀片的中心线应重合，以保证切割速度和切割彻底。可通过调整螺母进行调整。

(2)整列调整　各护刃器(定刀片)尖端间距应相等，并处在同一平面上，其误差应不大于0.5 mm，可用拉线法进行检查。可用一根管子套在护刃器尖端上扳动校正，或用小锤轻轻敲打的方法进行调整。

(3)密接调整　当割刀位于行程的极限位置时，动刀片与定刀片的前端应贴合，其间隙应小于0.5 mm，其后端间隙允许在0.3～1 mm之间；压刃器与动刀片之间的间隙不大于0.5 mm。可通过调直刀杆、调整压刃器的方法进行校正。

调整好的切割器，刀杆应能用手拉动自如，但不晃动。

2. 输送装置的调整

（1）上输送带位置调整　工作前，应根据作物情况，调整上输送带的高度，使其拨齿作用在作物高度的1/3～2/5处。

（2）输送带张紧度调整　上下输送带皮带的张紧度应一致；否则，作物铺放将不整齐；输送带的张紧度不应过紧或过松，太松易打滑，太紧易磨损。

（二）收割机的使用

1. 机具准备

（1）将收割机与配套拖拉机正确连接，检查和调整各工作部件至良好技术状态。

（2）向各润滑点注润滑油。

（3）结合动力，由低速逐渐增大到额定转速，运转15～20 min。

（4）观察各部位运转情况，检查升降是否符合要求。

2. 田间准备

（1）清除或垫平田间石块、棍棒、凹坑、田埂、沟渠等障碍物。

（2）用人工或自走式收割机割出机组回转地头和铺放带。

3. 安全操作规则

（1）根据作物倒伏情况、风向和地形，决定机组收割方向，一般应逆倒伏方向和逆风向收割，并根据作物密度决定机器行进速度。

（2）进入收割区后应使机器运转达到正常转速后再开始工作。

（3）一般应采用回形作业法进行收割，并保持直线作业，以免分禾器压倒作物。

（4）地头转弯时应升起割台，待作物全部送出后再停止运转。

（5）收割时要注意观察，发现异常现象应及时退到已割地带，停车并切断动力，稳固支垫后再进行检查；严禁在机器运转时进行检查、调整和维修。

（6）应特别严防切割器伤人，在任何情况下都不允许把手指放入动、定刀片的刃口之间。

（7）停止作业时应将割台降下，转移地块时则应升起割台。

八、维护与保养

（一）班次维护与保养

（1）作业前对各润滑点进行润滑，检查各部位紧固情况。

（2）作业后将收割机降下，清除机器上的缠草和泥土，并加注少量机油，同时加以遮盖，以防雨淋。

（二）存放维护与保养

（1）除进行班次维护内容外，应将切割器卸下，更换损坏或磨钝的刀片。

（2）检查各运转部位零件磨损情况，必要时予以更换。

（3）在各润滑部位加注润滑油。

（4）在易锈蚀机件表面涂上机油。

（5）用木板将收割机垫起，停放在干燥、通风的库房内。

九、常见故障及排除方法

立式割台收割机常见故障及排除方法见表 7-1-1。

表 7-1-1　立式割台收割机常见故障及排除方法

故障现象	产生原因	排除方法
割刀堵塞或运转不灵	1. 收割时遇到石块、木棍、铁丝等，切割器被杂物卡死 2. 刀片间隙太大，切割器将谷物连根拔起，卡死切割器 3. 杂草太多，割茬太低，造成割刀堵塞 4. 压刃器压得太紧，切割器间隙太小，造成割刀运转不灵 5. 割刀传动系统皮带松，造成切割速度低，进而造成堵塞 6. 刀片或护刃器损坏 7. 动刀片与定刀片配合位置不“对中”	1. 停车熄火，清除障碍，检查切割器刀片是否损坏 2. 停机，清除刀上的堵塞物，调整动刀片与定刀片间的间隙 3. 适当提高割茬 4. 适当调整间隙 5. 张紧切割器传动皮带 6. 及时更换 7. 调整割刀驱动机构中的连杆长度或刀杆长度，使割刀运动至左右极限位置时，动刀片中心线与定刀片中心线重合，偏差小于等于 5 mm
拨禾轮缠草	1. 拨禾轮太低 2. 拨禾轮的弹齿向后倾斜的角度太大，弹齿挂草	1. 提高拨禾轮位置，使轮缘作用在作物高度的 2/3 处 2. 调整弹齿角度

续表 7-1-1

故障现象	产生原因	排除方法
拨禾轮无法升起	1. 液压油箱内油不足 2. 齿轮泵吸油管密封不严 3. 液压油箱吸油法兰上O形圈损坏或齿轮泵吸油接头上的O形圈损坏 4. 齿轮泵损坏 5. 多路阀内控制拨禾轮升降的安全阀调压弹簧调整压力不足或弹簧失效	1. 加入液压油使液面达到回油滤芯一半高度 2. 将吸油管两端螺母锁紧，喉箍紧固 3. 更换新O形圈 4. 更换新齿轮泵 5. 调整安全阀压力至说明书规定值，如弹簧失效则更换新弹簧
割台搅龙堆积堵塞	1. 作物太矮，喂入量太小，使作物在割台打滑无法喂入，造成拥堵 2. 拨禾轮太靠前不能有效地将作物铺放，造成堵塞 3. 割台助运板损坏 4. 喂入量太大，造成堵塞 5. 割台底板变形，造成割台堵塞	1. 尽量降低割茬，加大喂入量 2. 拨禾轮后移，但不能触碰割台搅龙 3. 修复或更换割台助运板 4. 减小割幅，适当提高割茬，降低行走速度 5. 校正割台底板
割台无法下降	多路阀内液压锁压力过高	调整液压锁内弹簧，降低开启压力
割台下降过快	多路阀内节流片间隙过大	调小节流片间隙

十、考核方法

序号	考核任务	评分标准(满分100分)			
		正确熟练	正确不熟练	在指导下完成	不能完成
1	指出各零部件的名称、作用	10	8	6	4
2	工作质量要求及检查方法	10	8	6	4

续表

序号	考核任务	评分标准(满分100分)			
		正确熟练	正确不熟练	在指导下完成	不能完成
3	切割器的对中调整	10	8	6	4
4	切割器的整列调整	10	8	6	4
5	切割器的密接调整	10	8	6	4
6	输送带位置调整	10	8	6	4
7	输送带张紧度调整	10	8	6	4
8	收割机的正确使用	10	8	6	4
9	收割机的维护与保养	10	8	6	4
10	常见故障及排除方法	10	8	6	4
总分	优秀:>90分 良好:80～89分 中等:70～79分 及格:60～69分 不及格:<60分				

任务2 脱粒机的使用与维护

一、目的要求

1. 了解脱粒机的构造。
2. 熟悉脱粒机的正确使用和调整方法。
3. 掌握脱粒机常见故障诊断与排除。

二、材料及用具

全喂入脱粒机一台、半喂入脱粒机一台、装拆工具。

三、实训时间

6课时。

四、结构

(一)半喂入脱粒机的构造

半喂入式脱粒机通常是稻麦兼用,脱水稻为主。它由工作台、夹持喂入装置、脱粒装置、排杂筒、清选装置、谷粒输送装置等组成。如图 7-2-1 所示。

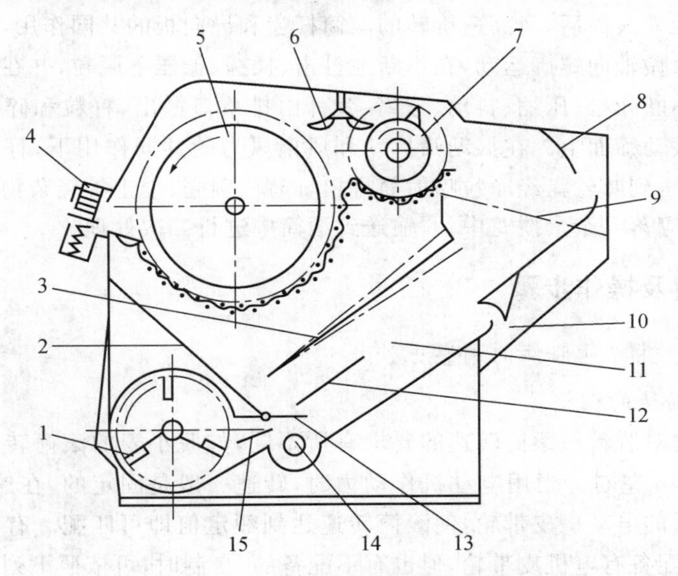

图 7-2-1　半喂入式脱粒机的构造

1. 风扇　2. 前滑板　3. 后滑板　4. 夹持喂入装置　5. 弓齿滚筒　6. 切草刀
7. 排杂筒　8. 反射板　9. 振动筛　10. 次粒调节口　11. 风道
12. 中滑板　13. 固定筛　14. 谷粒推运器　15. 导风板

(二)全喂入脱粒机的构造

全喂入脱粒机主要由喂入台、脱粒滚筒、上凹板筛、下凹板筛、机架、振动筛、风扇、杂余搅龙、籽粒搅龙、倾斜杂余搅龙、净粒喷射筒等组成。

五、工作过程

(一)半喂入脱粒机工作过程

脱粒时,将作物整齐地搬上作物铺放台,穗头朝向滚筒均匀地喂入夹持链与夹持台之间。禾把随着链条移动,穗头部分被带入滚筒腔内,在滚筒齿的连续梳刷和冲击下脱粒干净,脱净后的茎秆从机体右侧排出,脱下来的籽粒及短小禾屑、杂质等由滚筒筛和副滚筒筛筛孔下落，在下落的过程中，受到风扇的清选作用，次粒从次粒孔吹出，轻杂物、禾屑、尘土等则由集尘斗排出机外，只有净粒落到籽粒推运器内，经净粒孔喷射筒排出。不能通过滚筒筛和副滚筒筛的长禾屑，由副滚筒排尘口排出机外，部分夹杂籽粒受振动筛分离后，落到机体内再次清选分离。

（二）全喂入脱粒机的工作过程

作物被喂入滚筒后，经高速旋转的滚筒杆齿和导向板的共同作用，沿凹板由喂入口向排草口做轴向螺旋运动，在不断地打击、揉搓、振压下脱粒，并在杆齿和凹板不同间隙下不断膨松、压缩、抖动、分离，茎秆由排草口抛出，籽粒和碎茎秆等杂物由凹板漏到振动筛面上。在振动筛抖动和风扇风力的共同作用下，籽粒落到籽粒搅龙上，并输送到叶轮盘经净粒喷射筒排出，碎草、颖壳、尘土等轻杂物由排草口吹出机外，断穗等落入杂余搅龙中，并输送到滚筒中进行二次处理。

六、内容及操作步骤

（一）脱粒机常见部件的调整方法

1. 滚筒转速的调整

不同作物对脱粒机滚筒转速的要求有所不同，如脱小麦的滚筒转速一般要求在1 000 r/min左右。当用电动机作动力时，转速一般是固定的，在这种情况下，只要选用合适的电动机皮带轮，使滚筒转速达到额定值即可匹配。有些脱粒机在出厂时，厂家配备有电机皮带轮，但也有不配备的，自制时，可依照下列公式计算皮带轮直径：电机皮带轮直径×电机转速＝滚筒皮带轮直径×滚筒转速。当用手扶拖拉机作动力时，由于转速的调节范围较大，因此与脱粒机配套比较灵活。这时，脱粒机的转速通过手扶拖拉机的油门控制。根据经验，脱粒机的滚筒转速高，脱净率高，破碎率高；转速低，脱净率低，破碎率低。

2. 滚筒间隙的调整

滚筒间隙，指滚筒与凹板之间的间隙，一般为1～5 cm。间隙大，脱净率低，破碎率低；间隙小，脱净率高，破碎率高。滚筒间隙根据作物的品种和干湿情况进行调整，易脱粒作物和作物含水率低时适当调大，不易脱粒作物和作物含水率高时，可适当调小。

3. 风量调整

风量大时，清选出的粮食较为干净，但易造成籽粒夹带损失；风量小时，清选效果稍差，但籽粒夹带损失减少。

(二)脱粒机的使用

1. 准备工作

(1)场地准备

①脱粒机作业场地要选平坦开阔、干燥、运输方便,规划好草垛、谷粒存放位置和运输路线。

②要配好防火用具和水源,以防火灾发生。

③脱粒机要顺风放置,注意自然风向,出草和麦糠出口尽量与自然风向一致,并要保持水平,固定牢靠。

(2)机器准备

①根据作物情况,检查和调整脱粒间隙、分离筛孔开度和风量、风向以及脱粒速度,一般根据使用经验先做预先调整,脱粒时再根据脱粒质量随时检查和调整。

②检查拧紧松动的螺母,如皮带轮、机架、紧固螺钉、滚筒间隙调整螺母、滚筒纹杆或钉齿紧固螺母等,以防止发生机械或人身伤亡事故;检查滚筒、皮带轮、轴承座等部件有无裂缝、断开或其他损坏情况。

2. 运转检查

(1)脱粒机工作前要进行运转检查。结合动力前,要先用力转动,观察各部运转是否正常,若有碰撞、阻挡或异常响声时,要查出原因并排除后再结合动力空转。

(2)一般应空转 10 min 左右,待滚筒由低速逐渐达到额定转速后,方可进行试脱;空转时,要注意观察各紧固件是否松动,轴承温度是否正常。

(3)试脱中应检查脱粒质量,达不到要求应停车调整,合乎要求后再正常工作。

(4)喂入应连续均匀,使滚筒平稳工作,并注意观察和倾听机器运转情况,发现有异味、异常声响和轴承发热等情况,要及时停车检查并排除。

3. 脱粒机的安全操作规则

(1)用电动机作动力时,应注意电机的功率和转速要与脱粒机匹配,接线要牢固可靠,不用破损电线,防止发生人身触电事故或因电线短路而引起火灾。电源开关不应远离脱粒场地,以便在发生意外事故时能迅速切断电源。

(2)脱粒过程中,要提高安全意识,防止工具或其他物件触及机器运动部分而造成意外事故。

(3)不能超负荷。首先是机器不超负荷,不可让脱粒机超负荷工作。不论是用电动机还是柴油机作动力,工作时均不能超负荷。其次是人员不超负荷,连续作业时间不可长,麦收脱粒时往往需日夜奋战,但是一般工作 5～6 h 后要停机,并对脱粒机及其动力机进行安全检查,使人得到休息,使机械得到保养,否则极易发生事故。

(4)秸秆喂入要均匀、适量、正确,保证安全。在脱粒机脱粒时,应注意均匀喂入,喂入量适当,不可将秸秆一起喂入,否则容易损坏机件和伤害人体。人的手臂绝不能伸进喂料口,以防被高速旋转的螺纹杆打伤,甚至打断手臂。

(5)操作人员衣着要紧凑,女同志要将发辫包起,防止衣服或头发卷入滚筒或传动皮带造成意外人身伤亡事故。

(6)严禁儿童在机器周围玩耍。

(7)当用手扶拖拉机作动力配套时,应注意排气管的方向,不要面向出草和出麦糠出口,也不要朝下安装以免引起火灾。

(8)对工作人员进行安全教育,熟悉操作方法,指明容易发生危险的地方;规定启动和停机的信号,并严格执行。

(9)在所有的皮带、链条和露出的轴头处,均应装有防护罩。

(10)在喂入谷物时,严防铁器、石块等硬物进入机器。

(三)脱粒质量的检查与调整

1. 脱粒质量的检查

脱粒质量主要包括断穗率、破碎率、夹带损失和清洁度。其检查方法是在一定时间内在颖壳和茎秆排出口接取样品,挑选出断穗和谷粒后分别脱粒称重;接样的同时,应在出粮口接取籽粒约 200 g,以计算破碎率、断穗率、夹带损失和清洁率。

(1)在茎秆排出口的样品中检查断穗率和夹带损失率。

(2)在颖壳出口中检查其夹带损失。

(3)在出粮口的样品中检查谷粒破碎率、脱净率和清洁度。

2. 调整

当脱粒质量不符合要求时,应做如下调整:

(1)脱粒不净时,可通过提高滚筒转速、减小脱粒滚筒与凹板的间隙或复脱器的间隙来进行调整。同时,喂入谷物时要尽量均匀。

(2)茎秆中夹带谷粒过多时,需减小喂入量,以减轻逐稿器的负荷;谷物潮湿也会造成茎秆夹带谷粒过多现象,应尽量不脱潮湿谷物。

(3)颖壳中夹带谷粒一般是由于筛片开度小,风量大造成的。可通过筛孔调节手柄和进风口处的风门开度的大小来调节筛子开度和控制风量。

谷物太干时,碎茎秆太多,也会造成夹带谷粒。此时,应降低滚筒转速,增大凹板间隙,以减少茎秆破碎量。

(4)碎粒太多时,应适当加大脱粒间隙或降低滚筒转速,同时应使滚筒两端间隙一致。

(5)谷粒清洁度低时,应适当增大风量,调整风向;调整或更换筛孔合适的筛子。

七、常见故障及排除方法

1. 全喂入脱粒机常见故障及排除方法见表 7-2-1。

表 7-2-1 全喂入脱粒机常见故障及排除方法

故障现象	故障原因	故障排除
滚筒堵塞或过载	1. 滚筒无级变速带低速时打滑 2. 凹板和滚筒之间的间隙太小或太大 3. 滚筒转速太低 4. 进入滚筒的作物过多 5. 作物过于潮湿 6. 收获作业时,发动机油门不到额定位置	1. 调整传动带带轮的间隙 2. 调整凹板和滚筒之间的间隙 3. 提高滚筒转速,在调整过程中关注其他指标的变化,防止转速过高 4. 适当降低行走速度,减小喂入量 5. 作物干燥时再进行脱粒作业 6. 调整油门软轴
滚筒没有高速	传动带松弛	调整传动带张紧机构或更换传动带
滚筒转动不平衡或有异常声音	1. 滚筒失去平衡 2. 螺栓松动或纹杆脱落或板齿损坏,影响平衡 3. 滚筒脱粒室有异物 4. 凹板和滚筒之间的间隙过小 5. 滚筒轴向窜动,或与侧壁摩擦 6. 轴承损坏	1. 对脱粒滚筒重新进行平衡调整 2. 拧紧螺栓,更换损坏的纹杆或板齿 3. 停车排除异物 4. 重新调整滚筒间隙,调整后试运转,检查有无异常声音 5. 调整并紧固滚筒的轴向定位 6. 更换轴承
谷物脱粒不干净	1. 作物还未到收获期 2. 滚筒转速过低	1. 收割前进行实地查看,并测试作物的湿度 2. 适当提高滚筒转速,边调整边观察,直至获得一个良好的脱粒效果,切忌把转速调高到籽粒破碎的临界效果

续表 7-2-1

故障现象	故障原因	故障排除
谷物脱粒不干净	3. 滚筒与凹板间隙过大 4. 滚筒喂入不均匀 5. 进入脱粒室的物料不足,脱粒效果不佳 6. 纹杆磨损,或凹板栅格变形	3. 减小凹板和滚筒之间的间隙,调整过程中需试验、观察,直至有一个理想的脱粒效果 4. 检查倾斜输送链的张紧装置,同时检查浮动辊与倾斜输送器底板间隙是否合适 5. 对稀矮的作物要提高行走速度 6. 更换纹杆,维修凹板筛
粮箱内籽粒破碎严重	1. 滚筒转速过高 2. 滚筒与凹板之间的间隙过小 3. 杂余中粮食过多,复脱时造成破碎 4. 进入脱粒室的物料不足 5. 搅龙壳体凹陷或搅龙轴弯曲,致使搅龙叶片与壳体间产生破碎	1. 降低滚筒转速,适当调大凹板间隙,获得良好的脱粒效果 2. 增加凹板和滚筒之间的间隙直至破碎现象消失 3. 适当微调下筛的开度,微调风扇的转速,降低杂余 4. 调高行走速度 5. 校正修复搅龙壳体,校直弯曲的搅龙轴
杂余中几乎没有糠	风扇转速过高	降低风扇转速,或适当增加上筛的开度
粮箱内的粮食非常清洁	上筛的开度不够	增加上筛的开度
杂余中有大量的糠,籽粒清洁度低	下筛关闭,或风扇转速过低	适当增加下筛开度,调整风扇转速
杂余中有大量的短杂	1. 收割杂草多的作物时,上筛和尾筛开度过大 2. 滚筒转速过高,或凹板间隙过小,茎秆粉碎太厉害	1. 降低上筛和尾筛开度 2. 降低滚筒转速或增大凹板间隙

续表 7-2-1

故障现象	故障原因	故障排除
茎秆中夹带籽粒太多	1. 喂入量太大 2. 作物过于潮湿或杂草过多 3. 板齿滚筒转速过低或栅格凹板前后堵塞,分离面积减小	1. 适当减小喂入量 2. 适当减小喂入量 3. 提高滚筒转速,清理凹板筛堵塞部分
逐稿器折断,逐稿器曲轴折断	1. 作物茎秆潮湿 2. 喂入量太大 3. 曲轴达不到额定转速造成茎秆堵塞 4. 使用切碎装置时,切碎器不转动,或时转时停 5. 堵塞报警器失灵	1. 注意作物的成熟度,适时收获或降低行走速度 2. 降低行走速度或减少割幅 3. 检查转速,调整传动带、链条的张紧度 4. 张紧切碎装置的传动带,若仍无改变,则更换传动带 5. 检查报警器,更换新的元件
茎秆中夹带损失大	1. 逐稿器箱体内堵塞 2. 逐稿器键面孔堵塞	1. 清理逐稿器箱体 2. 清理逐稿器键面孔,使其畅通
清洁度差(有未脱净的穗头)	1. 下筛的开度过大 2. 滚筒未脱净 3. 复脱器未装搓板	1. 适当降低下筛开度 2. 增加滚筒转速,同时降低滚筒与凹板之间的间隙 3. 复脱器装搓板,调大杂余筛开度
粮箱中粮食不清洁	1. 风扇转速过低 2. 上筛前段开度偏大	1. 增加风扇转速 2. 适当降低上筛的开度
清选室跑粮	1. 上筛过小,来不及处理 2. 风扇转速不正确	1. 增加上筛开度 2. 调整风扇转速,同时检查粮箱中粮食的清洁度的变化
不管喂入量大小,排糠中籽粒偏多	1. 风扇转速过高 2. 上筛开度不足 3. 板齿滚筒转速过高,板齿凹面参与工作,碎茎秆多,清选负荷大	1. 降低风扇转速 2. 增加上筛开度 3. 降低滚筒转速,用凹板筛光面工作

续表 7-2-1

故障现象	故障原因	故障排除
复脱器堵塞	1. 作物潮湿或品种难脱，进入复脱器的杂余偏多 2. 安全离合器弹簧预紧力不足	1. 提高板齿滚筒的转速，加大调风板的开度，增加复脱器搓板 2. 停止工作，排除堵塞，检查安全离合器是否符合说明书规定
籽粒搅龙堵塞	1. V 带过松 2. 清洁率过低 3. 籽粒太湿、表面含水； 4. 滚筒堵塞引起的并发堵塞	1. 移动压紧轮，调整 V 带紧度 2. 调整风门，适当加大风量 3. 铺晒 4. 排除滚筒堵塞后，打开扬谷器盖，掏尽积谷，同时取下出粮管清除管道中心堵物，开机空转，排尽机内谷物，盖好扬谷器盖和装上出粮弯管即可脱粒

2. 半喂入脱粒机常见故障与排除方法见表 7-2-2。

表 7-2-2 半喂入脱粒机常见故障与排除方法

故障现象	故障原因	故障排除
飞散的稻粒太多	1. 发动机转速过高 2. 脱粒室排尘调节开得过大 3. 脱粒控制的调节不当 4. 摇动筛的增强板的调节关闭 5. 水稻产量高，叶子较青	1. 调节油门手柄使发动机恢复正常运转 2. 把脱粒室的导板从“开”的位置调到“标准”位置 3. 将鼓风机的风力调至“弱”；将摇动筛的开量调大 4. 向机体前方调整摇动筛的增强板 5. 降低收割速度，适当减小割幅
二次搅龙堵塞	1. 二次搅龙有异物卡住 2. 二次搅龙转速不足	1. 停车，排除异物 2. 调整传动带张紧机构

续表 7-2-2

故障现象	故障原因	故障排除
脱稻时，带柄率高、破碎多；脱麦时，不能去掉麦芒	1. 发动机转速过低 2. 脱粒齿磨损 3. 脱粒室排尘过大 4. 摇动筛开量过大	1. 调节油门手柄使发动机恢复正常作业转速 2. 更换新的脱粒齿 3. 把脱粒室导板从“开”的位置调整到“标准”位置 4. 向“闭”的方向调节摇动筛开度调节板
有断草和杂物混入	1. 发动机转速过低 2. 鼓风机的调节手柄在“弱”的位置 3. 摇动筛开量调节过分打开 4. 摇动筛增强板的调节过分打开 5. 鼓风机风道被异物堵死	1. 适当提高发动机转速 2. 用带轮调节板将风机的风力调为“强” 3. 向“左”的方向调整摇动筛开量调节板 4. 向机体后方调整摇动筛增强板 5. 长时间未清理草屑，有谷粒堵塞，检查杂余搅龙锥齿轮箱
脱稻或麦时，破碎较多	1. 发动机转速过高 2. 脱粒室排尘过小 3. 鼓风机风力过强 4. 摇动筛开量过小	1. 调节油门手柄使发动机恢复正常作业转速 2. 将脱粒室导板调节手柄向“开”的方向调整 3. 用带轮调节片将鼓风机的风力调“弱” 4. 向“右”的方向调整摇动筛开量调节板
碎草装置切断的茎秆变长	1. 碎草刀损坏 2. 脱粒深度过深 3. 碎草装置刀片间隙过大，由于刀片损坏重叠量变小	1. 更换新刀片 2. 调整喂入深浅调节装置 3. 调整间隙；调整重叠量保证在 9 mm 以上
脱粒不净	1. 脱粒深浅调节过浅 2. 发动机转速过低 3. 脱粒滚筒转速过低	1. 调整喂入深浅调节装置 2. 调节油门手柄使发动机恢复正常作业转速 3. 调整脱粒滚筒张紧机构

续表 7-2-2

故障现象	故障原因	故障排除
滚筒、副滚筒堵塞	1. 喂入不当,如喂入过多、过深、喂入作物过湿或喂入了硬物 2. 切刀钝,滚筒缠草太多 3. 传动带松或带轮上止动螺钉松或两滚筒侧盖止动螺钉松 4. 原动机负荷时转速下降多,使滚筒转速过低 5. 滚筒导向板位置不当;振动线筛停止振动	1. 按前述喂入要领操作,并注意喂入时挑出硬物,作物过湿可适当晾干 2. 拆下切刀磨锐 3. 张紧传动带或把各处止动螺钉拧紧 4. 调换原动机,调节转速,缩短机器与电源的距离,加粗电缆线 5. 拆下或安装成向右倾斜
紧急停车	由原动机或其他原因造成的停机	用手转动滚筒带轮把链条中夹持的禾把向出口方向拉出,打开滚筒和副滚筒盖把腔内的禾屑清除,打开净粒喷射筒侧盖,把未抛出来的籽粒清除,风扇壳若有籽粒进去,可打开前盖门掏出,故障排除后须空转一些时间方可继续喂入

八、考核办法

序号	考核任务	评分标准(满分 100 分)			
		正确熟练	正确不熟练	在指导下完成	不能完成
1	指出各零部件的名称、作用	5	4	3	1
2	滚筒转速的调整	10	8	6	4
3	滚筒间隙的调整	10	8	6	4
4	风量的调整	10	8	6	4

续表

序号	考核任务	评分标准(满分100分)			
		正确熟练	正确不熟练	在指导下完成	不能完成
5	脱粒场地的准备	5	4	3	1
6	脱粒工作前的准备	5	4	3	1
7	脱粒机运转过程中的检查项目	10	8	6	4
8	脱粒质量的检查与调整	10	8	6	4
9	全喂入式脱粒机常见故障及排除方法	10	8	6	4
10	半喂入式脱粒机常见故障及排除方法	10	8	6	4
11	脱粒机的安全操作规程	10	8	6	4
12	脱粒的维护	5	4	3	1
总分	优秀:＞90分　良好:80～89分　中等:70～79分　及格:60～69分　不及格:＜60分				

任务3　全喂入式谷物联合收割机的使用与调整

一、目的要求

1. 了解全喂入式联合收割机的构造。
2. 熟悉联合收割机的正确使用和调整方法。
3. 掌握联合收割机常见故障诊断与排除。

二、材料及用具

全喂入联合收割机一台、装拆工具。

三、实训时间

6 课时。

四、结构

如图 7-3-1 所示，是 4LZ 型稻麦全喂入联合收割机整体结构图，主要由发动机、驾驶台、割台部分、输送装置、脱粒部分、底盘部分、液压及电气系统等组成。

图 7-3-1 4LZ 型稻麦全喂入联合收割机

五、工作过程

拨禾轮将作物拨向切割器，切割器切割作物，拨禾轮继续将作物拨送到割台螺旋输送器(割台搅龙)，割台螺旋输送器左右两端的螺旋导叶将作物向割台中段输送，中段拨齿机构的伸缩扒齿将作物拨向倾斜输送器过桥，由倾斜输送器将作物送向切流滚筒对籽粒进行脱粒和分离，然后由轴流滚筒进一步脱粒和充分分离籽粒后，在其尾部将作物的茎秆排出排草口。由切流滚筒和轴流滚筒凹板分离出来的脱出物(籽粒、短茎秆、颖糠和其他杂物等)经由下筛尾部向后抛向地面；籽粒混合物(籽粒和少量小杂物及小穗头等)等杂物经杂余滑板进入复脱器进行复脱，再进入筛箱清选，其余经筛箱籽粒滑板滑向籽粒螺旋输送器，最后由刮板式籽粒升运器提升进入粮箱。

六、内容及操作步骤

(一)挠性割台的正确使用与调整

1. 挠性割台的锁定

在收割高秆直立作物如小麦、水稻时,需将挠性割台锁定为刚性状态,作为刚性割台来使用。

锁定方法:将割台提升到最高位置,放下油缸安全护罩。从割台的任意一端开始向上推动拖板。用圆头方根螺栓、锁紧垫圈和螺母来锁定割台底板和割刀。螺栓方根必须嵌入到割台压板,直到螺母预紧到锁紧位置。

2. 挠性割台割刀、拖板倾斜角度的调节

调节前一定要把割台挂接到联合收割机上,同时割台锁紧为刚性状态。在坚硬平整的水泥地上调整割台的倾斜度,以保证割刀平直;并调整拨禾轮与割刀距离。

调整方法如下(图 7-3-2):

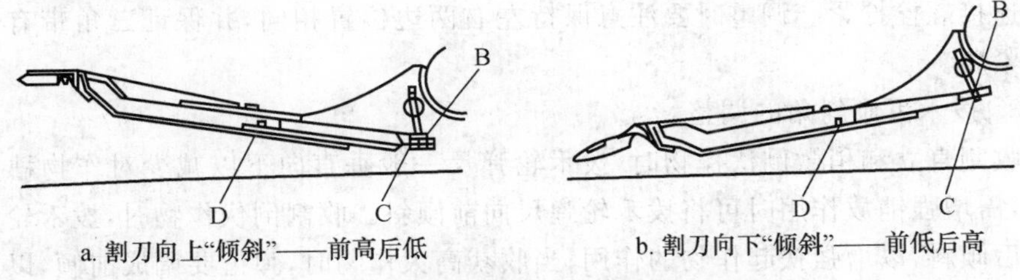

图 7-3-2 挠性割台割刀、拖板调整示意图

(1)卸下割台防缠罩。

(2)将挠性割台按前面叙述的方法锁定为刚性割台。

(3)松开螺母 B 大约 1.5 mm 距离。

(4)拧松可调螺母 C,以增加割刀的倾斜度,割刀向“上”倾斜——前高后低。

(5)拧紧可调螺母 C,以减少割刀的倾斜度,割刀向“下”倾斜——前低后高。

(6)按上述方法可调左、右两侧的倾斜槽钢直至左右两侧的拖板与地表平行。

(7)从割台两端护刃器尖用细绳拉直检查是否平直,然后调节其余的倾斜槽钢,直到割刀平直为止。

(8)对着可调螺栓 C 拧紧螺母 B。

(9)调整稳定器弹簧总成,目的是平衡摆环箱传动胶带的拉力。

(二)拨禾轮的正确使用与调整

拨禾轮的高低、前后以及弹尺的倾斜角应根据田间作物生长情况随时调节,有利于提高机器作业质量和减少割台对农作物的损失。

1. 拨禾轮的高低调节

拨禾轮转到最低位置时，拨尺应作用在作物被切割处以上 2/3 的部位，使割下作物能顺利导向割台。当收割倒伏或矮秆作物时，拨禾轮可适当调低一些。调整时使用液压操纵手柄，当确定适合位置时，手柄恢复在中间位置，使拨禾轮高度控制在同一部位。

2. 拨禾轮的前后调整

拨禾轮与切割器是配合工作的，一般来说，收获直立作物时，拨禾轮轴应位于割刀正上方附近；收获顺向倒伏作物时，应将拨禾轮前移并适当降低高度；收获逆向倒伏作物时，应将拨禾轮少许后移。往前调时拨禾作用加强而铺放作用减弱；往后调时拨禾作用减弱而铺放作用增强。

调整时，先放松拨禾轮传动 V 形带上的张紧轮，然后再松开拨禾轮升降臂支撑座的连接螺栓，便可将拨禾轮前后移动到合适位置。调整后，张紧传动 V 形带将各连接螺栓拧紧。调整时要注意保持左右两边位置相同，并保证三角带有适当的张紧度。

3. 拨禾齿倾斜角的调整

收割直立和稍微倒伏作物时，拨禾轮弹尺一般垂直向下以减少对作物穗头的打击，需增强铺放作用时可将拨禾轮弹尺向前倾斜。收割倒伏作物时，拨禾轮弹尺应向后倾斜，以增强扶起作物的作用；当收获高大作物时，弹齿要调成前倾，以加大弹齿与割台搅龙叶片间的距离，便于搅龙输送作物。

调整时，可松开拨禾轮轴处的偏心调节板上的固定螺栓，用手向前或向后扳动弹齿，便可把弹尺调节到合适的倾斜角，调整后拧紧固定螺栓。

注意事项：拨禾轮放到最低、最后位置时，弹齿顶端至喂入搅龙、护刃器的最小距离不得小于 20 mm。

4. 拨禾轮转速的调整

在拨禾轮安装高度合适的情况下收割，若作物前冲(向后推送作用小)，表明拨禾轮转速过低，可调高转速；若作物回弹，表明转速过高，可调低拨禾轮转速，直到能顺利收割为止。

(三)切割器的使用与调整

切割器长时间使用或使用中遇到障碍物会引起刀片磨损、振动、松动等状况，严重时可使刀梁、刀杆、压刃器变形，动刀片上翘间隙变大，影响切割效果，所以应经常检查，及时调整更换。

1. 护刃器的调整

首先检查护刃器梁是否平直,若不平直,应进行校正。每个护刃器都要使护唇与刃口平行,可通过敲击护唇使之与刃口平行。所有护刃器上的切割工作面均应处在同一平面上。调整的方法可以用一管子套在护刃器尖端上去掰直,也可用手锤敲打,使之平直。

2. 刚性割台的割刀传动

割刀传动机构每工作 100 h,要检查摆块轴承间隙;如果有间隙,松开支座上的螺栓重新拧紧螺母,直到间隙消除为止。

3. 割刀行程的调节

割刀的标准行程为 76.2 mm,如果达不到要求,需要调整。首先卸下球铰,调节连杆的长度,直到达到要求为止(每转动球铰一圈,连杆长度变化 1.6 mm)。

(四)割台搅龙的使用与调整

割台搅龙的功能是把切割器割下的作物顺利输送到倾斜输送器(过桥)。

1. 割台搅龙与割台底板高度的调整(图 7-3-3)

首先,将割台右侧的螺母 D、E、F 松开。如果是提升搅龙,放松螺母 E,拧紧螺母 F;如果是下降搅龙,放松螺母 F,拧紧螺母 E,调整好后拧紧螺母 D、E、F。采用同样方法调整割台左侧,最终使搅龙叶片与底板之间的距离保持在 13 mm 左右。

注意,搅龙左端有滑块螺栓,此螺栓只起导向作用,用户千万不能将其锁紧,以免搅龙不能浮动而产生堵塞。

2. 割台搅龙前后位置的调整(图 7-3-3)

同时松开割台左侧和右侧的紧固螺母 D、E、F。向前或向后移动零件 C,达到

图 7-3-3 割台搅龙的调整

所要求的位置，注意左右侧移动距离一定要一致，然后拧紧螺母D、E、F。调整时要边调整边测量，直到搅龙叶片顶部与防缠板保持16 mm间隙；同时要转动搅龙，检查伸缩拨齿、叶片同割台底板、后侧板和拨禾轮之间的间隙是否一致。

3. 割台搅龙伸缩拨指的调整(图7-3-3)

松开螺母A，如果向上转动零件B，则伸缩拨指向下伸出；如果向下转动零件B，则伸缩拨指向上伸出。调整好后锁紧螺母A。

4. 割台搅龙安全离合器的调整(图7-3-3)

割台搅龙采用的是摩擦片式安全离合器，四个压紧弹簧的安装尺寸为37 mm。使用过程中若弹簧压力过大，则适当加大安装尺寸A，以免损坏伸缩拨指及伸缩拨指座；若弹簧压力过小，会使搅龙不能正常工作，可以适当地缩小安装尺寸A；调整过程中，一定要保证四个弹簧的安装尺寸相同。

(五)倾斜输送装置的调整

输送带正常工作的张紧程度是以下边皮带下垂弧形的耙齿能轻轻刮到底板为宜。如需张紧，松开两侧张紧调节螺杆上的后锁紧螺母，拧紧前锁紧螺母，把撑板推向前，使输送带张紧到合适松紧度后同时锁紧两侧前后螺母。注意：两条平皮带的张紧程度必须一致。输送带调整后还应做下列调整：割台升至最高位置时，输送带上的耙齿与割台搅龙、伸缩杆顶部应留有15～35 mm的间隙。若太小，可把输送带调短一截然后接好再张紧。收割机在作业时，当喂入量过多造成轻微堵塞时，应踩下行走离合器踏板，让机器暂停前进，待输送完槽内作物后再继续作业。如果堵塞严重，应停机打开货盖清理。

(六)脱粒部件的使用与调整

脱粒部件将输送槽送来的作物进行脱粒、分离、清选、复脱、装袋等作业。以4LZ系列全喂入联合收割机为例，脱粒部件是由机架、脱粒滚筒、凹板筛、滚筒盖、风扇、振动筛、出谷搅龙、回收搅龙、复脱滚筒、一号轴总成等部件组成。

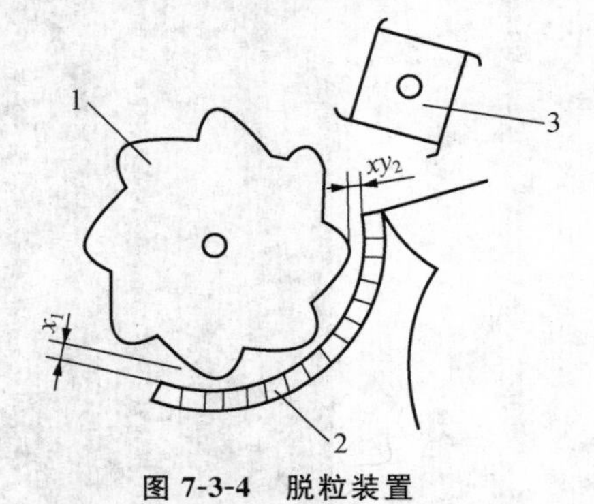

图7-3-4 脱粒装置

1. 脱粒滚筒 2. 凹板筛 3. 逐稿轮

1. 脱粒滚筒结构与调整(图7-3-4)

4LZ系列全喂入机型采用开式轴流脱粒滚筒，工作时作物在滚筒与凹板筛、滚筒盖与导向板之间受到高速旋转钉齿的多次打击，并完成梳刷、翻动、揉搓作业，作轴向螺旋移动，使茎秆上的谷物脱粒干净，籽、茎分离彻底。收割机在出厂时，脱粒滚筒上装有 6 根尺杆，用户使用过程中必须根据作物情况重新调整安装。

在收获粳稻时，滚筒可不作调整。收获籼稻时，可拆下滚筒钉齿齿杆，采用 3 杆的方式安装齿杆，若脱不干净有损失，可装上全部齿杆。在收获大、小麦时，如产量较高或不够成熟，滚筒上安装 4 根齿杆。若成熟合适，则安装 3 根齿杆。

总之，尺杆数量根据作物的品种、产量、成熟度而定。

2. 凹板间隙的调整

调整时，在机架的左右侧要同时调整，要求凹板与滚筒平行，从而保证整个滚筒长度内间隙一致。滚筒左右微调时，转动左右两端调节螺栓上的螺母。调节完后要检查，保证沿滚筒长度方向间隙均匀一致。作物潮湿时增加滚筒转速或适当减小凹板间隙；作物干燥时降低滚筒转速或适当增大凹板间隙。

调节时还要针对作物分别对待，对于小粒作物，凹板间隙应该取小值。

3. 滚筒转速的调节（图 7-3-5）

滚筒转速的调整机构，它位于驾驶室外机体右侧，调节前，松开紧定螺钉 A，利用加长杆将调节扳手自 B 引出，主要是为了安全，避开旋转部件。逆时针旋转 B，即增加滚筒转速；顺时针旋转 B，即减少滚筒转速。调整时要在机器处于低速状态进行，注意观察滚筒的转速表，如果没有转速表，可根据经验进行调节。

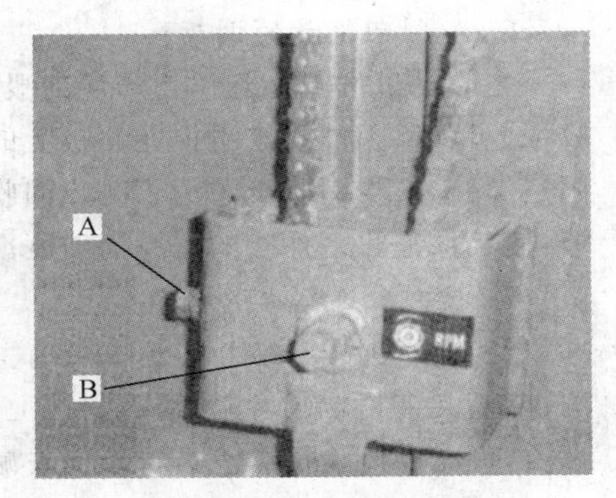

图 7-3-5　滚筒转速的调整机构

一般滚筒转速的数值，可以通过滚筒带盘的开度估算出来，开度每变化1 mm，转速约改变 21 r/min。

脱粒水稻时一般要更换部件，水稻的脱粒是通过滚筒和凹板之间的摩擦与打击实现脱粒的。要保证脱粒质量，一旦发现个别钉齿磨损或损坏，应及时更换。钉齿安装时的装配方向，要与相邻齿方向一致，切勿装反。尽可能使滚筒靠近凹板，滚筒上的钉齿与凹板之间的间隙应不小于 4 mm。

4. 风扇及风速调整

风扇是清选装置，是由两个窝壳风扇和气流通道组成。它根据谷物和杂物在气流场中漂浮能力不同的原理，将落入气流场中混在谷物中的颖壳、碎秸等清杂余物吹出机外。谷粒则穿过气流场直接落入出谷搅龙达到风选的目的。风速可根据作物的品种、成熟程度、草谷比等不同的情况来进行选择。

一般在收割小麦时转速要高些；收割籼稻、粳稻或成熟度高的作物，转速可选低些。因此，链轮可根据需要选择使用，调整时是通过改变传动链轮齿数来实现的，一般收割麦类作物时选用转速较高的17齿链轮，收割稻类作物时，可选用转速较低的19齿链轮。改变传动链轮齿数需将链条取出重新对链轮进行安装。

5. 振动筛结构与调整

4LZ系列全喂入机型采用双层振动筛，当籽粒与杂余从凹板筛孔落下，落到鱼鳞状的上筛片做第一次分离时，杂余与短茎秆在筛面上受风扇气流吹动向尾筛处运动飘出机外。籽粒和部分短茎秆经筛孔落在第二层筛面上，再经分离风选。籽粒落入水平搅龙经垂直搅龙送入装粮袋。尾筛倾斜角度和振动筛的振幅可以调节，其作用为控制排草吹出后的夹带籽粒损失量，尾筛越陡损失减少，但含杂率偏高。尾筛越平含杂率减小而损失增加。

6. 控制回收量的调节

当收割机作业遇到作物产量高喂入量大时，其回收负荷量也增大，往往会使回收搅龙堵塞，因此将水平搅龙斜板上的调节板上固定螺栓拧松，适当拉出调节板再固定螺栓，减少回收量。为了防止回收搅龙堵塞，当遇到作物产量较低时则相反调节，使其保证收割作物的籽粒清洁度。

7. 控制风选损失的调节

风选损失除与风扇、风速高低有关外还与后斜板上的调节板长短有关。当风选排杂、夹带籽粒较多时，将后斜板上的固定螺栓拧松，适当拉出调节尾板再紧固螺栓，可减少风险损失。当排杂损失减少时，则反之调整，既可控制复脱量又能保证籽粒有较高的清洁度。

8. 复脱滚筒

其作用是将振动筛后半截及尾筛落下的带谷、短茎秆、草叶、颖壳等杂余通过回收搅龙输送复合搅龙。受到搅龙运转的板齿多次打击、梳刷和在圆孔洞内反复揉搓进行复脱。籽粒和悬浮物掉入振动筛上进行重新筛选，籽粒通过筛孔落到水平搅龙上进入粮仓，杂质被风吹出机外。

9. 杂余回收量的控制及调节

杂余回收量多少的控制原则是：在确保机器清选损失被控制在标准许可的范围内时，应尽量减少杂余回收量。杂余回收量的控制及调节是通过改变后尾板的安装位置来实现的。当后尾板上提时，回收量加大，反之则减少。

10. 粮仓卸粮及调整

4LZ系列全喂入机型采用大粮仓接粮，当粮仓积满报警时，应停止割、送、脱部件的工作，将机子移到堆粮的地方，放下接粮斗，打开卸粮口闸门，张紧卸粮手柄，驱动搅龙推送卸粮。卸粮完毕，应将手柄放到原位，确保搅龙停止旋转，再合上闸门方可继续收割。

卸粮手柄的调整：其方法是调整卸粮手柄拉杆的伸长或缩短，确保卸粮时张紧轮压紧皮带使搅龙运转，停止时张紧轮复位，皮带放松，搅龙停转。

注意：粮仓设有剂量报警器，能防止积粮过满，散粮损失。卸粮时不能伸手接触运转机件，当卸粮有堵塞时，必须确定熄火停机后再清理。

七、联合收割机的作业要点

(1)合理选择作业速度　联合收割机作业时的行走速度是和喂入量紧密相连的。如行走速度过快，则喂入量大，容易造成脱粒不干净，严重者造成滚筒堵塞而无法正常工作；如果行走速度过慢，则收割机不能满负荷作业，造成动力浪费，工作效率降低。正常情况下，当作物成熟度较高(处在黄熟期)，地面平坦，秸秆比较干燥、稀疏、杂草又较少时，行走速度要适当快些。反之，作物成熟度不高(乳熟后期或黄熟初期)，雨后或早晚露水大，秸秆较湿，杂草较多，植株密度大而高，丰产架势好的谷物，行走速度一定要慢些。这样，才能保证收割质量。

(2)合理选择作业时的行走方法　联合收割机作业时的行走方法有三种，一是顺时针向心回转法；二是逆时针向心回转法；三是梭形收割法。通常采用的是梭形收割法。采用此法时，地头上的作物可以用人工割去，以利于联合收割机地头转弯。割下的作物可以用联合收割机进行定点脱谷，也可以均匀地撒在待割作物上，进行脱谷。

(3)合理选择前进方向　联合收割机的前进方向宜顺着作物的播种方向，力求保持直线行驶，只允许微量纠正方向。若作物有倒伏现象，则宜从倒伏的侧向进行收割，以减少割台损失。

(4)合理选择割幅宽度和割茬高度　在联合收割机技术完好的状态下，尽可能地进行满负荷作业，割幅掌握在割台宽度的95%为好。分禾器位置要摆正，其尖端距离应与割幅一致，不能有漏割现象。割茬应尽量低些，但要保证不能引起割刀吃泥，损坏割刀，更不能伤害到套种作物。留茬高度一般最低不能小于6 cm，最高不超过15 cm为好。

(5)联合收割机在地头上转弯时应注意　在地头上转弯时一定要停止收割，采用倒车法转弯或兜圈法直角转弯，不可图快边收割边转弯。进行弧线形收割时，回转中心一定要在已割作物一边。否则分禾器会将未割的麦子压倒，造成漏割损失。

(6)联合收割机进行作业之前应注意　首先一定要接合脱谷离合器，加大油门运转1～2 min，使收割机各装置达到正常运转速度时才可以进行收割作业，否则由于各装置转速很低,特别是脱粒滚筒转速达不到正常值,极易发生堵塞,而无法正常工作。待脱谷清洗工作完成后,秸秆完全从尾部吐出,粮箱已停止进粮,才能减小油门或分离脱谷离合器进行地头转弯。否则,秸秆及籽粒会堵在脱粒滚筒、传送搅龙内,下次将无法启动工作。

(7)合理使用联合收割机　谷物在乳熟期(没有断浆时),严禁收割;对倒伏过于严重的谷物不宜用机械收割;刚下过雨,秸秆湿度很大,也不宜强行用机械收割。机手在具体作业时,要根据实际情况,对于能够使用机械收割的尽量满足使用要求,对个别特殊情况确实不能用机械收割的,就不要勉强用机械收割,尽量向农户做好解释工作,以防产生不必要的误解。

八、安全操作规则

(1)要掌握好收割时机,雨后或作物湿度较大时,不宜马上作业。田间道路要进行修整,排水沟应预先填平,以免陷机。麦田中的烂泥地段、机井、电线杆等障碍物应预先查明,并做好标记,以防发生危险。

(2)在作业中如发现滚筒、逐稿器、搅龙、传送带等堵塞,应迅速停车清理,不准在传动状态下进行清理。发现轴承响声、发热(超过 60℃)、皮带打滑、异味、冒烟、发动机转速急剧下降或发出“呜呜”叫声等故障时,应立即停车检查,不许继续作业,待排除故障后,再恢复生产。

(3)割刀是高速、锋利部件,作业时切忌用手脚或硬物去清除堵塞或排除切割装置的故障。即使机器停止传动,甚至在熄火的条件下,若无可靠的安全防护措施,也不得随便用手握持护刃器或剔除堵塞,否则极易造成断指伤害事故。

(4)联合收割机机身庞大,尾部和侧面视线不清。麦收季节可能会出现男女老少齐上阵的场面,人多而杂,安全意识淡薄。机手在启动联合收割机或倒车时,一定要鸣号,仔细观察周围的情况确认安全后方可启动或倒车,情况特别复杂的,可依靠地面人员的指挥。对不明情况的秸秆不要随便碾压,特别是夜间,防止有人在里面休息而出现意外。

(5)联合收割机上皮带较多,极易损坏,安装或更换皮带时,一定要使发动机熄火或切断脱谷离合器,用人工转动皮带轮的方法来安装皮带。切不可在机器运转状态下,利用皮带轮的自身转动来安装皮带,这样做极易造成人身伤害甚至危及生命。

(6)麦收季节气温高,秸秆比较干燥,一定要注意防火,备好灭火器和防火沙。不要在麦田里和操作收割机的过程中吸烟。田间休息时吸烟也要找个比较安全的地方,并及时熄灭火源。经常检查联合收割机的电路连接情况,如有松动及时紧固,防止跳火。特别是在启动发动机时,由于启动机电流较大,火花更强,更要多加注意。

九、维护与保养

(一)日常保养

(1)清理机器上各工作部件上的颖壳、碎草禾衣、泥土等附着物。如:切割器上的残草、割刀驱动偏心轮轴上的缠草、散热器上的尘埃、筛面上的残余等。

(2)检查工作部件的紧固情况,各轴承的正常位置,对松动件应及时加以紧固。

(3)对已严重磨损的三角带和链节进行更换。

(4)对操纵杆的灵活性和准确性进行仔细检查,对刹车和左右制动状态进行鉴定。

(5)对液压升降系统进行油箱油位、管路的渗漏、密封等情况进行检查和确认。

(6)清理空气滤清器的保护网和滤芯,必要时应进行清洗,待干后浸机油装回原位。

(7)检查变速箱、燃油泵,及时添加机油,疏通燃油箱盖通气孔,清洗燃油滤清器。

(8)全面按润滑点加注润滑油。

(二)入库前技术保养

(1)把机器上附着的泥、草、尘土等杂物彻底清除干净,特别要清除附在水平和垂直搅龙、粮箱及中间输送装置上下交接口处的残留作物籽粒,以避免残留籽粒发芽而损坏机器零部件。

(2)放松传送带、链、弹簧和履带张紧装置。链和弹簧还应添加润滑油并封好,卸下皮带,用肥皂水洗净,擦干后存放。

(3)把各滤清器、散热器片清洗干净。仔细检查变速箱机油、液压装置液压油,视其情况进行更换。

(4)检查行走离合器及主离合器摩擦片、分离轴承,视其工作情况进行调整或更换。

(5)拆下各球面轴承,并从外圆小孔处加注润滑油。

(6)拆除蓄电池电源线,卸下蓄电池,倒出电池液,用蒸馏水反复冲洗电瓶和锌片,待干后封好。

(7)将切割器和链轮清洗干净,并涂上防锈油防止锈蚀。

(8)检查各工作部件的零部件损坏情况,视其损坏情况予以修理或更换。

(9)充分润滑各运动部件。

(三)入库保管

做好了入库前的技术保养工作,联合收割机方可入库保管。但在保管过程中还应注意如下几点:

(1)联合收割机的结构主要是钣金结构件，容易变形和锈蚀。因此，选择保管库房是关键。联合收割机必须存放于通风、干燥的室内，禁止露天摆放。

(2)履带不得与汽油、机油等接触，入库存放时，应在履带下面垫两块木板。

(3)必须把割台放到最低位置，并用垫木架空。

(4)在保管过程中，每月应对液压操纵阀和分配阀在每个工作位置上扳动15次，转动发动机曲轴几圈，使活塞、气缸等得到润滑。

(5)加盖篷布，防止灰尘及杂物进入。

还应时刻注意天气变化，特别是在春、冬季节，应切实做好防潮防冻。冬天寒冷季节，应把水箱中的水放净，以免结冰损坏水箱等部件。

十、常见故障及排除方法

全喂入式谷物联合收割机常见故障及排除方法见表7-3-1。

表7-3-1 全喂入式谷物联合收割机常见故障及排除方法

故障现象	故障原因	排除方法
割台落粒损失大	1. 拨禾轮速度与行走速度不协调，作物在切割前被多次打击造成落粒 2. 拨禾轮位置太低 3. 相对收获作物条件，机器行走速度太快	1. 调整拨禾轮速度与收割速度匹配，使作物能够被均匀地输送。一般拨禾轮速度是行走速度的1.2～1.5倍 2. 调整拨禾轮的中心高 3. 降低机器行走速度，减少拨禾轮对作物的打击而造成落粒
割下的作物堆积在割刀前或掉穗	1. 拨禾轮太高，不利于把作物向搅龙输送 2. 搅龙与割台底面间隙太大 3. 割茬太高，割下作物茎秆太短，搅龙抓取困难，不利于有效输送 4. 拨禾轮速度太慢	1. 调整拨禾轮的中心高，直至能把作物顺利送往割台输送搅龙 2. 调整搅龙中心高，使搅龙工作外径与割台底面间隙保持在10～15 mm范围内 3. 降低割台高度，减小留茬，使作物茎秆长一些，便于割台搅龙均匀输送 4. 适当提高拨禾轮速度

续表 7-3-1

故障现象	故障原因	排除方法
作物聚集在割刀末端	主要是倒伏作物造成多次切割	在割刀端部安装无舌护刃器(附件)
使用挠性割台时,割茬太高	挠性割台向上浮动太大	调整割台倾角
割刀堵塞	1. 遇到石块、木棒、钢丝等异物 2. 动、定刀片切割间隙过大,夹草或夹茎秆 3. 刀片或护刃器损坏 4. 因作物植株低,引起割茬低,导致切割时刀梁壅土	1. 立即停车,清除异物 2. 调整刀片间隙 3. 更换刀片,维修护刃器,或更换护刃器 4. 适当调高割茬,并清理积土
喂入不均匀	1. 割台搅龙与割台底面间隙太大 2. 拨禾轮位置太高 3. 在割刀上谷物堆积 4. 传动带打滑 5. 割台搅龙与防缠板距离太远 6. 过桥挡板向下弯曲 7. 过桥板上的螺钉和螺母松脱	1. 调整割台搅龙工作外径与割台地面的间隙,保证在 10～15 mm 范围内 2. 调整拨禾轮中心位置 3. 降低拨禾轮高度,拨禾轮的前后位置尽可能接近割刀和割台搅龙 4. 调整传动带的张紧机构 5. 向后调整搅龙 6. 矫正过桥挡板,使其不低于割台挡板 7. 把螺钉圆头拧到挡板内
割茬不齐,切割不均匀	1. 切割机构速度不正确 2. 割刀堵塞 3. 切割零部件,如动刀、护刃器、摩擦片磨损或损坏 4. 刀片弯曲,引起切割器卡死	1. 按操作手册调整切割机构的速度 2. 调整拨禾轮的位置,使其能够顺利地将作物送至割台搅龙 3. 视其损坏的程度,更换或修复零部件 4. 校正弯曲的刀片,同时校正护刃器

续表 7-3-1

故障现象	故障原因	排除方法
割茬不齐,切割不均匀	5. 压刃器调整不当,引起切割器卡滞 6. 动刀片和下刃口间隙太大或不平行 7. 刀杆与护刃器直接间隙过大	5. 调整压刃器,使割刀能够左右活动自如,又要保证不脱离护刃器 6. 主要调整或校正护刃器 7. 调整摩擦片使刀杆紧靠护刃器
切割零件振动过大	1. 切割速度不正确 2. 切割器和割刀传动零件松动	1. 按操作手册调整切割机构的速度 2. 检查割台传动系统有无异常;排除动刀片和定刀片的过量间隙,然后对动刀的传动机构适当调整
割茬过高	割台左端下坠	调整割台稳定器弹簧,使左右侧均衡,同时要调整割台倾角
拨禾轮缠草	1. 拨禾轮位置不正确 2. 拨禾轮速度太快	1. 向前向下调整拨禾轮,如果是拨禾轮两端缠草,安装拨禾轮护板 2. 降低拨禾轮速度,使作物能顺利进入割台
拨禾轮周围夹带茎秆	1. 拨禾轮速度太快 2. 拨禾轮位置太低 3. 弹齿角度调整不当 4. 拨禾轮位置太高	1. 降低拨禾轮速度,调整拨禾轮速度为行走速度的1.2~1.5倍 2. 提升拨禾轮,减少拨禾轮夹带茎秆的数量 3. 调整弹齿角度,使其垂于割刀 4. 适当降低拨禾轮位置
拨禾轮自动下沉	1. 可能是由于分配器控制拨禾轮的那个单向阀油封损坏 2. 可能是拨禾轮油缸油封损坏造成的	1. 更换油封 2. 更换内部的三个油封

续表 7-3-1

故障现象	故障原因	排除方法
割台自动下降	1. 可分配器控制拨禾轮的那个单向阀油封损坏 2. 可能是割台油缸漏油	1. 更换单向阀油封 2. 更换割台油缸油封
滚筒的喂入不均匀	1. 割台搅龙过高 2. 谷物在割刀上方堆积 3. 倾斜输送器前端调节过高 4. 倾斜输送链过紧，喂入辊被拉向上方 5. 割台传动打滑 6. 割台搅龙相对于防缠板太靠前 7. 倾斜输送传动带打滑 8. 倾斜输送链板弯曲 9. 由于湿脱或下雨天收割，污垢和茎秆聚集于底板上	1. 向下调整搅龙 2. 降低拨禾轮，同时调整拨禾轮的前后位置，使其尽可能靠近切割器和割台搅龙 3. 调节喂入辊使倾斜输送链板与倾斜输送器的底板保持正常间隙 4. 调节输送链的张紧度，使链板自然下垂时，链板与倾斜输送底板不碰到为宜 5. 调整传动带弹簧张紧轮的张紧度，保证传动可靠 6. 向后调节搅龙至防缠板 7. 调整倾斜输送的传动带张紧机构 8. 校正变形的输送链板 9. 立即清理底板上的污物
割台或拨禾轮不能升起	液压系统内有空气	拧紧渗漏管路的卡子，对拨禾轮提升系统排气

十一、考核方法

序号	考核任务	评分标准(满分 100 分)			
		正确熟练	正确不熟练	在指导下完成	不能完成
1	指出全喂入联合收割机各零部件的名称、作用	10	8	6	1

续表

序号	考核任务	评分标准(满分100分)			
		正确熟练	正确不熟练	在指导下完成	不能完成
2	全喂入联合收割机挠性割台的正确使用与调整	15	12	9	4
3	全喂入联合收割机拨禾轮的正确使用与调整	15	12	9	4
4	全喂入联合收割机切割器的使用与调整	15	12	9	4
5	全喂入联合收割机割台搅龙的使用与调整	15	12	9	1
6	全喂入联合收割机倾斜输送装置的调整	15	12	9	1
7	全喂入联合收割机脱粒部件的使用与调整	15	12	9	1
总分	优秀:＞90分　良好:80～89分　中等:70～79分　及格:60～69分　不及格:＜60分				

任务4　半喂入式联合收割机的使用与调整

一、目的要求

1. 了解半喂入式谷物联合收割机的结构。
2. 掌握半喂入式谷物联合收割机的调整与使用方法。
3. 掌握半喂入式谷物联合收割机的保养与维护方法。
4. 掌握半喂入式谷物联合收割机常见故障及排除方法。

二、材料及用具

半喂入式谷物联合收割机、拆装工具。

三、实训时间

6 课时。

四、结构

如图 7-4-1 所示，是久保田半喂入式联合收割机，主要适用于水稻收割，也可兼收小麦。主要由割台、清选装置、脱粒部分、驱动部分及传动部分等组成。

五、内容与步骤

(一)收割部分结构与调整

1. 分禾板的调整

分禾板位于扶禾箱的前下端。在湿烂田块，联合收割机前仰，或过多地拔起倒伏作物时，需要松开螺栓，向下调整分禾器的尖端部分。调整时注意：调节分禾板的上下高度时，图 7-4-1 中的三个分禾板调节的高度应该一致。

2. 扶禾指高度的调整(图 7-4-2)

调节时，必须将 4 条扶禾链条的扶禾指都选择在相同的位置。调节的方法是解除扶禾箱内侧的滑动导轨上的锁定杆，上、下移动滑动导轨，见图 7-4-2，在适合作物条件的位置将其锁定。

具体要求：扶禾指的高度出厂时一般是位于图中②的位置。对于作物品种易脱粒、碎草较多的作物(如过熟的小麦等)，扶禾指应调整到①的位置；对于收割长颈秆且倒伏的作物，一般调到③的位置。

3. 右穗端链条的输送爪导轨的调整(图 7-4-3)

有的水稻容易脱粒在右穗端链条的输送爪的收起位置，如图 7-4-3 a 所示，调整方法如图 7-4-3 b 所示，首先松开固定右爪导轨的螺母 A；再松开螺母 B，从图 7-4-3 b 中①(标准位置)向②的方向移动，进行调整；最后拧紧螺母 A 和螺母 B。

4. 扶禾调速手柄的调整

扶禾调速手柄有两挡调速——“标准”和“高速”，主要是调整扶禾链的速度。通常情况下，在“标准”位置作业。收割 45°以上的倒伏作物，或相互纠缠在一起的作物时，应将副调速杆置于“低速”的位置，扶禾调速杆置于“标准”或“高速”的位置。另外，收割小麦时，不应在“高速”位置进行作业。

5. 割刀的调整

将联合收割机置于平坦坚硬的地面，抬起割台并锁定，防止拆卸过程下落。首先卸下动刀安装板的螺栓，将割刀转到垂直位置，向左侧移动，使其脱开定位销，然后取下。检查动刀片与定刀片有无缺损，锋利程度如何，决定是否更换。

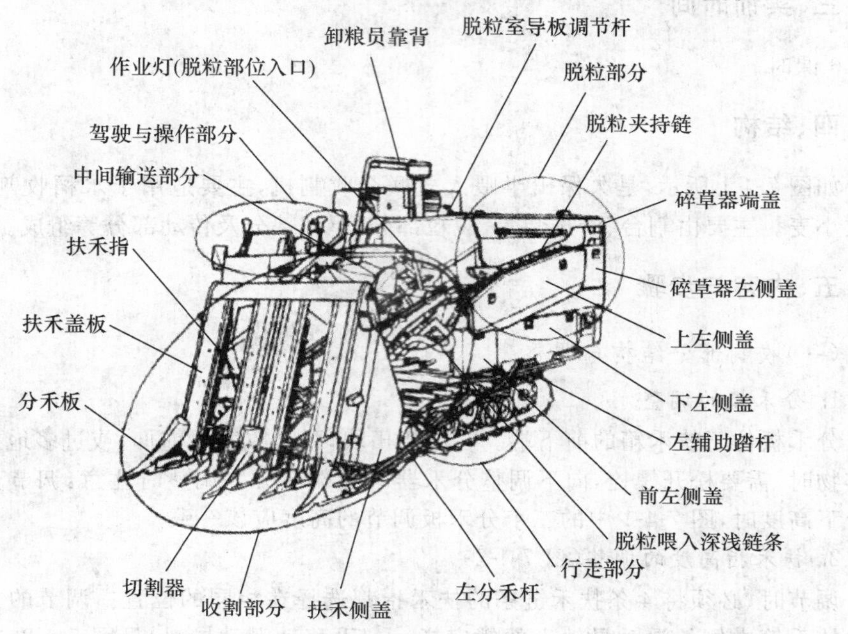

a. 久保田半喂入联合收割机前视图

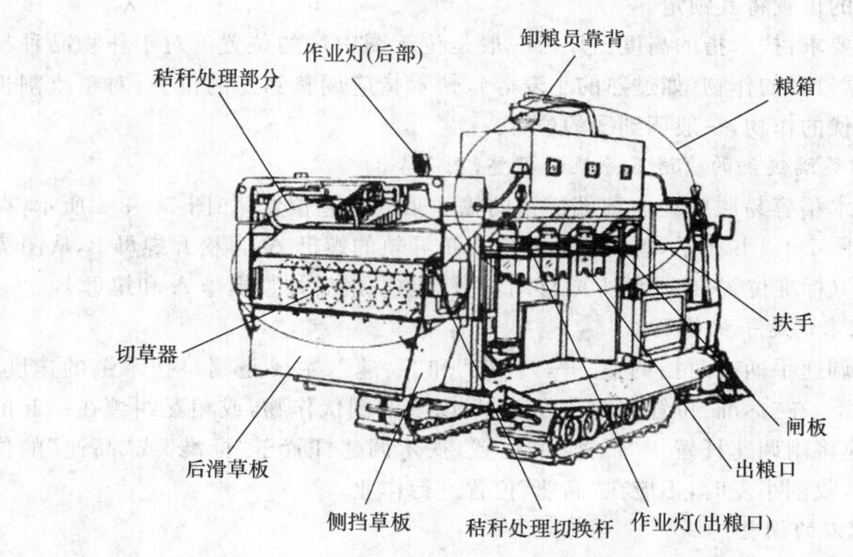

b. 久保田半喂入联合收割机后视图

图 7-4-1 久保田半喂入联合收割机结构

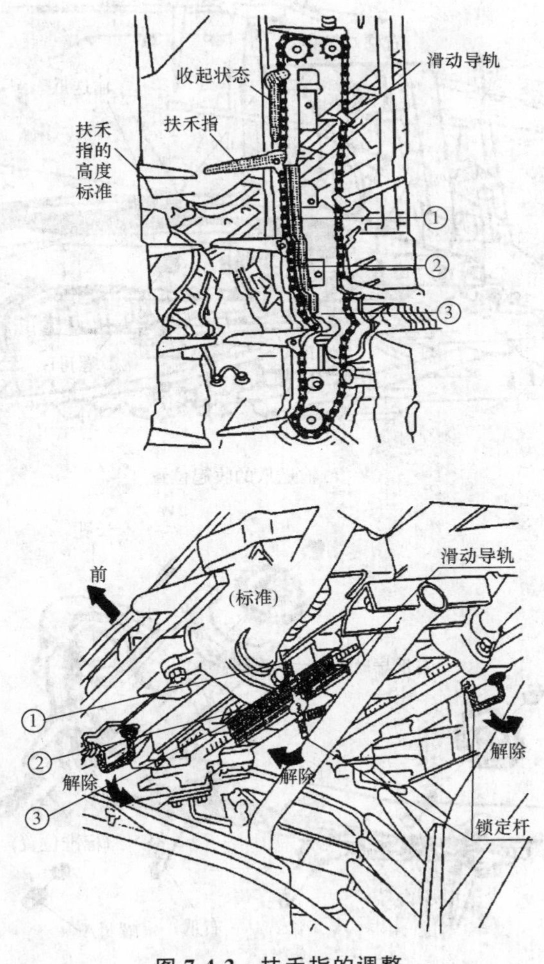

图 7-4-2 扶禾指的调整

刀片的调整:更换后的刀片要进行间隙调整,一般动刀片与定刀片相互间的间隙为 1~0.5 mm,调整过程中采用增减调整垫片的方法来逐步调整,边调整边用手移动动刀部分,能用手左右移动自如为宜。

6. 割刀曲柄连杆的调整

(1)将左右割刀向内侧移动,在最大的移动位置上,停止收割部件的转动。

(2)松开曲柄连杆的左右两个固定螺母(注意螺纹有左右旋之分)。

(3)转动曲柄连杆,将动刀片与定刀片的中心错位调整在 2 mm 以内。

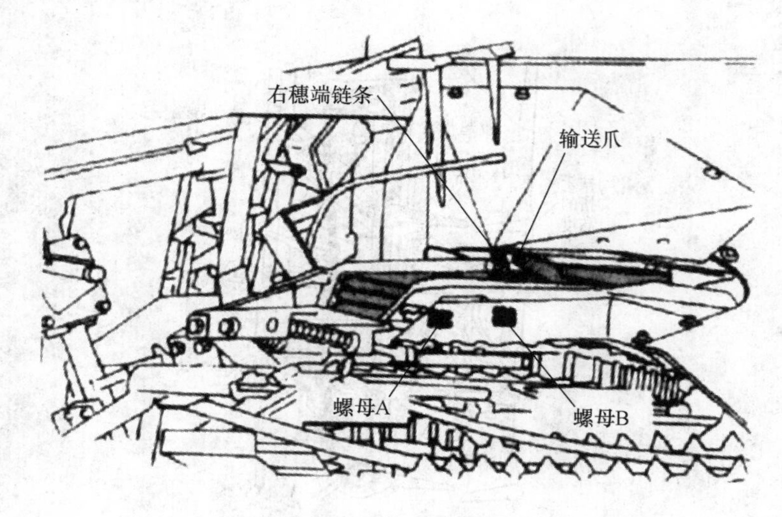

a. 输送爪的收起位置

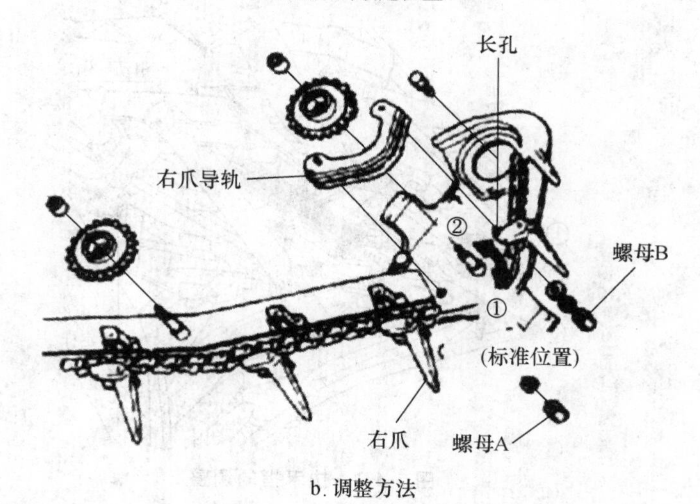

b. 调整方法

图 7-4-3　右穗端链条的调节方法

(4)在割刀的中央部位,确认割刀的间隙是否为 4～6 mm。如果间隙不足,即用步骤(3)所述重新进行调整。

(5)最终拧紧固定螺母,并涂抹螺纹防松油。

7. 防止割台下降的方法

割台的升降由驾驶室的液压转向杆集中控制,当拉起转向杆时,割台随即抬起。

当割完一块田，需进行场地转移或道路短距离行进时，应将割台进行锁定，便于转运。具体调整：拆下安全锁具割台轴箱下侧的扣销、带帽销，把锁具放下靠近提升油缸一侧，使油缸处于锁定状态。

（二）脱粒部分结构与调整

1. 脱粒离合器的结构与调整

脱粒部分的动力是通过驾驶室的脱粒离合器手柄来接通与切断的，脱粒时离合器手柄在"合"的位置，它是通过轴进行远程控制，结构紧凑，操作与维修方便，调整简单。脱粒离合器工作时，控制软轴的张紧弹簧长度为 143 mm。使用一段时间后需对离合器进行检查、调整，软轴的调整十分方便，只要旋转松紧螺纹扣即可使软轴小范围地伸长或缩短，调整好后锁紧"锁紧螺母"。

2. 脱粒室导板调节杆的调节

脱粒室导板调节杆出厂时处于"标准"位置。如果处于下列情况，调节杆应置于"开"：

(1)脱粒滚筒负荷过大。

(2)收割倒伏作物或潮湿作物。

(3)破碎率较高。

如果筛选质量不佳，夹带损失多，吹出损失较大时，调节杆应置于"标准"位置。

3. 风机风力(量)的调节

风机的风量出厂时一般选用"标准"位置，使用过程中，根据收割作物的状况，以及脱粒清选的效果进行适时调整。调整方法如下：首先拆去风机外部上、下的左侧盖及前侧盖；再拆下风机带轮的三颗螺栓，将带轮的外侧卸下；最后根据实际需求按表调整两枚调整片的相对位置，即可达到风量调节的目的。

4. 振动筛间隙的调整(图 7-4-4)

振动筛工作部分由多片百叶窗构成，出厂时一般按常规作物收割情况调整为"标准"状态，实际工作时，根据作物的状况、天气、脱粒的难易程度进行适时调整。对于高速收割或收获潮湿作物，筛板间隙一般要略调大一些；对于难脱作物或断穗较多的情况，应适当调小或闭合，以利于将断穗送入杂余搅龙进行二次复脱。

调整时，按图 7-4-5 所示，拆去上、下侧盖，将图中所示的蝶形螺母拧下，取下谷粒输送搅龙上部清除口；再按图 7-4-6 所示，松开 2 颗螺栓，左右移动振动筛间隙调节板，调节相邻百叶窗叶片之间的间隙。将调整板向左扳动时，百叶窗叶片之间的间隙变小，将调整板向右扳动时，百叶窗叶片之间的间隙变大。

5. 弓形板的结构与更换(图 7-4-7，图 7-4-8)

整机出厂时，脱粒部件上装配的是弓形板 1 与弓形板 2 两个零件，由于它的高

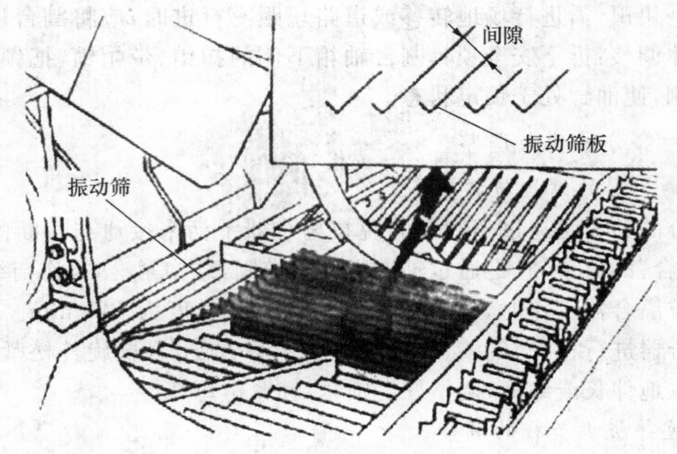

图 7-4-4 振动筛间隙调整

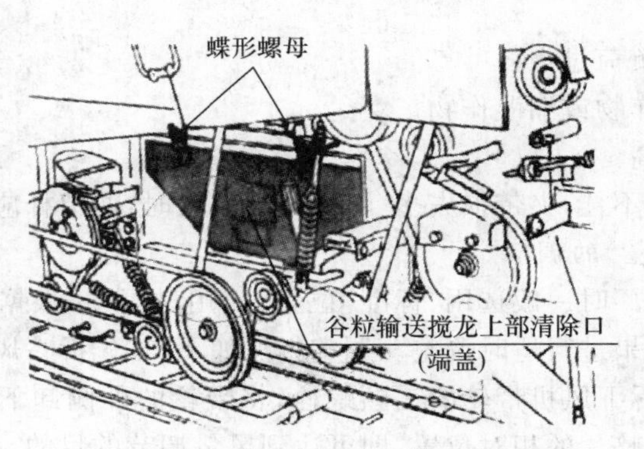

图 7-4-5 间隙调整第一步

度较导板稍高，对于部分茎秆粗而脆的水稻品种，容易损伤水稻茎秆，给清选机构增加负荷，同时可能会影响性能指标。可以按图 7-4-8 的方法将弓形板 1 与弓形板 2 分别更换成导板 1 和导板 2。

6. 脱粒齿的更换

联合收割机脱粒部分中脱粒滚筒上的脱粒齿，工作一段时间后，齿端会被磨损，这样与滚筒凹板筛的间隙就会变大，造成脱粒不净。因此，齿端磨损后直径低于 2.5 mm 时，可以将脱粒齿拆下调换 180°安装使用，磨损严重的需要更换。更换时，首先拆下滚筒上正对面的两只滚筒盖板上的 6 颗螺栓以及防止螺栓磨损的垫片（图 7-4-9），将手伸入滚筒圈内，即可拆下每个脱粒元件。拆下后更换时按图 7-4-10 所示对应装配，一定要拧紧所有螺母，不得遗漏。

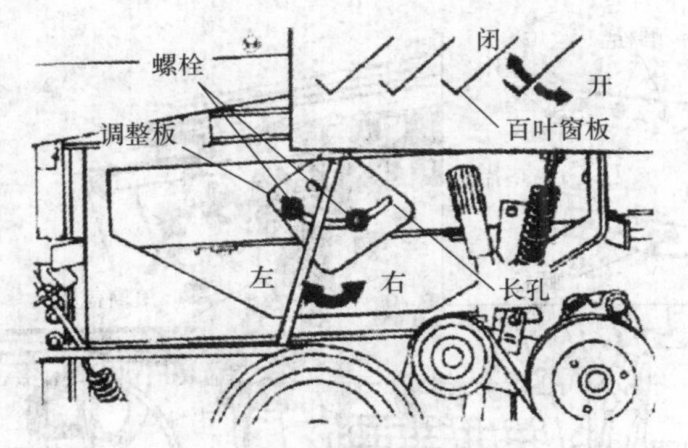

图 7-4-6　间隙调整第二步

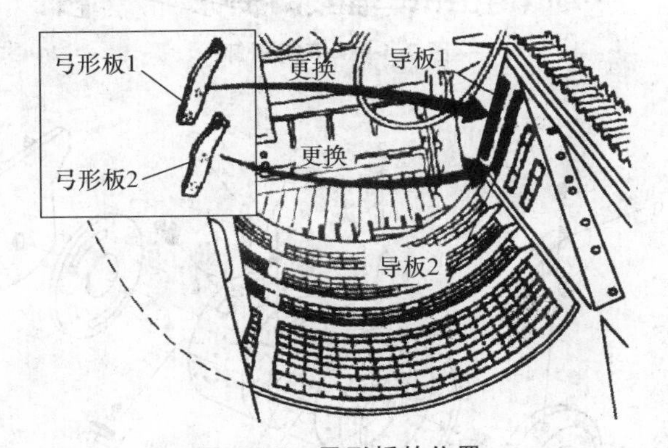

图 7-4-7　弓形板的位置

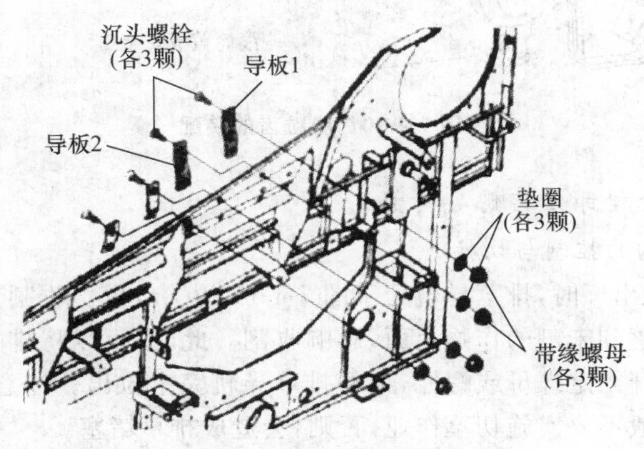

图 7-4-8　弓形板的更换

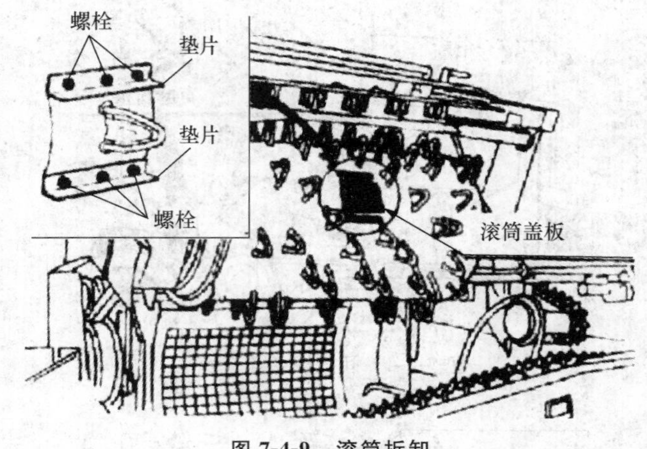

图 7-4-9 滚筒拆卸

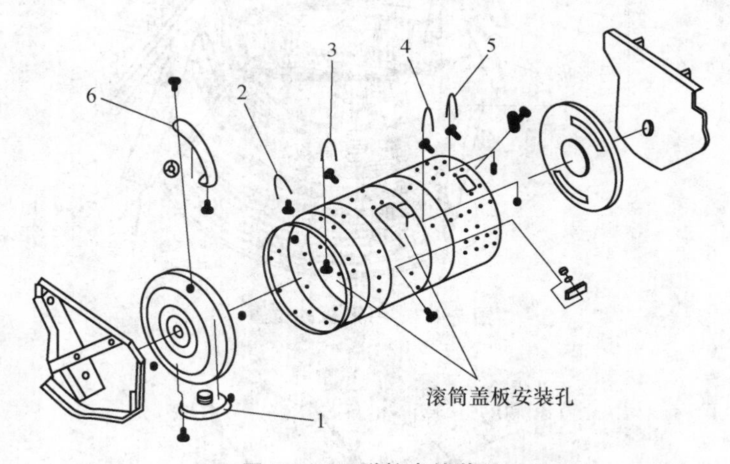

图 7-4-10 脱粒齿的装配

(三)秸秆处理部分结构与调整

1. 切草机构的控制与切换

联合收割机出厂时,排草导轨处于图 7-4-11 的①位置。收割茎秆较高的作物时,可能容易散落到未割的作物上面,影响收割。此时,可以将排草导轨变换到②的位置,首先松开固定螺母或螺栓,再将排草导轨完全拉出。注意:在排草导轨拉出的状态下,一般不要实施切草作业,否则,会造成排草堵塞。

2. 切草刀的更换与调整

机器工作一段时间后,打开碎草装置的后盖,检查切刀的刃口及切刀和输送刀

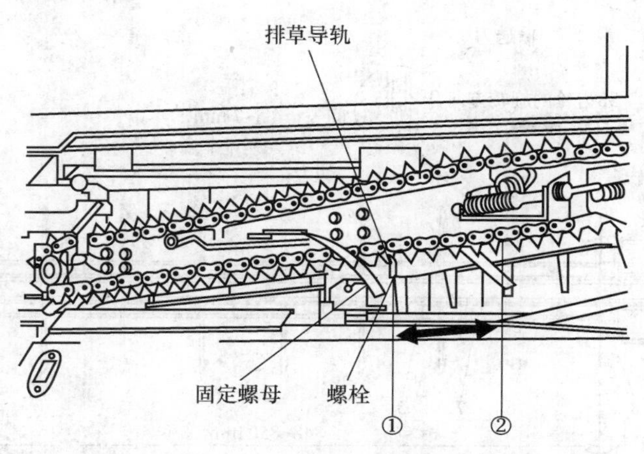

图 7-4-11　排草导轨的调整

的间隙。若刃口被磨损或有缺口时，应及时更换。另外，切刀和输送刀之间的间隙过大或过小都要进行调整。为了保证碎草质量，输送刀和切刀的重叠量出厂时均调整在 9 mm 以上，如果小于 9 mm，需要进行调整。

更换的方法：首先拆去碎草装置的左侧盖和碎草装置驱动带，取下碎草装置驱动带轮，然后按说明书的相关说明，拆下防尘板、螺栓、链轮和链条，然后将整个切刀轴向外拉出。将整个轴放在固定的工作平台上，最好是硬木制成的专用平台，松开六角螺母(左旋螺纹)，按顺序拆解。更换切刀后，按分解的相反顺序进行组装，组装后的切刀两端尺寸，如果不在图 7-4-12 范围内，需进行调整。注意切刀拆卸时的方向，更换时不能搞错，否则易发生故障。

调整方法：拆去碎草装置的左侧盖，在碎草装置驱动带轮的位置套上扳手后，拆去输送轴 38 齿轮的 3 颗螺栓，旋转 38 齿轮，将间隙调整，间隙值：4.5～7 mm。

注意：38 齿轮旋转一圈，移动 1.5 mm。向右旋转，间隙变大；向左旋转，间隙变小。

(四)各部分驱动带的位置与调整

1. 风扇驱动带的调整

调整时松开安装螺栓和调整螺栓，用手将整个发动机往箭头所指方向拉，然后拧紧调整螺栓，最后拧紧安装螺栓。检验时用指压(压力约 50 N)，传动带的松弛量在 5～10 mm 范围为宜。

2. 割台、行走和脱粒传动系统

(1)行走系统驱动带的调整　首先打开发动机室，再打开脚踏板处的左侧板，

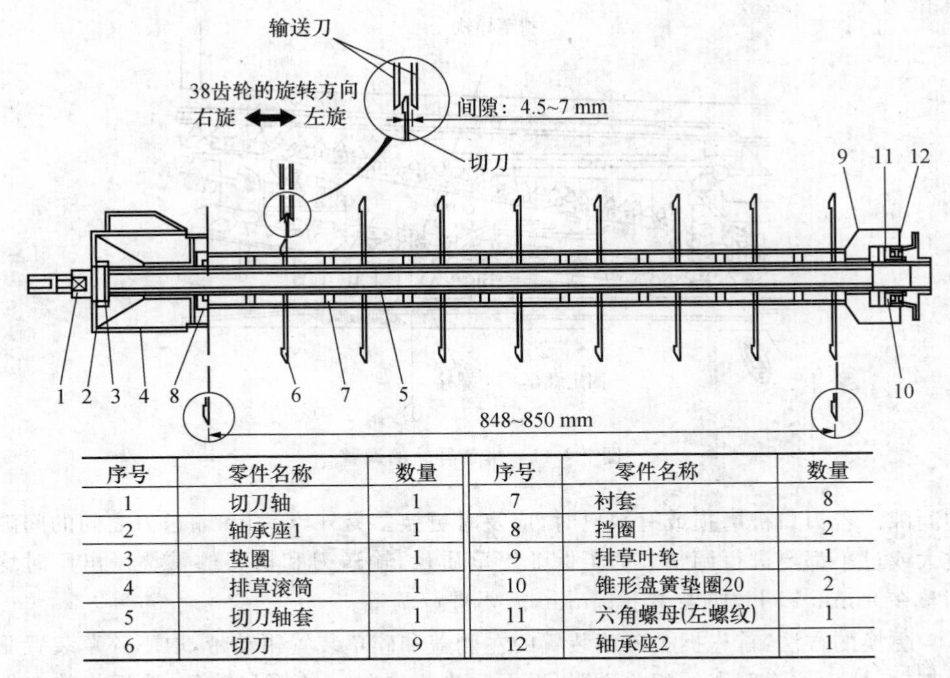

序号	零件名称	数量	序号	零件名称	数量
1	切刀轴	1	7	衬套	8
2	轴承座1	1	8	挡圈	2
3	垫圈	1	9	排草叶轮	1
4	排草滚筒	1	10	锥形盘簧垫圈20	2
5	切刀轴套	1	11	六角螺母(左螺纹)	1
6	切刀	9	12	轴承座2	1

图 7-4-12 切草刀在轴上的装配位置

分别松开锁定螺母和调整螺母，用调整螺母进行调整。保证张紧弹簧的工作长度在 186 mm 左右，最后拧紧锁定螺母。

(2)割台驱动带的调整　调整前，首先卸下上、下、左侧盖及左侧前盖；松开张紧弹簧上的两颗调整螺母，进行调整，使割台驱动带的张紧弹簧工作长度在 102 mm左右。锁紧调整螺母。

(3)脱粒滚筒驱动带的调整　调整前，首先卸下上、下、左侧盖以及左侧前盖；松开张紧弹簧上的两颗调整螺母，进行调整，使脱粒滚筒驱动带张紧弹簧的工作长度在 286 mm 左右。锁紧调整螺母。

3. 清洗、输送和切草装置传动系统

(1)鼓风机驱动带的调整　调整前，首先卸下左下侧盖，松开张紧弹簧上的两颗调整螺母，进行调整，使鼓风机驱动带张紧弹簧的工作长度在 335 mm 左右。锁紧调整螺母。

(2)谷粒搅龙驱动带的调整　调整前，首先卸下左下侧盖，松开张紧弹簧上的两颗调整螺母，进行调整，使谷粒搅龙驱动带张紧弹簧的工作长度在 160 mm 左右。锁紧调整螺母。

(3)杂余搅龙驱动带的调整　调整前，首先卸下上、下的左侧盖，松开张紧弹簧上的两颗调整螺母，进行调整，使杂余搅龙驱动带张紧弹簧的工作长度在165 mm左右。锁紧调整螺母。

(4)振动筛驱动带的调整　调整前，首先卸下上、下的左侧盖，松开张紧弹簧上的两颗调整螺母，进行调整，使振动筛驱动带张紧弹簧的工作长度在396 mm左右。锁紧调整螺母。

(5)切草装置驱动带的调整　调整前，首先卸下切草装置的左侧盖，松开张紧弹簧上的两颗调整螺母，进行调整，使切草装置驱动带张紧弹簧的工作长度在165 mm左右。锁紧调整螺母。

4. 排草链驱动带的调整

首先打开脱粒滚筒，松开张紧弹簧上的两颗调整螺母，进行调整，使排草链驱动带张紧弹簧的工作长度在145 mm左右。拧紧调整螺母，关闭脱粒滚筒。

5. 爪形带的调整

首先松开螺母，向箭头所指方向推爪形带和螺母，一边拧紧螺母，调整后用手推爪形带的中央部位(推力约50 N)，爪形带的松弛量在5～10 mm范围为宜。

(五)各部分链的结构与调整

1. 割台扶禾链的结构与调整

割台位于联合收割机正前方，而扶禾链的调整位置又位于割台的正上方，久保田联合收割机共4根扶禾链。调整时，首先松开锁紧螺母和调整螺母，用调整螺母进行调节。调整完毕，必须确认相对扶禾指不相碰，并且相对两排的扶禾指高度相差70～110 mm。如果经过多次调整，调节量已用尽，可以将扶禾链卸下半节，留出调节余量，继续使用。

2. 脱粒夹持链的结构与调整

脱粒夹持链位于脱粒部分的左侧，调整时首先拆下上左侧盖；松开两颗调整螺母，进行调整。调整后张紧弹簧的工作长度在150～155 mm范围。最后拧紧调整螺母，装好卸下的盖板。

3. 右茎端夹持链的结构与调整

右茎端夹持链，专门用于接送从割台输送来的作物，并夹持于作物的茎秆一端而得名。调整该链条时，首先手动调节喂入深浅开关，降下喂入深浅链条；然后松开锁定螺母和调整螺母，用调整螺母进行调节。调整好后，保证张紧弹簧的工作长度在168～172 mm范围。拧紧锁定螺母。

4. 左茎端夹持链的结构与调整

左茎端夹持链调整时，首先松开锁定螺母和调整螺母，用调整螺母进行调节。调整好后，保证张紧弹簧的工作长度在 140～144 mm 范围。拧紧锁定螺母。

5. 脱粒输送链的结构与调整

脱粒输送链调整时，首先松开锁定螺母和调整螺母，用调整螺母进行调节。调整好后，保证张紧弹簧的工作长度在 163～167 mm 范围。拧紧锁定螺母。

6. 喂入深浅链条的结构与调整

喂入深浅链条在联合收割机的脱粒夹持链的前端，是保证作物脱粒时进入脱粒室深浅的关键部件。调整时，首先松开锁定螺母，用调整螺母进行调节。调整好后，保证弹簧的间隙在 1～2 mm 范围。拧紧锁定螺母。

7. 排草茎端链条的结构与调整

排草茎端链条位于脱粒夹持链的出口端，是保证排草通畅的关键部件。调整时，首先松开锁定螺母和调整螺母，用调整螺母进行调节。将轴环的伸出量调整为 0～1 mm 范围。注意排草茎端链条的两侧同时调整。拧紧锁定螺母。

六、维护与保养

同全喂入式谷物联合收割机。

七、常见故障与排除方法

半喂入联合收割机割台常见故障及排除方法见表 7-4-1。

表 7-4-1 半喂入联合收割机割台常见故障及排除方法

故障现象	故障原因	排除方法
扶禾器异响	1. 扶禾链过松 2. 拨指根部扭曲变形 3. 拨指安装不正确	1. 张紧扶禾链 2. 更换拨指 3. 重新安装拨指
作物漏割	1. 割刀上有杂物 2. 刀片间隙过大 3. 刀片损坏 4. 割刀驱动皮带打滑 5. 单向离合器磨损打滑 6. 分禾器前端过高	1. 清除割刀上的杂物 2. 调整刀片间隙 3. 修理或更换刀片 4. 张紧割刀驱动皮带 5. 更换单向离合器 6. 调节分禾器前端高度

续表 7-4-1

故障现象	故障原因	排除方法
拨禾装置处堵塞	1. 割台驱动皮带打滑 2. 拨禾星轮上下位置不正确 3. 拨禾星轮磨损过度不能有效啮合 4. 导流钢丝与梳刷皮带安装位置不对	1. 张紧驱动皮带 2. 校正拨禾星轮支架 3. 互换或更换拨禾星轮 4. 重新安装导流钢丝与梳刷皮带
输送链交汇处堵塞	1. 输送导流杆异常 2. 张紧轮运转失灵 3. 输送链过松 4. 输送拨指折断或严重变形	1. 检修输送导流杆 2. 检修张紧轮 3. 张紧输送链 4. 更换拨指
辅助输送部位堵塞	1. 作物潮湿、严重倒伏或成熟过度，导致茎秆输送不整齐 2. 作物过长，根部碰到未割作物 3. 导流杆相对位置偏移 4. 输送装置技术状况不良	1. 适当降低收割速度 2. 控制茎秆切割长度 3. 检查调整各导流杆的位置 4. 检修各输送装置
有负荷割台不工作	1. 割取皮带打滑 2. 单向离合器打滑	1. 张紧割取皮带 2. 更换单向离合器
不能收割作物或作物被压倒	1. 割刀或输送部位有杂物 2. 割刀驱动皮带打滑 3. 单向离合器磨损 4. 作业速度不当 5. 割刀间隙不对或定、动刀片不对中 6. 刀片有缺口或变形	1. 清除杂物，检查割除刀是否损坏 2. 调整驱动皮带张紧度 3. 更换单向离合器 4. 调整作业速度 5. 调整刀片间隙和定、动刀片对中 6. 更换

续表 7-4-1

故障现象	故障原因	排除方法
不能输送作物或输送状态混乱	1. 链条或爪形皮带松弛 2. 脱粒深浅位置不合适 3. 扶禾部的输送状态混乱 4. 低速作业时输送状态混乱	1. 调整 2. 在作业中调整脱粒深浅位置 3. 调整扶禾器变速器手柄和副调速手柄位置 4. 将副调速手柄由“标准”调至“低速”位置

八、考核方法

序号	考核任务	评分标准(满分 100 分)			
		正确熟练	正确不熟练	在指导下完成	不能完成
1	指出各零部件的名称、作用	10	8	6	1
2	半喂入联合收割机的收割部分结构与调整	15	13	10	4
3	半喂入联合收割机的脱粒部分结构与调整	20	18	15	4
4	半喂入联合收割机的秸秆处理部分结构与调整	20	18	15	4
5	半喂入联合收割机的各部分驱动带的位置与调整	20	18	15	1
6	半喂入联合收割机的各部分链的结构与调整	15	13	10	1
总分	优秀:>90 分　良好:80～89 分　中等:70～79 分　及格:60～69 分　不及格:<60 分				

任务5　玉米果穗联合收割机的使用与维护

一、目的要求

1. 熟悉常见的玉米果穗联合收割机的结构及工作过程。
2. 会正确使用常见的玉米果穗联合收割机。
3. 能正确维护常见的玉米果穗联合收割机。
4. 能判断玉米果穗联合收割机的常见故障，掌握常见故障的排除方法。

二、材料及用具

玉米果穗联合收割机。

三、实训时间

6课时。

四、结构

如图7-5-1所示，是玉米果穗联合收割机的整体结构图，主要由割台、过桥、升运器、剥皮机、籽粒回收箱、粮箱、卸粮装置、切碎器(秸秆还田)、传动部分以及动力部分等组成。

图7-5-1　玉米果穗联合收割机的整体结构

五、工作过程

如图7-5-2所示，当玉米果穗联合收割机进入田间收获时，分禾器从根部将禾秆扶正并导向带有拨齿的拨禾链，两组拨禾链相对回转，扶持茎秆并引向摘穗板和拉茎辊的间隙中，每行有一对拉茎辊将禾秆强制向下方拉引。在拉茎辊上方设有两块摘穗板，两板之间间隙(可调)较果穗直径小，便于将果穗摘下。已摘下果穗被拨禾链轮带到横向搅龙中，横向搅龙再把它们输送到倾斜输送器，然后通过升运器送入剥皮装置，玉米果穗在星轮的压送下被相互旋转的剥皮辊剥下苞叶，剥去苞叶的果穗经抛送轮拨入果穗箱；苞叶经下方的螺旋推向一侧，经排茎辊排出机体外。剥皮过程中部分脱落的籽粒回收在籽粒回收箱中，当果穗集满后，由驾驶员控制粮箱翻转完成卸粮工作；经摘穗后的茎秆，上部大多被撕碎或折断，随果穗经升运器上端，被风机吹出机体外。基部剩余茎秆，被机器后方的切碎器切碎还田。

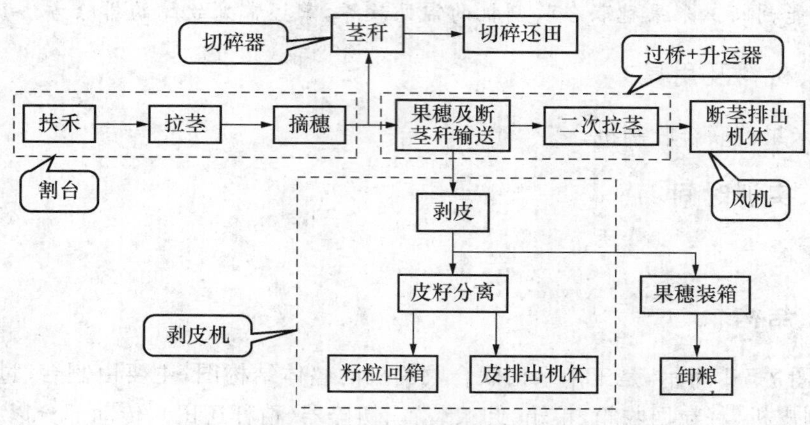

图 7-5-2 玉米果穗联合收割机的工作过程

六、玉米果穗联合收割机的正确使用与调整

(一)割台

如图 7-5-3 所示，割台主要由分禾器、拨禾链、摘穗装置、齿轮箱、中央搅龙等组成。

1. 分禾器

收割机在工作时，分禾器首先接触作物，将待收玉米扶持、引导至拉茎辊间隙内，以便摘穗。

在作业状态时，分禾器应平行于地面，离地面 10～30 cm，要根据作物状态和土壤实际情况，调整分禾器的高度。当收割倒伏作物时，分禾器要贴附地面仿形，以便分禾器能从作物根部插入并扶正作物；当收割地面土壤较松软时，分禾器要尽

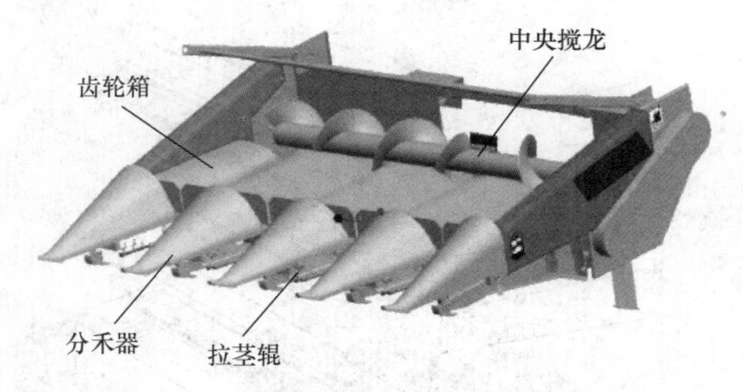

图 7-5-3　割台

量抬高防止石头或杂物进入机体内。

2. 拨禾链

如图 7-5-4 所示，拨禾链成对安装在割台上，链上有拨齿，拨齿向外，两对拨禾链相向回转，用于引导禾秆拨进摘穗辊（或拉茎辊）间隙。

图 7-5-4　拨禾链的结构

使用与调整：拨禾链的张紧度是由弹簧自动张紧的。如图 7-5-5 所示，弹簧调节长度为 11.8～12.2 cm。可通过调节螺杆来实现。当拨禾链出现松动时，调节螺杆使链轮 7 在张紧滑道内向前移动，从而增加拨禾链的张紧度。

3. 摘穗装置

不同的机器上所采用的摘穗装置均为摘辊式，按结构不同可分为纵卧式摘穗辊、立式摘穗辊、横卧式摘穗辊和纵向摘穗板四种。

（1）纵卧式摘穗辊　纵卧式摘穗辊装置用于站秆摘穗的机型上。如图 7-5-6 所示，纵卧式摘穗装置由一对纵向并且与水平线成 35°～40°倾斜放置的摘穗辊组

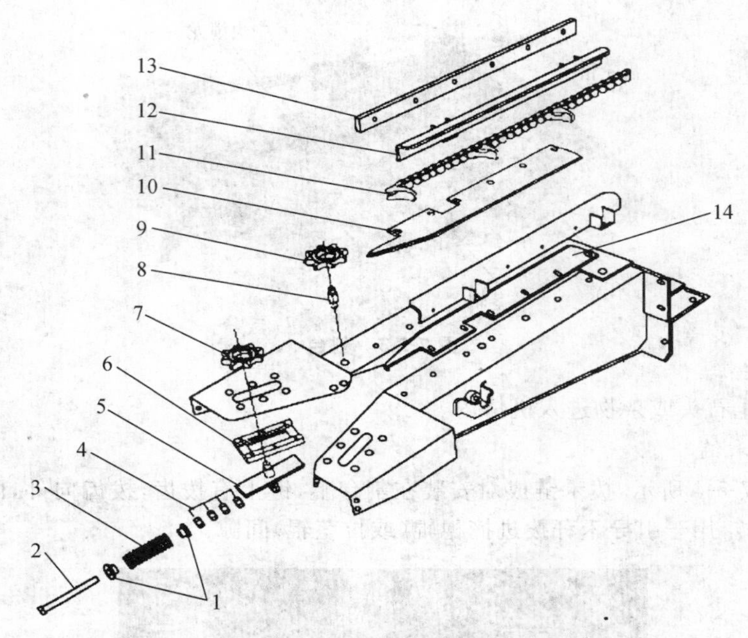

图 7-5-5 拨禾链的调整

1. 弹簧座 2. 调节螺杆 3. 张紧弹簧 4. 螺母 5. 链轮板 6. 张紧滑道 7. 链轮 8. 齿轮轴 9. 链轮 10 摘穗板 11. 拨禾链 12. 右挡链板 13. 托链板 14. 摘穗板

成。摘穗辊由三段组成。前段是带螺纹的锥体，主要起引导茎秆的作用，使茎秆顺利地进入摘穗辊中部间隙；中段为带有螺纹凸起的圆柱体，起摘穗作用；后段为强拉段，表面具有较高大的凸棱和沟槽，主要作用是将茎秆末梢部分和在摘穗中已拉断的茎秆从摘穗辊的缝隙中拉出、碾断，防止堵塞。

使用与调整：两对摘穗辊的螺纹方向相反，并相互交错配置。摘穗辊的间隙可以调整，间隙过大，抓取茎秆的能力差；间隙过小则对茎秆的挤压程度较大，摘穗过程中果穗咬伤率大，一般取茎秆的 30%～50%。摘辊速度为 600～820 r/min。

如图 7-5-6 所示，通过调整摘穗辊前端的可调轴承的位置来调整摘穗辊的间隙。调节范围为 4～12 mm。

(2)立式摘穗辊　多用于割秆摘穗的机型上。如图 7-5-7 所示，立式摘穗辊由一对立式摘辊和挡禾板组成。立式摘辊与铅垂线之间的夹角为 25°，摘辊分为上下两段，两段之间装有喂入链的链轮，带动摘辊转动。上段起抓取茎秆和摘穗的作用，摘下的果穗落在摘穗辊的前端；下段起拉茎的作用，在挡禾板的作用下，推动茎秆向逆时针转动，并在摘辊下段的拉取下向后移动，抛向后方。

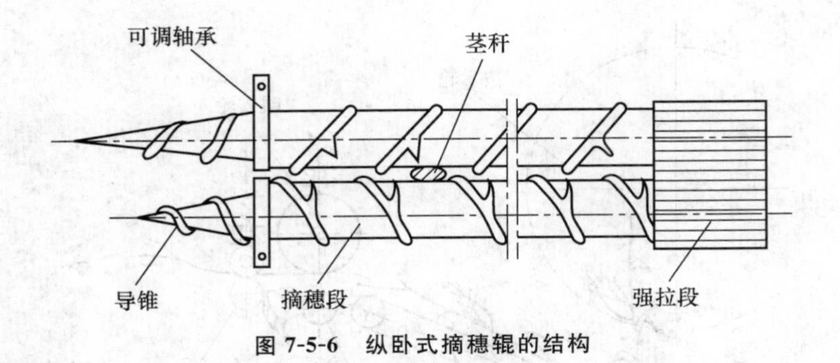

图 7-5-6　纵卧式摘穗辊的结构

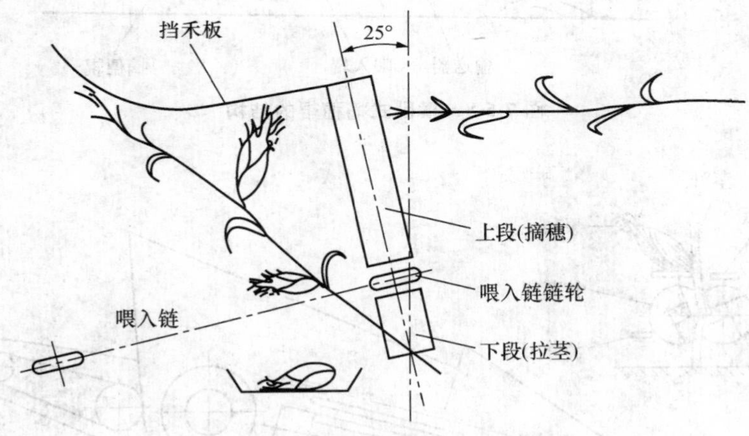

图 7-5-7　立式摘穗辊的结构

使用与调整：摘辊速度为 1 000～1 100 r/min。摘辊间隙可以调整，调整范围为 2～8 mm。可通过调整摘辊前端的轴承的位置来调整摘穗辊的间隙。

(3)横卧式摘穗辊　一般用于自走式联合收获机上。如图 7-5-8 所示，由拨禾轮、喂入轮、输送器、喂入辊等组成。

工作时，被割下的禾秆经输送器进入两喂入辊之间，两喂入辊相向旋转，引导禾秆进入一对横卧式摘辊间隙，在摘辊的碾压下，果穗被摘下，落入摘辊前端，禾秆则被摘辊抛向后方。

(4)纵向摘穗板　如图 7-5-9 所示，纵向板式摘穗装置主要用于玉米割台。由一对纵向斜置式拉茎辊和一对摘穗板组成。

拉茎辊一般由前后两段组成。前段为带螺纹的锥体，主要起引导和辅助喂入作用；后段为拉茎段，断面为四叶轮形、四棱形和六棱形等几种，拉茎辊位于摘穗架

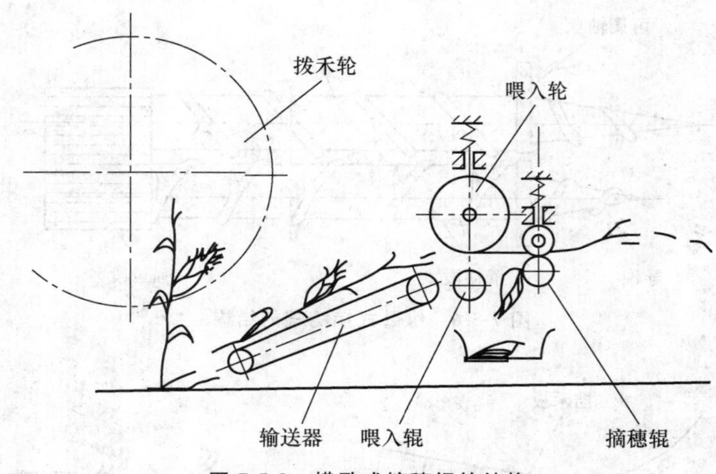

图 7-5-8 横卧式摘穗辊的结构

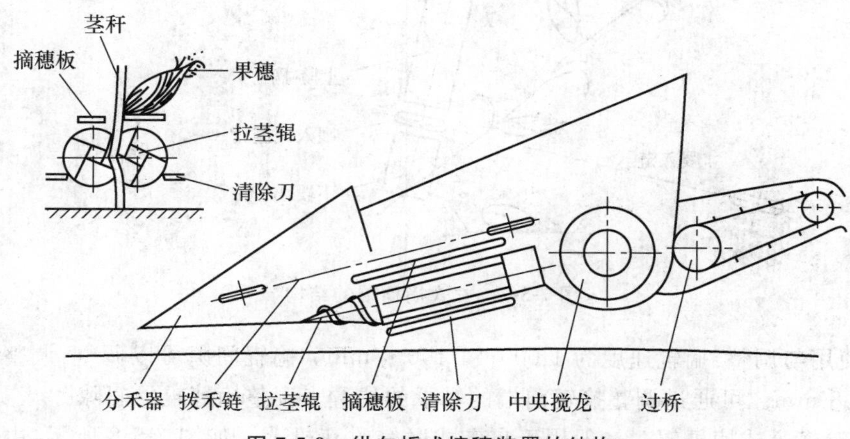

图 7-5-9 纵向板式摘穗装置的结构

的下方,平行对中。

摘穗板拉于拉茎辊的上方(图 7-5-9),它的作用是把玉米穗从茎秆上摘下。工作宽度和拉茎辊的工作长度相同。摘穗板的安装间隙可以调整。一般入口间隙为 22～35 mm,出口间隙为 28～40 mm。摘穗板开口尽量加宽,以减少杂草和断茎秆进入机器。具体情况根据工作中果穗直径实际大小选择,一般可以取中间值。

使用与调整:拉茎辊的水平倾角与纵卧式摘穗辊相近,为 25°～35°,转速为 850～1 022 r/min。拉茎辊间隙可以调整,中间距离为 8.5～9 cm,可通过调节手柄调节拉茎辊之间的间隙,如图 7-5-10 所示。为保持对中,必须同时调整一组拉茎辊，调整后拧紧锁紧螺母。拉茎辊间隙过小，摘穗时容易掐断茎秆；拉茎辊间隙过大，易造成拨禾链堵塞。

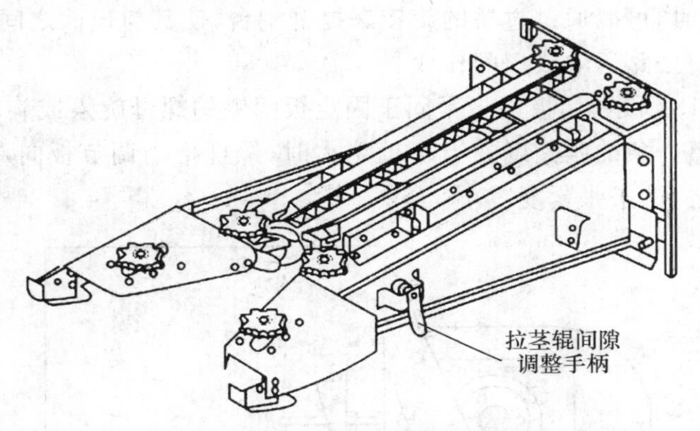

图 7-5-10　拉茎间隙的调整

4. 清除刀

如图 7-5-9 所示，清除刀位于拉茎辊的下端，它的作用是切断收获机作业时缠在拉茎辊上的杂草，防止因拉茎辊上缠草过多而造成堵塞和收获机工作部件的损坏。

5. 中央搅动龙的调整

如图 7-5-11 所示，中央搅龙位于割台后，它的作用是将摘下的果穗收集起来，送入过桥。为了顺利完成输送，搅龙叶片应尽可能地接近搅龙底壳，此间隙小于 10 mm，过大易造成果穗被啃断、掉粒等损失。过小则刮碰底板。

(二)过桥

过桥，又称倾斜输送器，位于摘穗台的后部，连接割台与升运器。将中央搅龙输送来的果穗送到果穗升运器中。如图 7-5-12 所示，过桥上方有观察孔，用于观察

图 7-5-11　中央搅龙

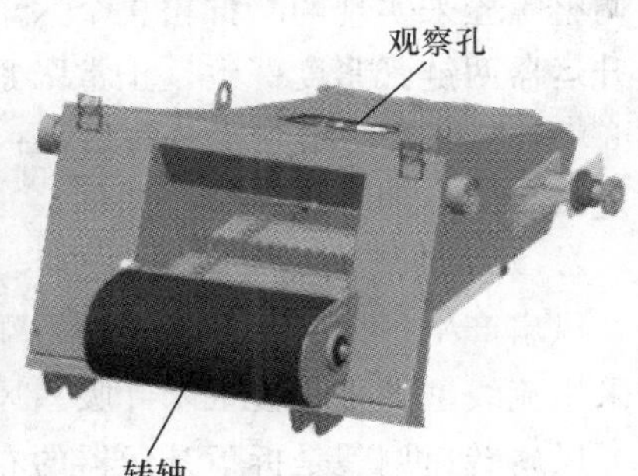

图 7-5-12　过桥的结构

或检查链耙的松紧。

使用与调整：过桥可围绕上部传动轴旋转来提升或降低割台，当机器在公路运输和田间作业时，可以通过过桥的旋转来提升割台，使其与地面之间能够调整到合适的距离，以便公路运输或田间作业。

如图 7-5-13 所示，用扳手将紧固于固定板两侧的螺母旋入或旋出以改变 x 的数值，可以调整链条的张紧度。当 x 值增大时，螺杆推动调节板向左移动，链条张紧度增大；反之，链条张紧度减小。

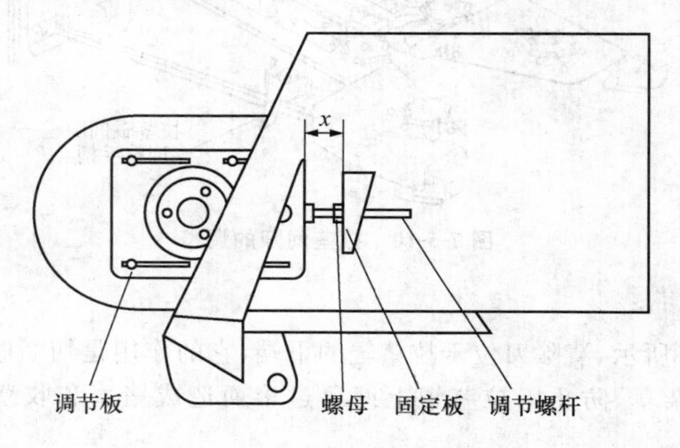

图 7-5-13　过桥输送链的调整

(三)升运器

升运器作用是从倾斜输送器得到作物，然后将玉米输送到剥皮机，如图 7-5-14 所示。升运器中部和上部有活门，用于观察和清理。

1. 升运器链条的调整

如图 7-5-15 所示，升运器链条的调节是通过调整升运器主动轴两端的调节板的调整螺栓来实现的。拧松 4 个六角螺栓，拧动张紧螺母，改变调节板的位置，使得升运器两链张紧度一致。正常张紧度：用手在中部提起链条时，链条离底板高度为 30～60 cm。使用一段时间后，由于链节增长，通过螺杆已经无法调整时，可以通过减少链节的方法来进行调整。

2. 风扇转速调整

风扇产生的风吹到升运器的上端，将杂余吹出机体外。风扇应是平板式的，如果采用流线型的将会使玉米叶吸入风扇中。

风扇转速调整是拆下升运器的右侧护罩，松开链条，拆下二次拉茎辊主动轮链轮，更换成需要的链轮，然后连接链条，装好护罩。

图 7-5-14 升运器

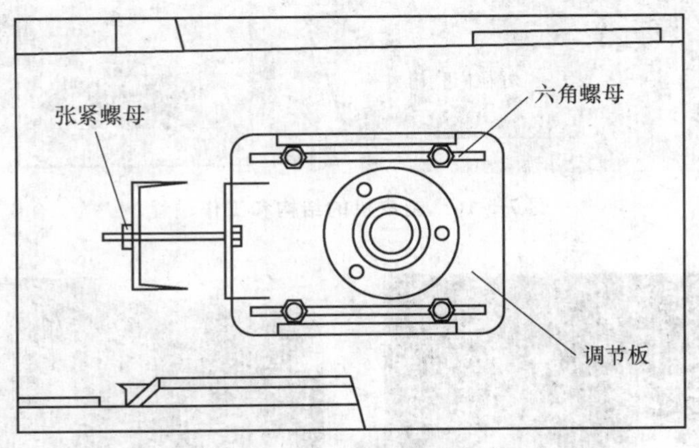

图 7-5-15 升运器链条的调整

风扇转速与输入链轮齿数对照如表 7-5-1 所示。

表 7-5-1 风扇转速与输入链轮齿数对照表

风扇转速	1 211 r/min	1 292 r/min(出厂状态)	1 384 r/min
链轮齿数	16	15	14

(四)剥皮装置及籽粒回收装置

剥皮装置的作用是将玉米果穗和苞叶分离。主要由压穗辊、剥皮辊等组成。籽粒回收装置位于剥皮机的下方,用于回收剥皮过程中剥落的籽粒,减少籽粒损失。

如图 7-5-16 所示,当果穗经升运器进入剥皮机后,果穗在压穗锟和剥皮辊的共同作用下,苞叶从果穗上分离出来,果穗被推送至抛穗辊或输送装置送入粮箱内。被剥离的苞叶被送出机体外面,剥皮过程中剥落的籽粒经振动筛筛选后落入籽粒回收箱;其他杂余在风力的作用下从升运器的后端吹出机体外,避免杂余落入集穗箱内,影响清洁度。图 7-5-17 为剥皮机入口,图 7-5-18 为剥皮机出口。

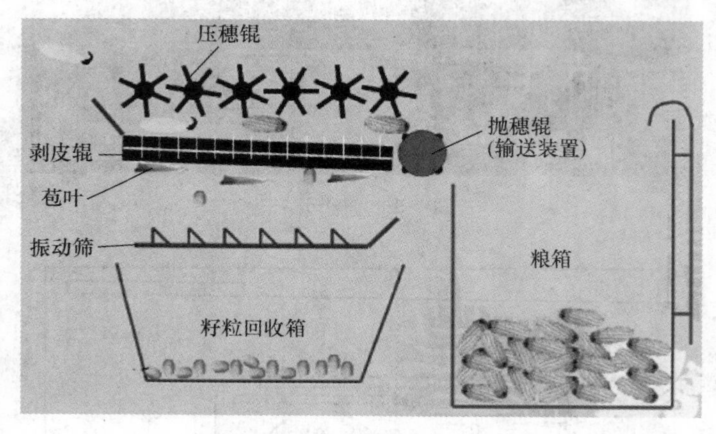

图 7-5-16 剥皮机的结构和工作过程

图 7-5-17 剥皮机喂入口

图 7-5-18 剥皮机出口

1. 星轮和剥皮辊间隙的调整

根据果穗的粗细程度,压送器(星轮)与剥皮辊上、下间隙可调。调整位置:前部在环首螺栓处(左右各一个),后部在环首螺栓处(左右各一个)。调整完毕后,需重新张紧星轮的传动链条。出厂时，星轮和剥皮辊之间的间隙为 3 mm。星轮最后一排后面有一个抛送辊，起到向后抛送玉米果穗的作用。

2. 剥皮辊间隙的调整

如图 7-5-19 所示，通过调整外侧一组螺栓，改变弹簧的压缩量，可以调整剥皮辊之间的间隙。

图 7-5-19　剥皮辊间隙的调整

3. 籽粒筛倾斜角度的调整

如图 7-5-20 所示，通过调整调整座可以改变籽粒筛的角度，籽粒筛向下倾斜，是出厂状态，有利于籽粒回收。如果要提高籽粒回收率，降低籽粒损失，可以拆掉调整座，使籽粒筛向上倾斜。

(五)粮箱及卸粮装置

粮箱位于收获机械的后端，安装在支架上，用于收集剥皮后的果穗。果穗装满后卸到备好的运输车中或开到指定地点卸下。液压油缸控制粮箱的翻转以便卸粮，如图 7-5-21 所示。

(六)茎秆粉碎装置

茎秆切碎器的作用是将摘穗的茎秆及剥皮装置排出的茎叶均匀粉碎，抛撒还田。如图 7-5-22 所示，主要由机传送带、刀轴、地辊和悬挂机构等组成。茎秆切碎器的主轴旋转方向与机器前进方向相反，即逆向切割茎秆。由于刀轴的高速逆行驶方向旋转，可将田间摘脱果穗的茎秆挑起，同时将散落在田间的苞叶吸起，随着刀轴的转动，动、定刀将其打碎，碎茎秆沿壳体均匀抛至田间。

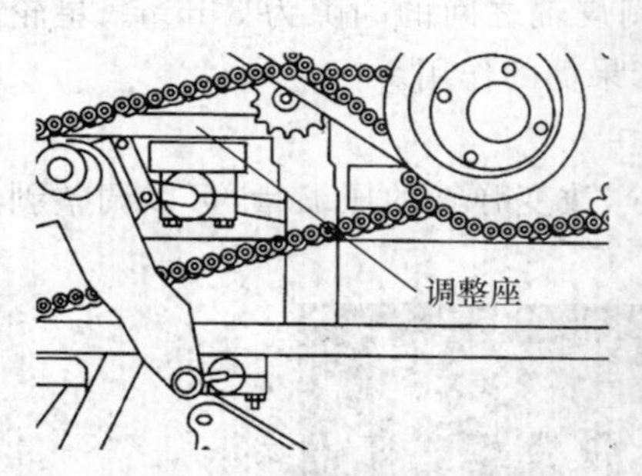

图 7-5-20　籽粒筛倾斜角度的调整

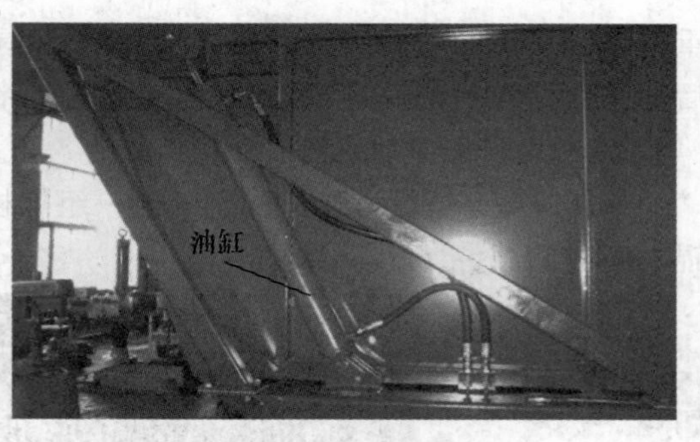

图 7-5-21　粮箱及卸粮装置

1. 割茬高度的调整

仿形辊可以控制割茬的高度。工作时，仿形辊接地，使切碎器由于仿形辊的作用而随着地面的起伏变化，使留茬高度一致。调整仿形辊的倾斜角度，可以改变割茬高度。留茬太低，动刀打土现象严重，动刀磨损严重，功率消耗大；留茬太高，茎秆切碎质量差。

如图 7-5-23 所示，调整时，松开螺栓 2，拆下螺栓 1，使仿形辊围绕螺栓 2 转动到恰当位置，然后固定螺栓 1。仿形辊向上旋转，割茬高度低；仿形辊向下旋转，割茬高度高。

图 7-5-22　切碎器的结构

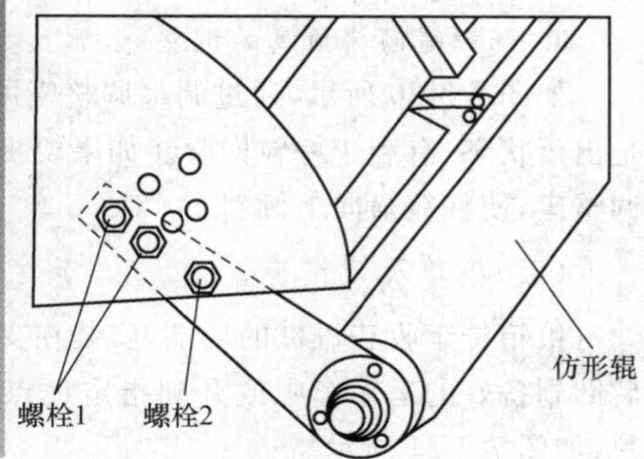

图 7-5-23　割茬高度调整

2. 切碎器定刀的调整

如图 7-5-24 所示，可根据实际需要，调整茎秆的粉碎长度。调整办法：松开螺栓，向管轴方向推动定刀，茎秆粉碎长度短，反之，茎秆粉碎长度长。

3. 切碎器传动带张紧度调整

如图 7-5-22、图 7-5-25 所示，切碎器传动带张紧度的调整是由弹簧自动张紧实现的。出厂时,弹簧长度为(84±2) mm,需要根据皮带的作业情况进行适当的调整,调整后再将螺母锁紧。调整的基本要求是在正常的负荷下,皮带不能打滑,调整完成后要及时安装防护罩。

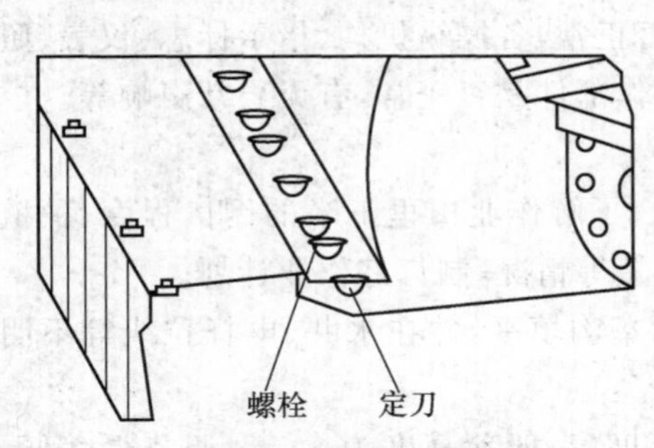

图 7-5-24 切碎器定刀调整

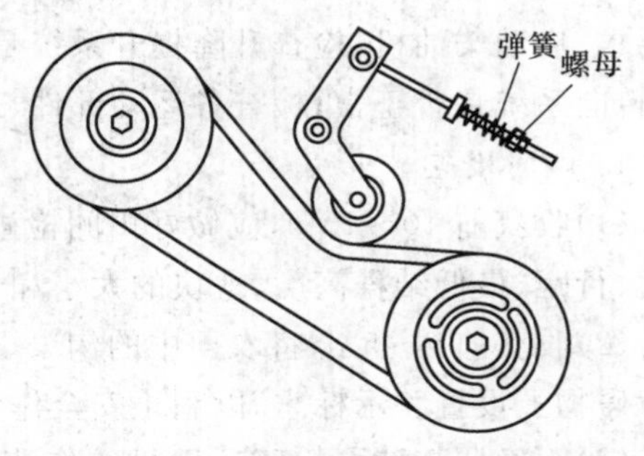

图 7-5-25 切碎器传动带张紧度调整

(七)动力输入链轮、链条的调整

如图 7-5-26 所示,通过调节张紧轮的位置,可以改变链条传动的张紧程度。

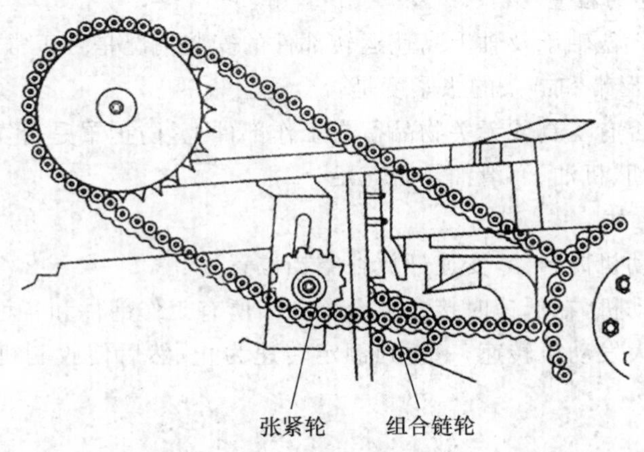

图 7-5-26 动力输入链轮、链条的调节

七、玉米果穗联合收割机的使用及注意事项

(一)割前准备

1. 保养

按照使用说明书,对机器进行日常保养,加足燃油、冷却水和润滑油。

2. 清洗

收获工作环境恶劣,草屑和灰尘多,容易引起散热器、空气滤清器堵塞造成发动机散热不好、水箱开锅。因此，必须经常清洗散热器和空气滤清器。

3. 检查

检查收割机各部件是否松动、脱落、裂缝、变形，各部件间隙、距离、松紧是否符合要求；启动柴油机，检查升降提升系统是否正常，各操纵机构、指示标志、仪表、照明、转向系统是否正常；检查各运动部件、工作部件是否正常，有无异常声响等。

4. 田间检查

(1)收获前 10～15 d，应做好田间检查。了解作业田里玉米的倒伏程度、种植密度、行距、最低结穗高度、地块的大小和长短等情况，制订好作业计划。

(2)收获前 3～5 d，将农田中的沟渠、大垄沟填平，并在水井、电杆拉线等不明显障碍物上设置警示标志，以利于安全作业。

(3)正确调整秸秆粉碎还田机的作业高度，一般茬高度为 8 cm，调节得太低，刀具易打土，会导致刀具磨损过快，动力消耗过大，机具使用寿命降低。

(二)玉米收割机的正确使用

1. 试运转前的检查

(1)检查各部位轴承及轴上高速运转部件的安装情况是否正常。

(2)检查 V 形带和链条的张紧度是否合适。

(3)检查是否有工具或无关物品留在工作部件上，防护罩是否安装完好。

(4)检查燃油、机油、润滑油是否充足。

2. 空载试运转

(1)分离发动机离合器，变速杆放在空挡位置。

(2)启动发动机，在低速时接合离合器。当所有工作部件和各种传动机构运转正常时，逐渐加大发动机转速，一直到额定转速为止，然后使收割机在额定转速下运转。

(3)检查

①按顺序开动液压系统的液压缸，检查液压系统的工作情况，即检查液压油路和液压件的密封情况。

②检查收割机的制动情况。

③每运转 20 min 后，分离一次发动机离合器，检查轴承是否过热，检查皮带和链条的传动情况。

④检查各连接部件的紧固情况。

⑤用所有的挡位，依次接合工作部件，对收割机进行试运转，检查各部件的运转情况。

3. 作业试运转

在最初作业的 30 h 内，建议收割机的速度比正常速度低 20%～25%，正常作业速度参照说明书。试运转后，要彻底检查各部件的装配情况，设备调整是否正确以及电气设备的工作状态等。更换所有减速器、闭合齿轮箱的润滑油。

(三)注意事项

(1)收割机在长距离运输过程中，应提升割台和切碎机构。

(2)玉米收割机在田间作业时，要定期检查切割粉碎质量和留茬高度，根据情况随时调整割茬高度。

(3)根据抛落在地上的籽粒数量来检查摘穗装置的工作情况。籽粒的损失量不应超过玉米籽粒总量的 0.5%。当损失量较大时，应检查摘穗板之间的工作间隙是否正确，如不正确，及时调整。

(4)应适当中断玉米收割机工作 1～2 min。让工作部件空运转，以便从工作部件中排除所有玉米穗、籽粒等余留物，以免工作部件堵塞。当工作部件堵塞时，应及时停机，清除堵塞物，否则将会导致玉米收割机工作负荷加大，使零件受损。

(5)当玉米收割机在转弯或者作业遇到水洼时，应把割台升高到运输位置。在有水沟的田间作业时，玉米收割机只能沿着水沟方向作业。

(6)禁止在作业现场加油和机器运转时加油，严禁在收割机上和作业现场吸烟，以免发生火灾。

(7)认真检查各转动部件有无杂草缠绕，发现杂草，应立即清除。

(8)禁止在收割机空运转、作业、转移时拆掉防护罩。防护罩破损时，应及时更换。

(9)严禁在高压线下停车，作业时不要与高压线平行行驶。

(10)禁止用收割机拖带任何其他机器。

(11)摘穗台移动或行距调整时，摘穗台部分禁止运转。

八、维护与保养

(一)技术保养

1. 拖拉机部分维护与保养

拖拉机部分维护与保养见《拖拉机构造实训指导》。

2. 机具的维护与保养

(1)日常维护与保养

①每日工作前，应清洗玉米果穗联合收割机各部残存的尘土、茎叶及其他附着物。

②检查各组成部分连接情况，必要时加以紧固。特别要检查粉碎装置的刀片、

输送器的刮板和板条的紧固,注意轮子对轮毂的固定。

③检查三角带、传动链条、喂入和输送链的张紧程度。必要时进行调整,损坏的应及时更换。

④检查变速箱、封闭齿轮传动箱的润滑油是否有泄漏和不足。

⑤检查液压系统液压油是否有漏油和不足。

⑥其他按技术说明书进行保养。

(2)收割机的润滑　收割机的一切摩擦部件,都要及时、仔细和正确地进行润滑,从而提高玉米联合收割机的可靠性,减少摩擦力和功率的消耗。为了减少润滑保养时间,提高玉米联合收割机的时间利用率,在玉米联合收割机上广泛采用了两面带密封圈的单列向心球轴承、外球面单列向心球轴承,在一定时期内不需要加油。但有些轴承和工作部件,如传动箱体等,应按使用说明书的要求定期加注润滑油或更换润滑油。

(3)三角皮带传动的维护和保养

①在使用中,必须经常保持皮带的张紧度。皮带过松或过紧都会缩短其使用寿命。过松会出现打滑现象,使工作机构无法正常运转;皮带传动过紧,会使皮带磨损加重,同时会使轴承压力增加,加大轴承磨损,增加功率消耗,严重的甚至会拉弯轴。

②必须防止带轮沾油。

③必须防止皮带机械损伤。挂上或卸下皮带时,必须将张紧轮松开或卸开一个皮带轮,套上皮带后再把卸下的皮带轮装上。同一回路的皮带轮轮槽应在同一回转平面内。

④齿条轮缘有缺口或变形时,应及时修理或更换。

⑤同一回路用 2 条或 3 条皮带时,其长度应一致。

(4)链条传动的维护和保养

①同一回路中的链轮应在同一回转平面内。

②链条应保持适当的张紧度,太紧易磨损,太松则链条跳动大。

(5)液压系统的维护和保养

①检查液压油箱内的油面时,应将收割台放在最低位置,如液压油不足时,应及时补充。

②新玉米收割机工作 30 h 后,应更换液压油箱里的液压油,以后每年更换 1 次。

③加油时,应将油箱孔周围擦干净,拆下并清洗滤清器,将新油慢慢通过滤清器倒入油箱。

④液压油倒入油箱前,应先沉淀,保证液压油干净,不允许油里含水、沙、铁屑、灰尘或其他杂物。

(6)入库保养

①清除泥土杂物和污物,打开机器的所有观察孔、盖板、护罩,清理各处的草屑、茎秆、籽粒、尘土和污物,保证机内外清洁。

②保管场地要符合要求,农闲和长期存放时,应将收割机存放在平坦干燥、通风良好、不受雨淋日晒的库房内。放下割台,割台下垫上木板,不能悬空;前后轮支起并垫上垫木,使轮胎悬空,要确保支架平稳牢固,放出轮胎内的气体。卸下所有传动链,用柴油清洗后擦干,涂防锈油后装复原位。

③放松张紧轮,松弛传动带。检查传动带是否完好,能使用的要擦干净,涂上滑石粉,系上标签,放在室内的架子上,用纸盖好,并保持通风、干燥及不受阳光直接照射。若挂在墙上,应尽量不让传动带打卷。

④更换和加注各轴承、油箱、行走轮等部件的润滑油;轴承运转不灵活的要拆下检查,必要时,更换新轴承。对涂层磨损的外露件,应先除锈,涂上防锈漆。卸下蓄电池,按保管要求单独存放。

⑤每个月要转动一次发动机曲轴,还要将操纵阀、操纵杆在各个位置上扳动十几次,将活塞推到油缸底部,以免锈蚀。

九、常见故障及排除方法

玉米果穗收割机常见故障及排除方法见表 7-5-2。

表 7-5-2　玉米果穗收割机常见故障及排除方法

故障现象	故障原因	排除方法
漏摘果穗	1. 播种行距与收割机结构行距不符 2. 分禾板和倒伏器变形或安装位置不当 3. 夹持链技术状态不良或张紧度不适宜 4. 摘穗辊轴螺旋筋纹和摘钩磨损 5. 摘穗辊转速与机组作业速度不相适应 6. 收割机割台高度调节不当 7. 摘穗辊安装或间隙调整不当 8. 机组作业路线未沿玉米播向垄行正直运行 9. 玉米果穗结实位置过低或下垂	1. 播种时行距应与玉米收割机的行距一致 2. 校正或重新安装 3. 正确调整夹持链的张紧度 4. 正确安装摘穗辊以免破坏摘穗辊表面上条棱或螺旋筋配合关系 5. 合理掌握作业速度 6. 合理调整割台高度 7. 正确安装,间隙调整正确 8. 正确操纵收割机行驶路线 9. 合理调整割台工作高度,摘穗辊尽可能放低一些

续表 7-5-2

故障现象	故障原因	排除方法
果穗掉地	1. 分禾器调整太高 2. 机器行走速度太快或太慢 3. 行距不对或牵引不对 4. 玉米割台的挡穗板调节不当或损坏 5. 植株倒伏严重,扶倒器扶起时,茎秆被拉断,果穗掉地 6. 收割过迟,玉米茎秆枯干 7. 输送器高度调整不当	1. 合理调整分禾器高度 2. 合理控制机组作业速度 3. 正确调整牵引梁的位置 4. 合理调整挡穗板的高度 5. 正确操纵收割机行驶路线 6. 尽量做到适时收割 7. 正确调整输送器高度
摘穗辊脱粒、咬粒	1. 摘穗辊和摘穗板间隙过大 2. 玉米果穗倒挂较多,摘穗辊、摘穗板间隙大 3. 玉米果穗湿度大 4. 玉米果穗大小不一或成熟度不同 5. 拉茎辊和摘穗辊的速度高	1. 调小摘穗辊和摘穗板间隙 2. 调整摘穗辊和摘穗板间隙 3. 适当掌握收割期 4. 选择良种,合理施肥 5. 降低拉茎辊和摘穗辊的工作速度
剥皮不净	1. 剥皮装置技术状态不良 2. 剥皮辊的安装和调整不当 3. 剥皮装置的转动部件转速过低 4. 压制器调整不当 5. 玉米果穗包皮太紧	1. 认真检查,确保剥皮装置技术状态良好。 2. 正确安装和调整 3. 增大剥皮装置转速 4. 根据剥皮装置的工作情况,及时对压制器进行调整 5. 适当掌握收割期
茎秆切碎不良	1. 茎秆切碎装置的机件技术状态不良 2. 茎秆切碎刀片旋转速度过低或工作位置不当 3. 机组未出作业区就将玉米摘穗机升高,使之处于非工作状态	1. 认真检查,确保各机件处于良好技术状态 2. 增大刀片旋转速度,经常检查切碎装置传动皮带的张紧度 3. 作业前,先打出割道,以便使机组出入作业区时,及时调整收割机的高度

续表 7-5-2

故障现象	故障原因	排除方法
果穗混杂物过多	1. 剥皮机上的风机技术状态不良或转速不够 2. 排杂轮技术状态不良或传动皮带打滑 3. 摘穗辊调整不当,间隙太小 4. 茎秆青嫩、干枯或有虫害	1. 作业前,认真检查风机技术状态,使之处于良好状态或增大转速 2. 作业前,认真检查排杂轮技术状态或调整传动皮带张紧度 3. 合理调整摘穗辊间隙 4. 适当掌握收割期
夹持链堵塞	1. 夹持链太紧或太松 2. 割刀堵塞 3. 茎秆青嫩,杂草过多	1. 正确调整夹持链的张紧度 2. 清理堵塞物,正确调整割刀的装配间隙 3. 适期收获
摘穗辊堵塞	1. 摘穗辊间隙过大或过小 2. 摘穗辊线速度小,机组前进速度快 3. 喂入量过大	1. 正确调整摘穗辊间隙 2. 增大摘穗辊速度,降低机组前进速度 3. 减小喂入量
拉茎辊堵塞	1. 摘穗板与拉茎辊的工作通道中心不正 2. 摘穗板间隙过大或过小 3. 杂草和断茎叶缠绕茎辊	1. 正确调整摘穗板与拉茎辊之间的位置 2. 正确调整摘穗板间隙 3. 及时清除杂物
排茎辊堵塞	卡果穗或短茎秆较多	适当缩小排茎辊间隙
升运器堵塞	1. 传动皮带太松 2. 升运链过松 3. 升运器链条跳齿把升运器刮板卡住	正确调整传动皮带及升运链张紧度

十、考核方法

序号	考核任务	评分标准(满分 100 分)			
		正确熟练	正确不熟练	在指导下完成	不能完成
1	指出各零部件的名称、作用	5	4	3	1
2	割台的调整	10	8	6	4
3	倾斜输送器的调整	10	8	6	4
4	升运器的调整	10	8	6	4
5	剥皮输送机的调整	10	8	6	4
6	籽粒回收装置的调整	10	8	6	4
7	茎秆切碎器的调整	10	8	6	4
8	玉米联合收割机的正确使用方法	10	8	6	4
9	玉米联合收割机的保养与维护	10	8	6	4
10	常见的故障诊断与排除方法	15	10	5	2
总分	优秀:>90 分　良好:80～89 分　中等:70～79 分　及格:60～69 分　不及格:<60 分				

习题七

1. 简要说明立式割台收割机的工作过程。
2. 扶禾器的作用是什么?
3. 分禾器的作用是什么?
4. 简要说明收割机的作业质量要求。
5. 简要说明收割机的作业质量检查方法。
6. 切割器的调整项目有哪些?如何进行调整?

7. 收割机作业前应检查哪些项目？

8. 简要说明收割机的安全操作规程。

9. 立式割台收割机发生下列故障的原因是什么？如何排除？

(1)割刀堵塞或运转不灵。

(2)拨禾轮缠草或无法升起。

(3)割台搅龙堆积或堵塞。

(4)割台无法下降或下降过快。

10. 简要说明半喂入式脱粒机的工作过程。

11. 简要说明全喂入式脱粒机的工作过程。

12. 脱粒装置有哪些类型？各适用于何种作物？

13. 影响脱粒质量的主要因素有哪些？

14. 怎样根据脱粒情况进行脱粒装置的调整？

15. 风扇筛子清选装置的调整依据是什么？怎样调整？

16. 如何做到脱粒机的安全与使用？

17. 如何调整脱粒机滚筒转速？

18. 如何调整脱粒机滚筒间隙？

19. 脱粒机工作前应做好哪些准备工作？

20. 脱粒机工作过程中应注意哪些事项？

21. 如何检查脱粒质量？

22. 当脱粒质量不符合质量要求时，应做何调整？

23. 当全喂入式脱粒机发生下列故障时，应检查哪些项目？如何排除？

(1)滚筒堵塞。

(2)滚筒转动不平衡或发出异常声音。

(3)谷物脱粒不干净。

(4)粮仓籽粒破碎严重。

(5)杂余中几乎没有糠。

(6)杂余中有大量的糠，籽粒清洁度低。

(7)杂余中含有大量的短杂。

(8)茎秆中夹带籽粒太多。

(9)逐稿器折断。

(10)清选室跑粮。

(11)复脱器堵塞。

24. 当半喂入式脱粒机发生下列故障时，应检查哪些项目？如何排除？

(1)飞散稻粒太多。

(2)二次搅龙堵塞。

(3)脱稻时,带柄率高,破碎多;脱麦时,不能去掉麦芒。

(4)有断草和杂物混入。

(5)籽粒破碎多。

(6)脱粒不净。

(7)滚筒堵塞。

(8)紧急停车。

25. 简要说明全喂入式谷物联合收割机的结构。

26. 简要说明全喂入式谷物联合收割机的工作过程。

27. 如何锁定全喂入式谷物联合收割机的挠性割台?

28. 如何调整全喂入式谷物联合收割机割刀及拖板倾斜角度?

29. 如何调整全喂入式谷物联合收割机拨禾轮的高低和转速?

30. 如何调整全喂入式谷物联合收割机的倾斜输送装置?

31. 全喂入式谷物联合收割机脱粒滚筒的调整项目有哪些? 如何调整?

32. 如何调整全喂入式联合收割机的振动筛?

33. 如何控制全喂入式联合收割机的风选损失?

34. 如何控制与调节全喂入式联合收割机的杂余回收量?

35. 全喂入式联合收割机粮仓卸下方法是什么?

36. 全喂入式联合收割机发生下列故障时,应检查哪些项目? 如何排除?

(1)滚筒喂入不均匀。

(2)割台落粒损失大。

(3)使用挠性割台时,割茬太高。

(4)割刀堵塞。

(5)拨禾轮缠草。

(6)拨禾轮自动下沉。

(7)割台自动下降。

(8)割台、拨禾轮不能升起。

37. 如何根据不同作物,调整半喂入式联合收割机分禾指的高度?

38. 半喂入式联合收割机扶禾调节手柄的挡位有几个? 如何选择?

39. 如何调整半喂入式联合收割机割刀曲柄连杆?

40. 如何防止半喂入式联合收割机割台下降?

41. 如何控制半喂入式联合收割机风机的风力(量)?

42. 如何调整半喂入式联合收割机振动筛的间隙?

43. 如何更换半喂入式联合收割机的切草刀?

44. 当半喂入式联合收割机发生下列故障时,应检查哪些项目? 如何排除?

(1)扶禾器异常声响。

(2)作物漏割。

(3)拨禾装置堵塞。

(4)输送链交汇处堵塞。

(5)不能收割作物或作物被压倒。

45. 简要说明玉米果穗联合收割机的结构。

46. 简要说明玉米果穗联合收割机的工作过程。

47. 如何调整玉米果穗联合收割机的分禾器?

48. 如何调整玉米果穗联合收割机的喂入链张紧度?

49. 如何调整玉米果穗联合收割机拉茎辊的间隙?

50. 如何调整玉米果穗联合收割机升运器?

51. 如何正确使用玉米果穗联合收割机? 应注意哪些事项?

52. 如何对玉米果穗联合收割机进行维护和保养?

53. 当玉米果穗联合收割机发生下列故障时,应检查哪些项目? 如何排除?

(1)漏摘果穗或果穗掉地。

(2)摘穗辊脱粒、咬粒。

(3)剥皮不净。

(4)茎秆切碎不良。

(5)果穗混杂物过多。

(6)夹持链堵塞。

(7)摘穗辊堵塞。

(8)拉茎辊堵塞。

(9)升运器堵塞。

(10)排茎辊堵塞。

参考文献

[1]段相婷,朱秉兰．农机具使用与维护．北京:高等教育出版社,2002.
[2]李庆军．农业机具使用与维护．北京:高等教育出版社,2012.
[3]马朝兴．联合收割机结构与使用维修．北京:化学工业出版社,2013.